"十四五"国家重点出版物出版规划项目

舟山群岛海洋生物多样性研究

其他大型底栖无脊椎动物

主编 赵盛龙 徐汉祥 尤仲杰 钟俊生

本册主编 林良羽

浙江科学技术出版社·杭州

版权所有　侵权必究

图书在版编目（CIP）数据

舟山群岛海洋生物多样性研究. 其他大型底栖无脊椎动物 / 赵盛龙等主编；林良羽本册主编. —杭州：浙江科学技术出版社，2022.12
　　ISBN 978-7-5739-0479-9

Ⅰ.①舟⋯　Ⅱ.①赵⋯②林⋯　Ⅲ.①海洋生物－底栖动物－无脊椎动物门－生物多样性－研究－舟山　Ⅳ.①Q178.53

中国版本图书馆CIP数据核字（2022）第257355号

书　　名	舟山群岛海洋生物多样性研究　其他大型底栖无脊椎动物
主　　编	赵盛龙　徐汉祥　尤仲杰　钟俊生
本册主编	林良羽
出版发行	浙江科学技术出版社 杭州市体育场路347号　邮政编码：310006 办公室电话：0571-85176593 销售部电话：0571-85062597 E-mail：zkpress@zkpress.com
排　　版	杭州万方图书有限公司
印　　刷	浙江新华数码印务有限公司
开　　本	889mm×1194mm　1/16　　印　张　22
字　　数	480千字
版　　次	2022年12月第1版　　印　次　2022年12月第1次印刷
书　　号	ISBN 978-7-5739-0479-9　　定　价　165.00元

责任编辑　苏亚娟　　　责任校对　李亚学
责任美编　金　晖　　　责任印务　崔文红

如发现印、装问题，请与承印厂联系。电话：0571-85155604

编委会

主　　　编：赵盛龙　徐汉祥　尤仲杰　钟俊生

本 册 主 编：林良羽

本册副主编：郭星乐　陈　健　熊李虎

本 册 编 者：蒋日进　郑凤武　林俊辉　刘勐伶　邢炳鹏
　　　　　　郑碧琪　崔大练　王　琰　章飞军　游天福
　　　　　　胡志杰　陈瑶君　黄宜颖　吴　寨　吴　雪
　　　　　　贾胜华　叶文建　杜　伟

前言

　　舟山群岛是我国第一大群岛，海域面积达 22000 km²，拥有 2000 多个岛屿和漫长的深水岸线，气候条件优越，生物物种种类及特有类群均居全国前列，是我国生态安全屏障和生物多样性的天然宝库，也是我国乃至西北太平洋重要的天然基因库。舟山群岛海域得益于得天独厚的自然条件，有着我国第一大渔场——舟山渔场，这也是世界著名的渔场。2011 年 6 月 30 日，国务院正式批准设立浙江舟山群岛新区，舟山群岛开发上升为国家战略，成为我国第一个以海洋经济为主题的国家战略层面新区。舟山群岛是大力发展海洋经济的前沿阵地，是我国建设海洋强国的蓝色引擎，是我国"海上丝绸之路"的重要中转港口，在我国建设海洋强国进入加速期的这一关键历史时刻，扮演着越来越重要的角色。

　　随着海洋经济快速发展，舟山群岛的海洋生态系统面临着新的变化，海洋生物多样性受到威胁。自 20 世纪 80 年代以来，舟山的传统渔业资源开始逐渐衰退，原有的鱼汛也逐渐消失，大家不免担忧，东海会无鱼以至无渔吗？海洋生物是一类可再生资源，其再生能力取决于种群的自身繁育能力，当捕捞强度超过了再生能力，资源减少自然就不可避免。客观地说，以传统的经济种类维持原有的捕捞及管理模式，确已难以为继。

　　针对海洋传统经济种类资源的减少，我国自 1979 年开始，提出设立禁渔期、禁渔区制度。自 1995 年开始，在渤海、黄海、东海、南海 4 大海区除钓具外，开始全面实行伏季休渔，几年后还扩大至鄱阳湖、长江、珠江以及黄河流域等内陆水域，并对我国远洋渔业作业海域，如印度洋北部公海海域、大西洋公海部分海域、东太平洋公海部分海域等也实行自主休渔。舟山市还设立了马鞍列岛国家海洋特别保护区和中街山列岛海洋特别保护区，以及大戢洋、岱衢洋、马鞍列岛等省级产卵场保护区。同时加强渔业水域生态修复养护、投放人工渔礁、经济种类人工放流等保护措施。经过多年的努力，人们看到了希望，以"几近绝迹"的大黄鱼为代表的部分传统鱼类近年来产量有了一定的提升。

　　高效、持续利用海洋生物资源，是一项长期、复杂的系统工程，我们常以食物链或食物网来比喻内含复杂的营养级别的转化。事实上，所谓的传统经济种类，原来可能是处于食物链中端或末端的群体，正因为这部分群体适合人们食用并一直被作为商品，故称其为"传统经济种类"。根据r-K选择生态进化理论，大多数鱼类（硬骨鱼类）及无脊椎动物会采用r选择的繁殖策略，即在上端营养级物种减少时，其下端或更下端营养级的"大众"生物的数量和种类会随之扩张，以达到另一个海洋生态平衡。

多年的实践与众多学者研究证实，在传统经济种类减少的情况下，许多原来并不受待见的低值、小型、低龄种类并没有减少，如小黄鱼（低龄化、小型化、早熟化）、龙头鱼、哈氏仿对虾、鹰爪虾、口虾蛄等的产量逐渐增加。我们认为，海洋生物总体资源并未消失，渔场重现的可能性及机会仍然存在，关键是当下及今后如何合理开发、利用及有效保护。而开发、利用、保护的关键是了解舟山群岛海洋生物物种的"家底"。虽然有关舟山海洋生物的种类、数量及时空变化，历年来报道过不少，但持续性的研究不多，大多是零星的成果，缺乏系统性和更广层面的推介、科普及认知。

自2014年开始，我们根据多年的调查研究成果、浙江海洋大学海洋生物博物馆和浙江省海洋科学院积累的资料，对舟山群岛海域的海洋生物多样性进行了系统摸排，并利用承担或参与多个国家级、省级及校级自主科研项目的机会，如国家自然科学基金项目"长江口及邻近海域海洋生物与生态野外实践基地项目"（2014—2016年）、国家重点研发计划"蓝色粮仓科技创新"重点专项"东海渔业资源增殖与多元化养殖模式示范项目"、"我国重要渔业水域食物网结构特征与生物资源补充机制项目"（2018—2022年）、"浙江省八大水系及近岸海域水生生物资源调查"（2022—2023年）、"浙江海洋大学自主航次——海洋锋面及渔业资源长期调查计划（大型底栖动物调查）"（2020—2023年）、"舟山市普陀区水产种质资源和水生动植物资源调查与评估"（2021—2022年）等，筛选出相对齐全的舟山群岛海域大型海洋生物种类，编写了本套"舟山群岛海洋生物多样性研究"图书。

本套图书分为"鱼类""虾蟹类""软体动物类""大型底栖藻类"及"其他大型底栖无脊椎动物"5册，基本涵盖了舟山海域已知的大型生物种类。本套图书将成为人们了解舟山群岛海洋生物"家底"的族谱，同时也是海洋生物类教学、科研、科普以及水产养殖、海洋捕捞、海钓业等不可或缺的基础资料。

本套图书由国家出版基金资助出版。此外，宁波市渔文化研究会提供了大量照片，在此一并表示衷心感谢。

编者

2022年9月

目录

概论 ·· 1
  一、大型底栖动物概念 ··· 2
  二、海洋大型底栖动物生态服务功能及经济意义 ··············· 3
  三、舟山海域大型底栖动物的研究历史和现状 ··················· 4

各论 ·· 5
  刺胞动物门 Cnidaria ·· 6
    水螅纲 Hydrozoa ·· 8
      一、软水母目 Leptothecata ··· 9
        （一）和平水母科 Eirenidae Haeckel, 1879 ············· 9
        （二）合螅科 Zygophylacidae Quelch, 1885 ············ 11
        （三）羽螅科 Plumulariidae McCrady, 1859 ············ 12
      二、头螅水母目 Capitata ·· 14
        筒螅水母亚目 Tubulariida ·································· 14
        （四）枝手水母科 Cladonematidae Gegenbaur, 1857 ······ 14
    钵水母纲 Scyphozoa ··· 16
      三、旗口水母目 Semaeostomeae ································ 17
        （五）洋须水母科 Ulmaridae Haeckel, 1880 ············ 17
    珊瑚虫纲 Anthozoa ·· 19
    八放珊瑚亚纲 Octocorallia ······································ 19
      四、软珊瑚目 Alcyonacea ·· 20
        （六）柳珊瑚科 Gorgoniidae Lamouroux, 1812 ········ 20
      五、海鳃目 Pennatulacea ·· 21
        （七）棒海鳃科 Veretillidae Herklots, 1858 ············ 21
        （八）翼海鳃科 Pteroeididae Kölliker, 1880 ··········· 22
    六放珊瑚亚纲 Hexacorallia ····································· 24
      六、海葵目 Actiniaria ·· 25
        （九）海葵科 Actiniidae Rafinesque, 1815 ············· 25

　　　　（十）爱氏海葵科 Edwardsiidae Andres, 1881 ……………………………………30
　　　　（十一）蠕形海葵科 Halcampidae Andres, 1883 ……………………………………31
　　　　（十二）全丛海葵科 Diadumenidae Stephenson, 1920 ………………………………32
　　七、石珊瑚目 Scleractinia …………………………………………………………………34
　　　　（十三）丁香珊瑚科 Caryophylliidae Dana, 1846 ……………………………………34

星虫动物门 Sipuncula …………………………………………………………………………36
革囊星虫纲 Phascolosomatidea …………………………………………………………36
　　八、革囊星虫目 Phascolosomatiformes ……………………………………………………37
　　　　（十四）革囊星虫科 Phascolosomatidae Stephen & Edmonds, 1972 ………………37
方格星虫纲 Sipunculidea …………………………………………………………………42
　　九、方格星虫目 Sipunculiformes ……………………………………………………………43
　　　　（十五）方格星虫科 Sipunculidae Rafinesque, 1814 …………………………………43

环节动物门 Annelida ……………………………………………………………………………46
多毛纲 Polychaeta ……………………………………………………………………………46
螠亚纲 Echiura ………………………………………………………………………………46
　　十、螠目 Echiuroidea …………………………………………………………………………47
　　　　（十六）螠科 Thalassematidae Forbes & Goodsir, 1841 ……………………………47
游走亚纲 Errantia …………………………………………………………………………49
　　十一、叶须虫目 Phyllodocida ………………………………………………………………50
　　　　叶须虫亚目 Phyllodociformia ………………………………………………………50
　　　　（十七）叶须虫科 Phyllodocidae Oersted, 1843 ……………………………………50
　　　　鳞沙蚕亚目 Aphroditiformia …………………………………………………………53
　　　　（十八）鳞沙蚕科 Aphroditidae Savigny, 1818 ………………………………………53
　　　　（十九）多鳞虫科 Polynoidae Kinberg, 1856 …………………………………………55
　　　　（二十）锡鳞虫科 Sigalionidae Kinberg, 1856 ………………………………………58
　　　　沙蚕亚目 Nereidiformia ………………………………………………………………64
　　　　（二十一）沙蚕科 Nereididae Blainville, 1818 ………………………………………64
　　　　（二十二）裂虫科 Syllidae Grube, 1850 ………………………………………………82
　　　　（二十三）白毛虫科 Pilarginae Saint-Joseph, 1899 …………………………………84
　　　　（二十四）齿吻沙蚕科 Nephtyidae Grube, 1850 ……………………………………86
　　　　吻沙蚕亚目 Glyceriformia ……………………………………………………………93
　　　　（二十五）角吻沙蚕科 Goniadidae Kinberg, 1866 …………………………………93
　　　　（二十六）吻沙蚕科 Glyceridae Grube, 1850 ………………………………………97
　　　　（二十七）拟特须虫科 Paralacydoniidae Pettibone, 1963 …………………………101

十二、矶沙蚕目 Eunicida ·········· 102
- （二十八）索沙蚕科 Lumbrineridae Schmarda, 1861 ·········· 102
- （二十九）矶沙蚕科 Eunicidae Berthold, 1827 ·········· 105
- （三十）欧努菲虫科 Onuphidae Kinberg, 1865 ·········· 107

隐居亚纲 Sedentaria ·········· 110

十三、头节虫目 Scolecida ·········· 111
- （三十一）单指虫科 Cossuridae Day, 1963 ·········· 111
- （三十二）竹节虫科 Maldanidae Malmgren, 1867 ·········· 113
- （三十三）锥头虫科 Orbiniidae Hartman, 1942 ·········· 115
- （三十四）小头虫科 Capitellidae Grube, 1862 ·········· 118
- （三十五）海蛹科 Opheliidae Malmgren, 1867 ·········· 121
- （三十六）臭海蛹科 Travisiidae Hartmann-Schröder, 1971 ·········· 123
- （三十七）梯额虫科 Scalibregmatidae Malmgren, 1867 ·········· 125

十四、缨鳃虫目 Sabellida ·········· 126
- （三十八）龙介虫科 Serpulidae Rafinesque, 1815 ·········· 126
- （三十九）欧文虫科 Oweniidae Rioja, 1917 ·········· 130
- （四十）缨鳃虫科 Sabellidae Latreille, 1825 ·········· 132
- （四十一）帚毛虫科 Sabellariidae Johnston, 1865 ·········· 135

十五、海稚虫目 Spionida ·········· 137
- （四十二）长手沙蚕科 Magelonidae Cunningham & Ramage, 1888 ·········· 137
- （四十三）杂毛虫科 Poecilochaetidae Hannerz, 1956 ·········· 139
- （四十四）海稚虫科 Spionidae Grube, 1850 ·········· 140

十六、蛰龙介目 Terebellida ·········· 147
- （四十五）笔帽虫科 Pectinariidae Quatrefages, 1866 ·········· 147
- （四十六）双栉虫科 Ampharetidae Malmgren, 1866 ·········· 149
- （四十七）米列虫科 Melinnidae Chamberlin, 1919 ·········· 151
- （四十八）丝鳃虫科 Cirratulidae Carus, 1863 ·········· 153
- （四十九）毛鳃虫科 Trichobranchidae Malmgren, 1866 ·········· 156
- （五十）蛰龙介科 Terebellidae Johnston, 1846 ·········· 158
- （五十一）不倒翁虫科 Sternaspidae Carus, 1863 ·········· 162

节肢动物门 Arthropoda ·········· 166

肢口纲 Merostomata ·········· 166

十七、剑尾目 Xiphosurida ·········· 167

（五十二）鲎科 Limulidae Leach, 1819 ················167

鞘甲纲 Thecostraca ················169

蔓足亚纲 Cirripedia ················169

　围胸总目 Thoracicalcarea ················170

　十八、铠茗荷目 Scalpellomorpha ················170

　　（五十三）茗荷科 Lepadidae Darwin, 1852 ················171

　　（五十四）花茗荷科 Poecilasmatidae Annandale, 1909 ················175

　十九、盔茗荷目 Calanticomorpha ················178

　　（五十五）盔茗荷科 Calanticidae Zevina, 1978 ················178

　二十、指茗荷目 Pollicipedomorpha ················180

　　（五十六）指茗荷科 Pollicipedidae Leach, 1817 ················180

　二十一、藤壶目 Balanomorpha ················182

　　（五十七）藤壶科 Balanidae Leach, 1817 ················182

　　（五十八）小藤壶科 Chthamalidae Darwin, 1854 ················192

　　（五十九）龟藤壶科 Chelonibiidae Pilsbry, 1916 ················194

　　（六十）笠藤壶科 Tetraclitidae Gruvel, 1903 ················196

软甲纲 Malacostraca ················198

　二十二、等足目 Isopoda ················199

　　盖肢亚目 Valvifera ················199

　　（六十一）全颚水虱科 Holognathidae Thomson, 1904 ················199

　　（六十二）盖鳃水虱科 Idoteidae Samouelle, 1819 ················201

　　潮虫亚目 Oniscidea ················203

　　（六十三）海蟑螂科 Ligiidae Leach, 1814 ················203

　　团水虱亚目 Sphaeromatidea ················205

　　（六十四）团水虱科 Sphaeromatidae Latreille, 1825 ················205

　　缩头水虱亚目 Cymothoida ················211

　　（六十五）巨颚水虱科 Gnathiidae Leach, 1814 ················211

　　（六十六）拟背尾水虱科 Paranthuridae Menzies & Glynn, 1968 ················213

　　（六十七）背尾水虱科 Anthuridae Leach, 1814 ················214

　　（六十八）浪飘水虱科 Cirolanidae Dana, 1852 ················215

　二十三、端足目 Amphipoda ················220

　　矛钩虾亚目 Amphilochidea ················220

　　（六十九）双眼钩虾科 Ampeliscidae Krøyer, 1842 ················220

　　（七十）合眼钩虾科 Oedicerotidae Lilljeborg, 1865 ················223

（七十一）板钩虾科 Stenothoidae Boeck, 1871 ……225
（七十二）尾钩虾科 Urothoidae Bousfield, 1978 ……227
（七十三）尖头钩虾科 Phoxocephalidae Sars, 1891 ……229
　　　　棘尾亚目 Senticaudata ……231
（七十四）多棘钩虾科 Dogielinotidae Gurjanova, 1953 ……231
（七十五）玻璃钩虾科 Hyalidae Bulycheva, 1957 ……233
（七十六）跳钩虾科 Talitridae Refinesque, 1815 ……238
（七十七）马尔他钩虾科 Melitidae Bousfield, 1973 ……239
（七十八）蜾蠃蜚科 Corophiidae Leach, 1814 ……242
（七十九）赖钩虾科 Aoridae Stebbing, 1899 ……247
（八十）藻钩虾科 Ampithoidae Boeck, 1871 ……249
（八十一）亮钩虾科 Photidae Boeck, 1871 ……251
（八十二）麦秆虫科 Caprellidae Leach, 1814 ……254

二十四、涟虫目 Cumacea ……259
（八十三）尖额涟虫科 Leuconidae G.O. Sars, 1878 ……259
（八十四）针尾涟虫科 Diastylidae Bate, 1856 ……262

腕足动物门 Brachiopoda ……264

海豆芽纲 Lingulata ……264

二十五、海豆芽目 Lingulida ……265
（八十五）海豆芽科 Lingulidae Menke, 1828 ……265

棘皮动物门 Echinodermata ……267

海百合纲 Crinoidea ……267

二十六、栉羽枝目 Comatulida ……268
（八十六）海羊齿科 Antedonidae Norman, 1865 ……268
（八十七）星羽枝科 Asterometridae Gislén, 1924 ……270

海星纲 Asteroidea ……271

二十七、桩海星目 Paxillosida ……272
（八十八）砂海星科 Luidiidae Sladen, 1889 ……272
（八十九）槭海星科 Astropectinidae Gray, 1840 ……274

二十八、瓣棘海星目 Valvatida ……276
（九十）角海星科 Goniasteridae Forbes, 1841 ……276

二十九、钳棘目 Forcipulatida ……278
（九十一）海盘车科 Asteriidae Gray, 1840 ……278

海胆纲 Echinoidea ……280

三十、灯海胆目 Echinolampadacea ··· 281
　　（九十二）Rotulidae Gray, 1855 ··· 281
三十一、心形海胆目 Spatangoida ··· 283
　　（九十三）拉文海胆科 Loveniidae Lambert, 1905 ··· 283
　　（九十四）壶海胆科 Brissidae Gray, 1855 ··· 285
三十二、口鳃海胆目 Stomopneustoida ··· 286
　　（九十五）海刺猬科 Glyptocidaridae Jensen, 1982 ··· 286
三十三、拱齿目 Camarodonta ··· 288
　　（九十六）刻肋海胆科 Temnopleuridae A. Agassiz, 1872 ··· 288
　　（九十七）长海胆科 Echinometridae Gray, 1825 ··· 291
　　（九十八）球海胆科 Strongylocentrotidae Gregory, 1900 ··· 293

海参纲 Holothuroidea ··· 295

三十四、无足目 Apoda ··· 296
　　（九十九）锚参科 Synaptidae Burmeister, 1837 ··· 296
三十五、芋参目 Molpadida ··· 300
　　（一〇〇）芋参科 Molpadiidae Muller, 1850 ··· 300
　　（一〇一）尻参科 Caudinidae Heding, 1931 ··· 303
三十六、枝手目 Dendrochirotida ··· 305
　　（一〇二）沙鸡子科 Phyllophoridae Oestergren, 1907 ··· 305

蛇尾纲 Ophiuroidea ··· 308

三十七、蔓蛇尾目 Euryalida ··· 309
　　（一〇三）筐蛇尾科 Gorgonocephalidae Fell, 1960 ··· 309
三十八、倍棘蛇尾目 Amphilepidida ··· 311
　　（一〇四）阳遂足科 Amphiuridae Ljungman, 1867 ··· 311
　　（一〇五）辐蛇尾科 Ophiactidae Matsumoto, 1915 ··· 319
三十九、真蛇尾目 Ophiurida ··· 321
　　（一〇六）真蛇尾科 Ophiuridae Matsumoto, 1917 ··· 321
　　（一〇七）雕真蛇尾科 Ophiopyrgidae Perrier, 1893 ··· 323

参考文献 ··· 325
拉丁学名索引 ··· 331
中文名索引 ··· 336

概论

一、大型底栖动物概念

底栖动物不是动物的一个门类,而是一个庞杂的生物类群,习惯中泛指在其生活史中全部或部分时间生活于水体底部的所有水生动物,其中包含了从原生动物到脊索动物之间的绝大多数动物门类,尤以无脊椎动物居多。如我们熟知的海葵(石奶)、藤壶("触")、龟足、海星、海胆,更多的是我们平时很少在意或罕见的水螅、海笔、沙蚕、钩虾、海羊齿、蛇尾等动物。

潮间带及浅海大型底栖动物

A:等指海葵;B:纵条肌海葵;C:侧花海葵;D:日本笠藤壶;E:龟足;F:海羊齿;G:海胆

与常见的鱼类、虾类、蟹类、哺乳类等大型种类相比，绝大多数底栖动物的个体要小得多，但其种类更多，分布更广，从淡水到海洋，从沿岸到深海，都有其分布的足迹，生活方式也可谓是"五花八门"，有固着、浅埋、穴居、钻蚀、附着、匍匐以及适时浮游等，栖所生境极具"多样性"。

底栖动物看似小微，但因其种类繁多且庞杂，故在水生动物的组成中占有很高的比重，并在整个水域生态系统中扮演了极为重要、不可替代的角色。

鉴于底栖动物门类众多，形态及结构差异极大，为研究方便，习惯根据动物个体的大小，分为大型底栖动物、小型底栖动物以及微型底栖动物三类，其中能被0.5mm（500μm）孔径网筛截留的称之为大型底栖动物。

二、海洋大型底栖动物生态服务功能及经济意义

底栖动物在维系整个生态系统的结构与平衡中有着至关重要的作用。

从营养级上看，底栖动物扮演了多重角色，它们既是有机物的分解者、初级生产者和直接消费者，也是其他底栖肉食性动物的重要饵料，以其生物的"本质"，参与并活跃在生态系统中物质循环、能量流动的各个中间环节。"一鲸落，万物生"就是这个道理。

底栖动物在摄食、爬行、建管、避敌、筑穴等过程中引发的生物扰动（bioturbation）导致沉积物初级结构的改变，由太阳能和营养盐驱动的水生植物初级生产，启动了水体中的啃食食物链，而颗粒性有机物通过生物泵、湍流和平流的输运，推动了水生生态系统中的另一条食物链——碎屑食物链，再经分解矿化、生物扰动、摄食、分子扩散及物理作用与水层的生物生产过程相连接，即通过能流和物流的传递而将水层系统与底栖系统融为一体——耦合。这种耦合作用构成了河口、近岸和浅海水域的关键生态过程，而底栖生物所引发的生物扰动正是这一关键生态过程中至关重要的环节和枢纽。

大型底栖动物因其活动能力较弱，栖息与活动场所比较固定，生境要求相对苛刻，对胁迫环境的趋避能力较弱，因而受环境影响更为深刻，比较适合用作环境指示物，通过"水环境监测的生物响应"，成为评价海洋生态环境的重要考量指标。

许多底栖动物能大量摄取水体中的低等藻类、有机碎屑、无机颗粒，经此，可有效降低水体中富营养物质的含量，即减少"富营养"，因而可作为"生物净化剂"，用于一定水体的水质净化。

很多底栖动物也是民间的传统食材和药材。"靠海吃海""一方水土养一方人"，如海胆、海葵、龟足、藤壶，以及星虫、沙蚕等，常成为沿海各地的精美小海鲜。有意思的是，许多大型底栖动物在潮间带以附着、穴居或浅埋生活，移动缓慢，古往今来一直是沿海居民"捡小海""赶

海"的主要对象，由其种类长相、生存方式，包括相应的采捕工具、技巧等，衍生出一系列的"渔文化"，成为当地文化传承中不可或缺的一环。

当然，底栖动物之间，以及底栖动物与其他动物之间，也时有"生态位"上的重叠，在生存空间、饵料等方面彼此竞争，或互为"敌害"。

三、舟山海域大型底栖动物的研究历史和现状

从20世纪50年代后期起，我国开展过多次较大规模的海洋综合调查、海洋生物资源调查。其中早期主要有：1958—1960年，全国海洋综合调查；1960年，浙江近海渔场调查；1975—1978年，东海大陆架综合调查；1977—1978年，东海大陆架及其近海区的两次综合调查；1980—1988年，长江口近海水域的资源调查研究；1997—2000年，海洋生物资源栖息环境补充调查与研究等。这些调查中舟山海域往往是其中重要的调查区域，而大型底栖动物资源虽说是重要内容之一，但往往偏重于"经济种类"。

本世纪以来，舟山海域大型底栖动物的调查次数逐渐增多，但大都规模不大，一般是针对某一区域，如中街山列岛、朱家尖岛、六横岛、普陀山岛、桃花岛等，没有覆盖全海域；此外，多数调查的目的是围绕某些"海洋工程"或突发污染事故的环境评估。因而总体而言，在时空上还存在较多盲区。

底栖动物，尤其是海洋大型底栖动物，不仅是海洋物种、海洋生物资源的一个重要组成，而且维系着整个海洋的生态平衡和能量传递，其功能和角色无可替代。作为舟山海洋生物资源的"家底"，大型底栖动物不可或缺。

除鱼类、虾蟹类、软体动物各册已描述的种类外，本册共记述大型底栖动物213种，分属6门15纲39目107科。

各论

刺胞动物门 Cnidaria

刺胞动物因其体内具特殊的刺细胞而得名，又因其具体壁包围的囊袋状"腔肠"也曾被称为腔肠动物，包括常见的珊瑚、水母及海葵等。与多孔动物（也称海绵动物）相比，其共同点为都是由两层细胞构成的多细胞动物，但不同的是，刺胞动物出现了胚层、组织的分化，出现了消化腔，有固定的对称体制和用以攻击与防卫的刺细胞等，且还具二态或多态现象，生活史中常有世代交替。

刺胞动物有单体和群体，外形一般呈管状或伞形，辐射对称或近似辐射对称。刺胞动物体壁自外向内由皮层（也称外胚层）、中胶层（主要由胶质组成）和胃层（也称内胚层）组成，无中胚层。体壁包围的空腔呈囊状，为消化循环腔（或称腔肠），具消化和循环的功能。空腔仅具1个开口（口兼肛门）与外界联通。刺胞动物发育过程中通常具有水螅体和水母体两种类型的个体阶段，分别适应水底固着或水层浮游生活，有的物种，如管水母类，还具复杂的多态现象。

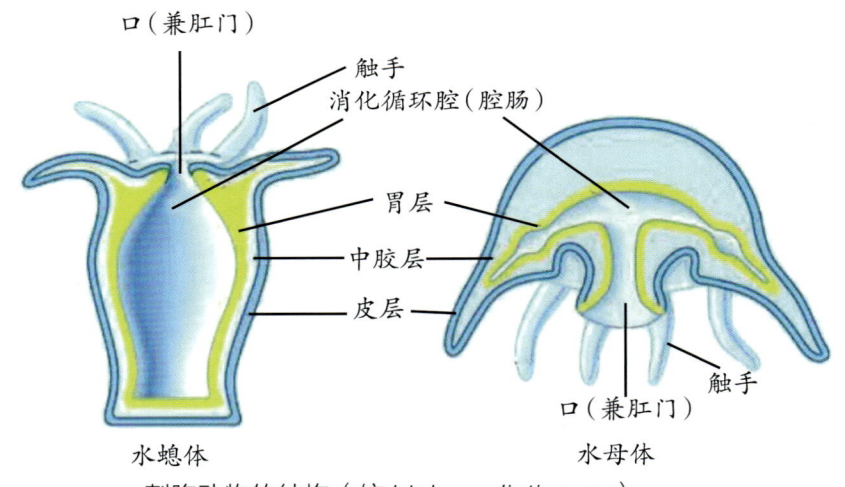

刺胞动物的结构（仿 biology dictionary）

刺细胞是刺胞动物所特有的一类特化细胞，每个刺细胞内都有1个刺丝囊，囊侧有1个细胞核，囊内储有毒液以及盘旋的丝状管。刺细胞顶端有1个顶盖，刺细胞外表一侧有1个毛样突起，称为刺针或触发器、刺激感受器，刺细胞一旦被触发，顶盖瞬间外翻，刺丝即从刺丝囊中射出。刺细胞是刺胞动物防御、攻击、捕食的独门武器。

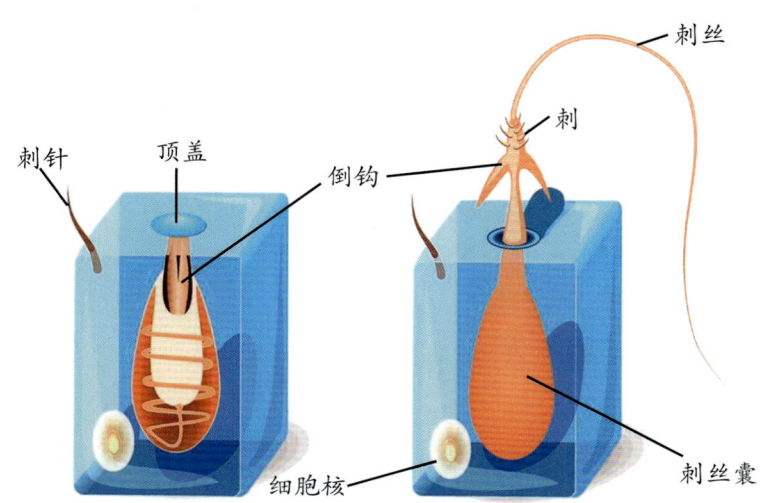

刺细胞模式图（仿 biology dictionary）

刺胞动物的繁殖有无性生殖和有性生殖，且有世代交替。无性生殖的主要形式是出芽生殖，特别是在水螅型更为常见。水螅出芽时从身体近基部处通过体壁及胃腔向外突出，再长出触手与口即形成芽体，以后芽体与母体分离即形成新的个体。有些种类，如薮枝螅所形成的芽体与母体不分离则形成了群体。无性繁殖也可以通过分裂方式进行，主要发生在水螅型个体，如海葵可以纵分裂，钵水母的幼体以横分裂进行无性生殖。此外，水螅型一般具有很强的再生能力，如将水螅切成数段，条件适宜时每段都可以再生成一个新的个体。有性生殖出现在多数水螅型及所有的水母型，除少数种类为雌雄同体之外，绝大多数种类为雌雄异体（或异群体）。生殖细胞来源于间细胞，然后迁移到固定的位置上形成生殖腺（刺胞动物只有生殖腺，没有出现生殖导管及生殖附属腺），生殖细胞成熟之后由口排出，或由体壁破裂而释放。受精作用依不同的种而异，或在体外海水中进行，或在垂管的表面，或在胃腔内生殖腺的部位进行。受精卵经过卵裂，形成中空的囊胚，经移入法或内陷法形成原肠胚，结果形成两层细胞，即两个胚层，内部成团的细胞为内胚层，将来形成成体的胃层，外表的一层为外胚层，将来形成成体的表皮层。实心的原肠胚迅速延长，体表出现纤毛，形成了自由游泳的浮浪幼虫。浮浪幼虫早期没有口及胃腔，游泳一段时间之后，固着在水草、岩石或其他物体上发育成水螅型体，或再经过出芽生殖形成群体。淡水生活的水螅没有幼虫期，其受精卵直接发育。

刺胞动物多数生活于海水，少数见于淡水。其目前被分为6个纲，即水螅纲、钵水母纲、立方水母纲、珊瑚虫纲、柄水母纲和粘体纲。其中，粘体纲过去归属于原生动物门，全部营寄生生活。本书主要对舟山海域营固着生活的刺胞动物（水螅纲、钵水母纲、珊瑚虫纲）进行叙述，其中水螅纲生物主要记述其生活史中的水螅体。

水螅纲 Hydrozoa

也称水螅水母纲，除少数种类生活于淡水外均生活于海中。生活史中有水螅型和水母型个体之分。水螅型个体小，通常由附着用的基盘和直立的螅体组成，螅体端部有隆起的垂唇，中央为口，四周是一圈触手，螅体外有围鞘或裸露。群体生活的种类则分螅根、螅茎和螅体三部分。体内构造简单，有简单的消化循环腔，无口道和隔膜，中胶层薄。群体水螅的个体往往分化为司营养的螅体与司生殖的生殖芽体，管水母类更分化出善于收缩的游泳个体及保护用的叶状个体。水母型个体多较小，周围有一圈缘膜，触手基部常有平衡囊。世代交替现象普遍。

一、软水母目 Leptothecata

也称被芽目,生活史有水螅体和水母体的世代交替。水螅体的围鞘不仅围住基盘和螅茎,还围住芽体的芽鞘和生殖鞘。芽鞘和生殖鞘的上端有孔,孔口上有时还有1片或数片瓣组成的鞘盖。多为群体生活。水母体呈半球形或较扁平。中胶层较薄,伞部较为柔软。生殖腺部分或全部位于辐管上。伞缘有数目较多的触手,有感觉棒或平衡囊。一般没有眼点。

在舟山海域采获或收集整理软水母目3种,分属3科。

(一)和平水母科 Eirenidae Haeckel, 1879

水螅体:底栖的种类分直立和匍匐茎状的群体;双壳类寄居的种类没有围鞘,有足盘,通常是单个个体。水螅体出芽产生单个水母体。直立的类型,在幼体群体中,螅鞘圆柱形,具有隔膜和起皱的鞘盖,鞘盖由多个三角形的瓣聚合而成,而不是由螅鞘边缘产生(钟线螅型);在成熟群体中,鞘盖一般丢失,螅鞘退化成围鞘(蝶螅型)。在匍匐茎状的群体中,螅鞘通常退化或消失,水螅体裸露,直接长在螅根或短茎上,此类群体为拟钟螅型;普通种类的水螅体为长形,可伸缩,丝状口触手上下单行交替排列,有触手间膜。生殖体长在水螅体、螅茎或螅根上,裸体或长在生殖鞘中,以形成水母体或生殖腺在辐管上的类水母体。

1 拟柄突和平水母
Eirene lacteoides Kubota & Horita, 1992

分类地位 水螅纲 Hydrozoa,软水母目 Leptothecata,和平水母科 Eirenidae

形态特征 水螅体:群体,属于拟钟螅型;每个水螅螅柄从匍匐根长出,直立,其柄长短不一,具有多个环状光滑的围鞘;水螅长圆柱形,长0.49~1.95 mm,外无螅鞘;口有单轮触手,8~16条,以12条居多,触手上有环状刺丝囊,基部由触手间的膜状基网连接;生殖体长0.22~0.73 mm,宽0.15~0.61 mm,每个生殖体包含1个水母芽;生殖体具有分枝的柄部,柄上有环状光滑的围鞘,在柄部常可见1~3个小的生殖体,呈短棒槌状。

生态习性 近岸暖温带种类。

地理分布 我国有分布，常见于水族馆养殖。舟山海域少见。

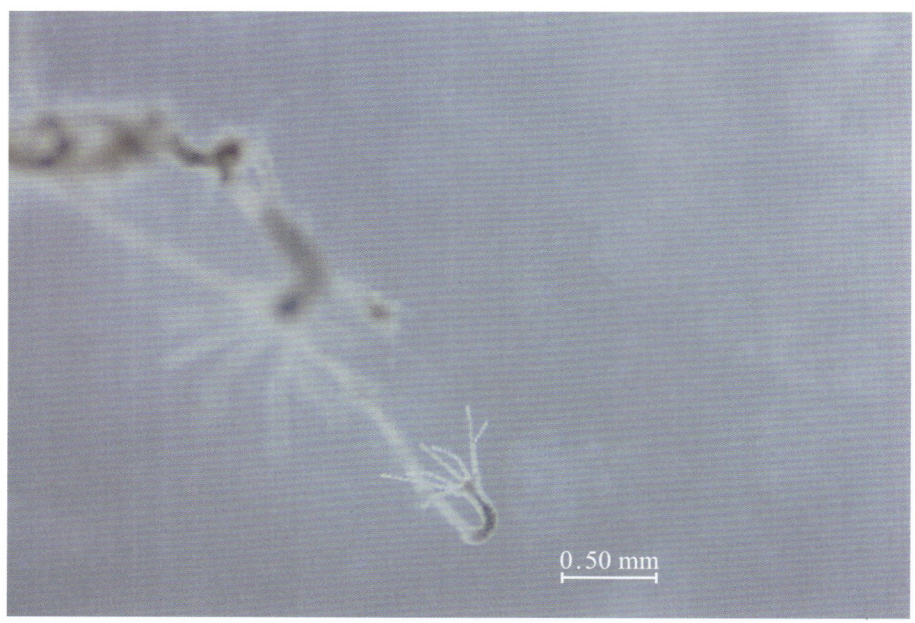

拟柄突和平水母

（二）合螅科 Zygophylacidae Quelch, 1885

水螅体：群体，不同螅鞘间不相连，直立或匍匐，从匍匐根长出；螅鞘管状至钟状，辐射对称或两侧对称。

2　合螅未定种
Zygophylax sp.

分类地位　水螅纲 Hydrozoa，软水母目 Leptothecata，合螅科 Zygophylacidae

形态特征　水螅体：群体直立，高约 20 mm，羽状，匍匐根扁块状；螅茎直，多管成束，无节间，分枝互生，每 2 个分枝间具 2 个互生螅鞘；螅鞘小，圆柱形，鞘壁光滑，螅鞘末端渐尖（可能为标本固定后收缩所致）。

生态习性　底栖种，固着于潮间带岩石上。

地理分布　不明。标本采自舟山桃花岛潮间带。舟山海域偶见。

合螅未定种

A：群体生态照；B：群体；C：螅鞘

（三）羽螅科 Plumulariidae McCrady, 1859

水螅体：群体直立，单管或多管，螅根匍匐或盘状；螅茎分枝或不分枝，螅枝互生、对生、轮生或从多管螅茎轴心管长出；螅鞘小，单列，部分贴生于螅枝上，鞘缘齿有或无；刺体具刺丝鞘，不呈裸露的囊胞体；所有刺丝鞘2室，可活动，每个螅鞘至少具3个刺丝鞘，即1个中刺丝鞘和1对侧刺丝鞘；生殖体为固着孢子囊，少数为游动的生殖体；生殖鞘单生，无刺丝鞘；守护枝有或无。

3 赫氏齿羽螅
Dentitheca hertwigi (Stechow, 1909)

同物异名 *Plumularia hertwigi* Stechow, 1908

分类地位 水螅纲 Hydrozoa，软水母目 Leptothecata，羽螅科 Plumulariidae

形态特征 水螅体：群体高可达700 mm，具网状根系，螅茎多管，初级分枝轮生；主管横向分节，具1对互生螅枝，螅枝位于突起上，突起腋间有1对刺丝鞘，螅枝斜分节，每节有1个螅鞘、1个中刺丝鞘和1对侧刺丝鞘，节间内腔有隔板。螅鞘柱形，高约为宽的3倍，完全贴生，鞘缘光滑有1对明显侧叶；中刺丝鞘从螅鞘基部伸出，短，约至螅鞘底1/3处；侧刺丝鞘短，低于鞘口。所有刺丝鞘均为2室。生殖鞘位于螅茎突起侧面，基部细，顶端截平。

生态习性 近海暖水底栖种，固着于岩石或其他基底上。

地理分布 我国主要记录于南海。标本采自舟山东极海域，为舟山海域首次记录。舟山海域少见。

赫氏齿羽螅

A：群体；B：群体局部；C：螅鞘

二、头螅水母目 Capitata

水螅体：无论是水螅幼体或成体均有头状触手，生殖体通常产自水螅体。

在舟山海域收集整理头螅水母目标本1种。

筒螅水母亚目 Tubulariida

水螅体：螅体有实心或薄壁口触手，绕着垂唇排成1轮，或分散在螅体下部；螅体也有实心或薄壁反口触手排列成1轮或3轮或无轮；自由水母体或孢子囊。

（四）枝手水母科 Cladonematidae Gegenbaur, 1857

水螅体：群体匍匐或直立，有匍匐螅根；螅茎不分枝或少量分枝；螅体纺锤形，有1轮4～5条实心头状口触手，有或无1轮反口次级丝状触手；口有外胚层腺细胞构成的1个前口室；水母芽没被围鞘薄膜围住，各自单独或成束在螅体基部。

辐状枝手水母
Cladonema radiatum Dujardin, 1843

同物异名 *Cladonema Allmani* Haeckel, 1879; *Cladonema perkinsii* Mayer, 1904; *Cladonema Dujardinii* Haeckel, 1879; *Coryne stauridia* Gosse, 1853; *Cladonema Gegenbauri* Haeckel, 1879; *Stauridium cladonema* Haeckel, 1879; *Cladonema Krohnii* Haeckel, 1879; *Stauridium radiatum* (Dujardin, 1843); *Cladonema mayeri* Perkins, 1906; *Syncoryne stauridium* Krohn, 1853

分类地位 水螅纲 Hydrozoa，头螅水母目 Capitata，筒螅水母亚目 Tubulariida，枝手水母科 Cladonematidae

形态特征 水螅体：螅体简单细长或略为分枝群体，从匍匐根产生；围鞘光滑，终止于螅体下面；螅茎有末端螅体；螅体棍棒状，垂唇呈圆形，有4～5条口轮头状触手和4～5条基轮反口丝状触手，两者相间排列，丝状触手末端稍膨大；垂唇顶外胚层具有发达腺前口腔；水母芽裸露，单个在螅体的丝状触手上部。

生态习性 近岸暖水底层爬行种，借助触手上的粘着器官附着于各种藻类上。

地理分布 我国分布于黄海。舟山海域偶见。

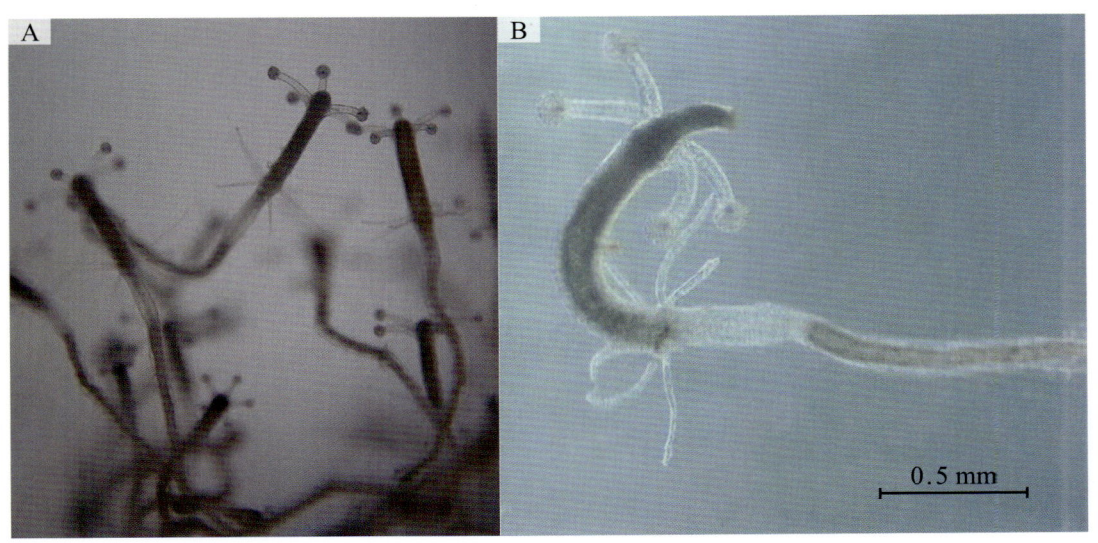

辐状枝手水母

A：水螅体活体；B：水螅体侧面观

钵水母纲 Scyphozoa

本纲动物全部海产。一般个体较大，水母体发达，生活史主要阶段是单体水母，水螅型不发达或完全消失，常以幼虫的形式出现，可产生稚水母体。无缘膜（又被称为无缘膜水母），中胶层厚，含有变形细胞。伞部边缘有缺刻。胃腔很大，通常分为中央囊和4个胃囊。生殖腺来自内胚层。除了少数种类营附着生活外，多在海洋中浮游生活。

三、旗口水母目 Semaeostomeae

水母体呈扁平伞状，直径10~40 cm，是当前最常见的一类大型水母。水母体伞缘分缘瓣，无冠沟及触手基垫。有或无空心缘触手。具感觉棍。有1个中央"口"，"口"的四角伸出4条长的口腕。生殖腺在内伞，呈囊状皱褶。本目种类的发育都经过变态，其生活史有世代交替和无世代交替两种方式。现有资料几乎都只描述旗口水母目水母体。

在舟山海域采获旗口水母目1种。

（五）洋须水母科 Ulmaridae Haeckel, 1880

水母体呈扁平伞状，直径10~40 cm，辐管分枝或不分枝，分枝的辐管彼此连接成不同程度的网状，具环管。本科种类众多，也是世界各海的广布种。生活史中有典型的世代交替现象。现有资料多描述洋须水母科水母体，该科水螅体资料较少。

5　海月水母
Aurelia aurita (Linnaeus, 1758)

同物异名　*Aurellia flavidula* Peron & Lesueur; *Medusa aurita* Linnaeus, 1758; *Medusa purpurea* Pennant, 1777

分类地位　钵水母纲 Scyphozoa，旗口水母目 Semaeostomeae，洋须水母科 Ulmaridae

形态特征　水螅体：个体小，高约2 mm，营固着生活；螅体杯状，体表光滑，钟形体大，占据了螅体的大部分，外缘具1轮10条口触手；柄部极短，不分枝，柄部末端扩大形成圆盘状的基盘。

海月水母螅状体的无性繁殖方式具有多样性，且其繁殖方式取决于螅状体不同的生长阶段和特性，主要有匍匐茎生殖、出芽生殖、纵向分裂、足囊繁殖和横裂生殖等，其中前四种方式可以补充螅状体的数量，而横裂生殖则是产生能够发育成长为水母体的碟状体，补充水母体的数量。

生态习性　营固着生活，具体生态习性不明。此次所采样品固着于鱼缸壁上，为海月水母水母体养殖过程中出芽生殖产生。

地理分布 我国各海区均有分布。舟山海域少见。

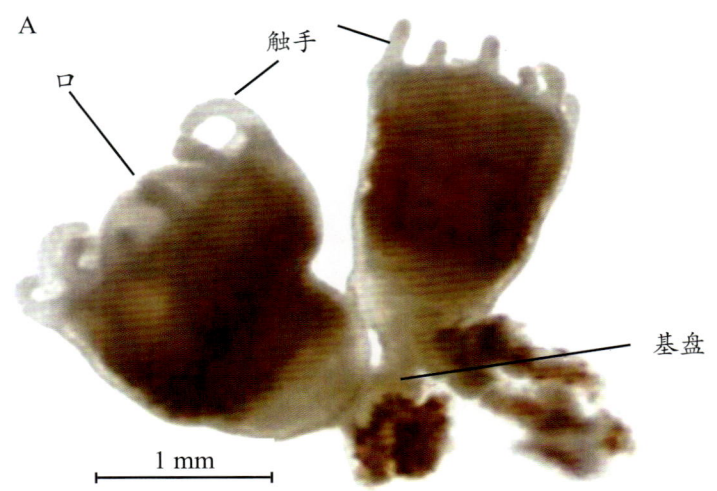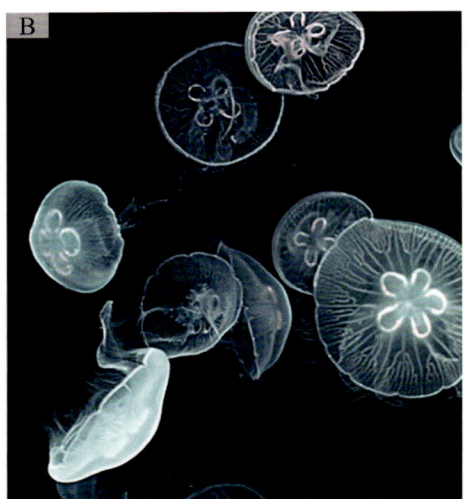

海月水母
A：水螅体；B：水母体

珊瑚虫纲 Anthozoa

本纲物种通称珊瑚虫，全部海生。与水螅纲、钵水母纲不同，其生活史中没有水母型而只有水螅型。多数为群体，少数为单体。

珊瑚虫纲物种的结构相对复杂，具口道、隔膜、隔膜丝，或具口道沟等。大多数珊瑚虫纲的物种能形成骨骼，骨骼的形态、部位、成分、形成方式在不同的类群中有所不同。触手数量通常是6或8的倍数，分为八放珊瑚亚纲、六放珊瑚亚纲和角海葵亚纲3个亚纲。其中，八放珊瑚亚纲物种的触手数量通常是8的倍数，六放珊瑚亚纲物种的触手数量一般是6的倍数，而角海葵亚纲原属六放珊瑚，但考虑其只有单体，且体明显延长，除具边缘触手外，还有一环短的口触手，故独立为一亚纲。

八放珊瑚亚纲 Octocorallia

曾名海鸡冠亚纲。绝大部分为群体，呈树枝状、叶状或棒状。每个个体有8条羽状分枝的触手，触手内部中空，与消化循环腔相通；腔内有8片完全隔膜，由体壁连到口道；口道沟内为柱状并带有纤毛的腺细胞。群体内有由游离在中胶层内的间细胞分泌物形成的骨骼支持。骨骼多形成于体内，成分为角质或钙质。骨骼的形状很不一致，有的骨片游离，分散在中胶层内（如海鸡头）；有的骨片相互愈合，形成管状（如笙珊瑚）；有的骨片愈合成群体的中轴（如柳珊瑚）。

四、软珊瑚目 Alcyonacea

又称海鸡冠目，个体埋在胶质共肉内。群体呈树枝状或块状。群体基部没有个体，个体全部集中在顶端。螅体一般能缩入共肉，也有不能缩入共肉的。共肉部分有分散的骨针。

在舟山海域采获软珊瑚目 1 种。

（六）柳珊瑚科 Gorgoniidae Lamouroux, 1812

骨轴为实心的整体。群体直立而分枝，但分枝在一个平面上。芽体成行排列在茎及分枝的两侧。茎细弱，共肉薄，芽体部分能伸缩。

6　桂山希氏柳珊瑚
Hicksonella guishanensis Zou & Chen, 1984

分类地位	珊瑚虫纲 Anthozoa，八放珊瑚亚纲 Octocorallia，软珊瑚目 Alcyonacea，柳珊瑚科 Gorgoniidae
形态特征	活体白色，群体由疏松的细长分枝组成。基部皮壳位于硬底（岩石、贝壳等）上。骨针白色，形态多变，有卵形多棘状、短小瘤状与及少疣绞盘状。
生态习性	常生长于潮间带岩石甚至港口的建筑物上，退潮时可以暴露在空气中，为广温广盐种。
地理分布	我国分布于山东、浙江、福建、广东等地沿海区域。标本在舟山桃花岛等多个岛屿潮间带均有采获。舟山海域常见。

桂山希氏柳珊瑚

五、海鳃目 Pennatulacea

又称海笔目，群体呈羽状或棒状，分柄部和干部，柄部埋入泥沙中，干部周围长有很多水螅体。水螅体有两种形态，一种是有口和触手的营养体，另一种是没有口且触手退化的指状体。群体骨骼为分散的石灰质化的骨针，体软。很多种类能发磷光。

在舟山海域采获海鳃目3种，分属2科。

（七）棒海鳃科 Veretillidae Herklots, 1858

体呈圆筒状或棒槌状，具一较小的柄与上部圆筒状或棒槌状的干部。柄上无水螅体，柄的末端无匍匐枝和另外的附属物，末端扩展呈球形。

7　仙人掌海鳃未定种
Cavernularia sp.

分类地位	珊瑚虫纲 Anthozoa，八放珊瑚亚纲 Octocorallia，海鳃目 Pennatulacea，棒海鳃科 Veretillidae
形态特征	群体呈长椭球形，干部周围长有很多水螅体，水螅体能伸缩，末端具8条羽状分枝的触手。体长约9 cm。
生态习性	不明。
地理分布	不明。标本采自舟山东极海域。舟山海域偶见。

仙人掌海鳃未定种

（八）翼海鳃科 Pteroeididae Kölliker, 1880

又称棘海鳃科，羽枝大，突出成叶状片。管状的螅体仅生在羽枝上。

8. 翼海鳃未定种1
Pteroeides sp.1

分类地位 珊瑚虫纲 Anthozoa，八放珊瑚亚纲 Octocorallia，海鳃目 Pennatulacea，翼海鳃科 Pteroeididae

形态特征 体长约5 cm，整体肥大，柄约占其体长的1/3，叶状片较为宽大，从其叶状片中伸出的骨针呈射出状排列。

生态习性 不明。

地理分布 不明。标本采自舟山东极海域，其叶状片间共生有斑纹小瓷蟹。舟山海域少见。

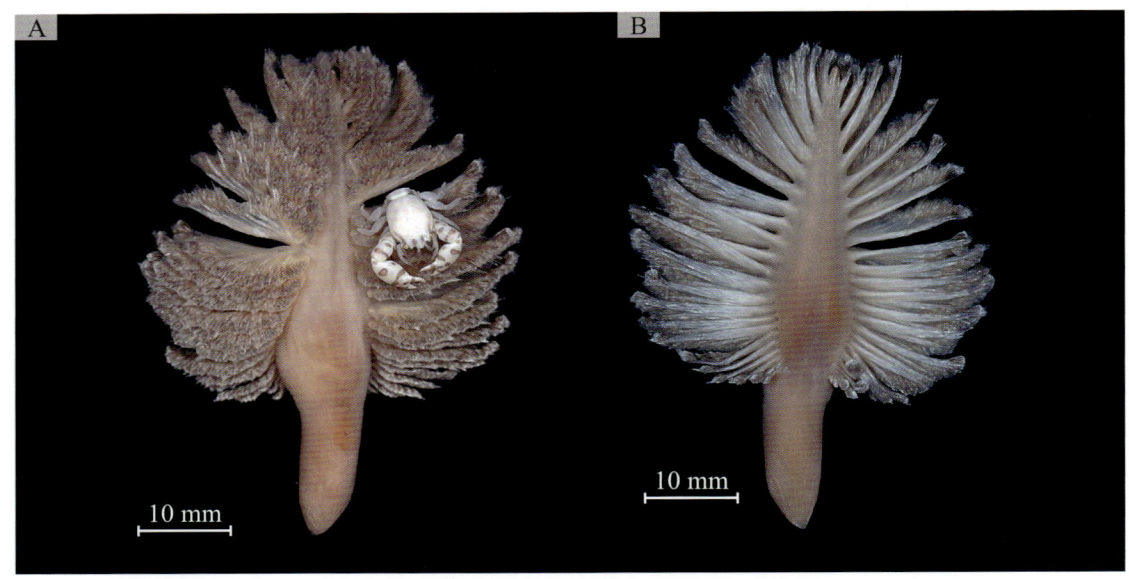

翼海鳃未定种1及与其共生的斑纹小瓷蟹
A：正面观；B：腹面观

9 翼海鳃未定种 2
Pteroeides sp.2

分类地位 珊瑚虫纲 Anthozoa，八放珊瑚亚纲 Octocorallia，海鳃目 Pennatulacea，翼海鳃科 Pteroeididae

形态特征 体长约 12 cm，叶状片相对短小，外缘密布骨针，整体形似羽毛，柄约占其体长的 1/3。酒精固定标本呈黄褐色。

生态习性 不明。

地理分布 不明。标本采自舟山东极海域。舟山海域少见。

翼海鳃未定种 2

六放珊瑚亚纲 Hexacorallia

也称群体海葵亚纲。触手、隔膜和隔片的数目都是6或6的倍数。形态基本相似，均为辐射对称。按形态特征可以分成单体和群体两大类。石珊瑚目形成石灰质外骨骼，海葵目没有骨骼。钙质外骨骼的主要构造是隔壁，此外，还有外壁、肋、横板、鳞板、轴柱、内墙、共骨、合隔桁和围栅瓣等。隔膜除伸到咽壁的一级隔膜外，还有较短的次级和三级隔膜。口道内通常有2条纤毛沟。肌肉比较发达，尤其是海葵，有发达的收缩肌。均为海生，从浅水到深水都有分布。

六、海葵目 Actiniaria

广义的海葵包括海葵目、角海葵目和群体海葵目物种,狭义的海葵仅指海葵目物种。

海葵目物种均为单体,水螅体大型,通常营附着生活,身体柔软无骨骼,大多呈圆柱状或蠕虫状。触手非羽状,着生在边缘和(或)口盘处。隔膜成对,数目常为6的倍数。口道上只有1条纤毛沟。反口端和口端一样,也呈盘状(基盘),为附着器官。口端触手有多有少,常为6的倍数。肌肉很发达,具有强大的伸缩能力。

根据现有分子系统学的分析,一些传统的依据形态划分的海葵分类体系需要做较大的修订,但由于目前尚未建立更好的分类系统和检索体系,本书很多种类的鉴定仍依据Carlgren(1949)。

在舟山海域采获海葵目7种,分属4科。

(九)海葵科 Actiniidae Rafinesque, 1815

柱体光滑或具疣突、边缘球、假边缘球和囊泡等突起结构。边缘括约肌无或内胚层性弥散形至环形。触手简单,按轮次排列。每个内腔或外腔对应触手数不多于1条。隔膜不分大小,完全隔膜通常多于6对,极少为6对。海葵科现有50余属300余种,是海葵目中种类最多的一科,也是最常见的一类海葵。但由于此科海葵属种繁多,长期以来对各属的界定存在很多争议,致使一些种经常在不同属之间变动。

黑侧花海葵
Anthopleura nigrescens (Verrill, 1928)

同物异名 *Anthopleura pacifica* Uchida, 1938; *Bunodactis nigrescens* (Verrill, 1928); *Tealiopsis nigrescens* Verrill, 1928

分类地位 珊瑚虫纲 Anthozoa,六放珊瑚亚纲 Hexacorallia,海葵目 Actiniaria,海葵科 Actiniidae

形态特征 海葵体红色或暗灰棕色或黑色。基部发达,直径20~35 mm;柱体高40~54 mm,直径10~32 mm;口盘直径30~35 mm。柱体通过疣突黏附外来颗粒。疣突4列,每列10~20个;柱体上部疣突大而明显,柱体中下部疣突少、不明显。边缘球红色，颜色比周围深。标本触手数86个。边缘括约肌环形。2个口道沟，连接2对指向隔膜，其中一对指向隔膜可育，另一对则可能不育。隔膜多于40对，排列规则或不规则。隔膜收缩肌弥散形。具虫黄藻。

| 生态习性 | 主要栖息于潮间带。 |
| 地理分布 | 我国分布于山东、浙江和香港沿海区域。标本采自舟山东极岛和桃花岛海域。舟山海域常见。 |

黑侧花海葵

A：生态照；B：正面观

11 朴素侧花海葵
Anthopleura inornata (Stimpson, 1855)

分类地位	珊瑚虫纲 Anthozoa，六放珊瑚亚纲 Hexacorallia，海葵目 Actiniaria，海葵科 Actiniidae
形态特征	海葵体伸展时圆柱状，大个体足盘宽大，柱体高，柱体直径和口盘直径均约40 mm。柱体浅绿色，口盘和触手深橄榄色。疣突布满整个柱体，颜色与柱体相同，约96列；其中对应于内腔的48列明显，且每列数目较多。边缘球棕黄色，约48个。口位于口盘中央，卵圆形，周围隆起明显，口与触手之间宽阔。触手长，口盘面无斑点，按6的倍数排列，约96个。
生态习性	附着于潮间带中低潮区的石缝或石块下。

地理分布 我国分布于山东、福建和香港（模式产地）等地沿海区域。标本采自舟山桃花岛潮间带。舟山海域偶见。

朴素侧花海葵

12 等指海葵
Actinia equina (Linnaeus, 1758)

同物异名 *Actinia equine*; *Actinia equini*;

Actinea chiococca; *Actinea margaritifera*;

Actinia purpurea Cuvier, 1798; *Priapus equines* Linnaeus, 1758;

Actinea mesembryanthemum; *Actinia (Priapus) equina* (Linnaeus, 1758);

Actinia cerasum Dalyell, 1848; *Actinia chiococca* Cocks in Johnston, 1847;

Actinia corallina Risso, 1827; *Actinia equina mesembryanthemum* Linn.;

Actinia equina var. *chiococca* Andr.; *Actinia hemisphaerica* Pennant, 1777;

Actinia hemispherica Pennant, 1777; *Actinia margaritifera* Templeton, 1836;

Actinia (Entacmaea) mesembryanthemum Ellis & Solander, 1786;

Priapus ruber Forsskål, 1775

分类地位 珊瑚虫纲 Anthozoa，六放珊瑚亚纲 Hexacorallia，海葵目 Actiniaria，海葵科 Actiniidae

形态特征 活体全身鲜红色到暗红色是其最明显的特征，用酒精保存会褪色。足盘直径、柱体高和口盘直径大致相等，通常为20～40 mm。柱体光滑，部分大个体领窝内具边缘球。触手中等大小，100个左右，按6的倍数排成数轮，完整模式为6+6+12+24+48+96=192个；内、外触手大小近等。

生态习性 多栖息于潮间带，附着于中低潮区的岩石缝隙、大石块表面或石块底部。海葵所附岩石的颜色多为与海葵本身相近的红褐色。

地理分布 我国沿海均有分布。标本采自舟山东极、嵊泗海域。舟山海域偶见。

等指海葵

13 中华近瘤海葵
Paracondylactis sinensis Carlgren, 1934

同物异名 *Paracondylactis davydoffi* Carlgren, 1943; *Paracondylactis dawydoffi* Carlgren, 1943; *Paracondylactis indicus* Dave in Parulekar, 1968; *Paracondylactis sagarensis* Bhattacharya, 1979

分类地位	珊瑚虫纲 Anthozoa，六放珊瑚亚纲 Hexacorallia，海葵目 Actiniaria，海葵科 Actiniidae
形态特征	海葵体延长型，上粗下细。最大个体柱体高约17 cm，足盘直径约3.5 cm，口盘直径约6.0 cm，触手长约3.0 cm。柱体光滑，不具疣突。领部具1轮假边缘球，约48个。触手96个，较短；内触手略长于外触手。边缘括约肌弱，弥散形。2个口道沟，连接2对指向隔膜。隔膜3轮48对，按12+12+24的方式排列。前两轮隔膜（包括或不包括指向隔膜）完全、可育；第3轮弱小，仅在最上端具隔膜丝。隔膜从柱体上端向下生长。隔膜收缩肌弥散形。
生态习性	栖息于潮间带或浅潮下带泥沙滩中。
地理分布	我国分布于山东、江苏、浙江、海南等地沿海区域。标本采自舟山桃花岛潮间带。舟山海域常见。

中华近瘤海葵

（十）爱氏海葵科 Edwardsiidae Andres, 1881

身体延长，蠕虫状，至少可分成长的具表皮的躯干与上端短的肩部两部分。通常在反口端还有1个圆状、裸露的足节和1个紧位于触手下端很短且细小的头部。无边缘括约肌和枪丝。隔膜分成8个大隔膜和至少4个小隔膜，大隔膜中有2对指向隔膜和4个侧生隔膜，一侧2个，其收缩肌朝向前侧的指向隔膜。收缩肌弥散形至肾形。腔壁肌肉总是明显。

该科被认为是海葵演化的原始类群。分子系统学数据与形态结构分析表明该科为单系，这也被该科成员共有的8个大隔膜这一衍生特征所证实。由于身体延长，具有表皮和裸露的足节，以及8个大隔膜把身体分成8等份等特征，该科容易识别，但由于个体小、种类繁多、研究较少等原因，鉴定到种比较困难。

14 爱氏海葵未定种
Edwardsia sp.

分类地位 珊瑚虫纲 Anthozoa，六放珊瑚亚纲 Hexacorallia，海葵目 Actiniaria，爱氏海葵科 Edwardsiidae

形态特征 体形延长，蠕虫形，基部具足盘。触手细长，能收缩。酒精固定标本呈黄白色，无明显斑点。体壁具许多密集的横纹，具8条纵沟条纹将身体分成8等份。

生态习性 不明。

地理分布 不明。标本采自舟山六横岛海域。舟山海域少见。

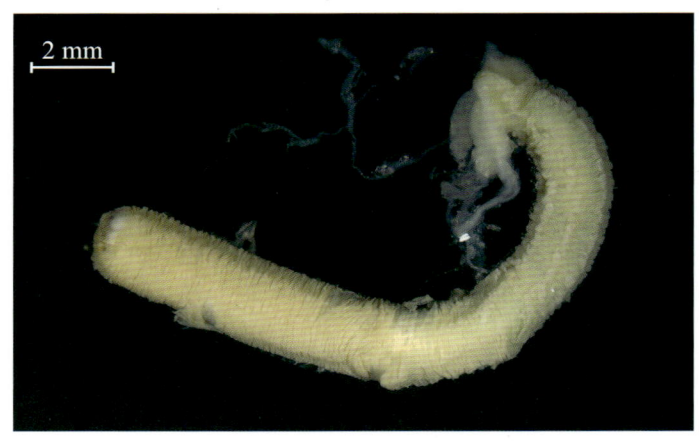

爱氏海葵未定种

（十一）蠕形海葵科 Halcampidae Andres, 1883

无基部肌。边缘括约肌中胶层性或在少数类群中不存在。体形通常延长，柱状，常分成躯干、肩部和足节。躯干光滑，或具内含刺丝胞的刺突和乳突结构。隔膜2到3轮，最年轻的一轮可能很小、缺少肌肉和隔膜丝。无枪丝。刺囊组：细长的螺旋囊、基刺囊、全刺囊、短杆 b 型管刺囊和短杆 p 型管刺囊。

15 大型蠕形海葵
Halcampella maxima Hertwig, 1888

分类地位	珊瑚虫纲 Anthozoa，六放珊瑚亚纲 Hexacorallia，海葵目 Actiniaria，蠕形海葵科 Halcampidae
形态特征	海葵体延长，分足节、柱体和头部。上粗下窄，足节与柱体连接处最窄。足节奶油色，可见12个隔膜插入痕。柱体具坚硬的黑色表皮，吸附很多细小沙粒，由12条纵肋等分。触手20～30条，缩进口盘；内触手长于外触手。隔膜12对。
生态习性	多栖息于水深50～250 m的深海底。
地理分布	我国分布于东海、南海。标本采自舟山普陀浅海。舟山海域偶见。

大型蠕形海葵

（十二）全丛海葵科 Diadumenidae Stephenson, 1920

无括约肌。隔膜不分大小，完全隔膜6对或多于6对，仅较老的隔膜参加生育。有枪丝，有壁孔。枪丝内的刺细胞为基毛胞、a 主刺胞和 p 主刺胞。

16 纵条全丛海葵
Diadumene lineata (Verrill, 1869)

同物异名 *Haliplanela luciae*; *Haliplanella liciae*;
Diadumene luciae (Verrill, 1869); *Haliphlanella luciae*;
Haliplanella lineata (Verrill, 1869); *Haliplanella lucia*;
Haliplannella luciae (Verrill, 1898); *Haliplannella luciae*;
Sagartia davisi Torrey, 1904; *Sagartia lineata* Verrill, 1869;
Sagartia lineata Verrill, 1869; *Aiptasiomorpha luciae* (Verrill, 1899);
Sagartia luciae Verrill, 1898; *Aiptasiomorpha* (*Diadumene*) *luciae* (Verrill, 1899)

分类地位 珊瑚虫纲 Anthozoa，六放珊瑚亚纲 Hexacorallia，海葵目 Actiniaria，全丛海葵科 Diadumenidae

形态特征 柱体柔软，伸展时呈长圆柱形，柱体体壁光滑，呈半透明状，透过体壁能看到体内隔膜系。收缩时柱体表面略现皱纹。体壁上的壁孔排成纵行，橘黄色纵线上的壁孔呈暗黑色。海葵体随刺激体形多变。不同海葵体的柱体颜色不尽相同，有淡绿色、浅灰绿色、浅褐色、浅黄绿色、暗绿色、褐绿色、暗褐绿色和橄榄油绿色等。基部呈圆形或椭圆形，边缘延伸呈舌状，呈淡绿色、淡褐色或浅黄褐色。足盘用于固着于沿岸岩石和贝壳等物上，伸展时直径略大于柱体的宽度。

生态习性 栖息于沿海潮间带和潮下带，营固着生活，常附着于岩石、石块、大型贝类体表及其他硬质物体上。

地理分布 我国沿海潮间带均有分布。标本采自舟山普陀浅海。舟山海域常见。

纵条全丛海葵

A：生态照；B：整体侧面观

七、石珊瑚目 Scleractinia

多为群体生活，少数单独生活，具石灰质骨骼，没有纤毛沟。群体的形状多种多样，有的呈树枝状，有的呈杯状、板状、环状或牡丹花状。生活时的颜色多种多样。群体中的每个个体，称珊瑚虫，其基本形态结构除有骨骼外和海葵相似，但肌肉不发达。

有些石珊瑚，如石芝和扁子介为单独生活，它们的骨骼呈圆盘状或以柄固着在沙中。外面没有鞘。但大多数石珊瑚是群体生活，珊瑚虫有的彼此相隔较远，因此有单独完整的鞘，如枇杷壳石；有的彼此很靠拢，鞘为邻近几个珊瑚虫所共有，如脑珊瑚等。

在舟山海域采获石珊瑚目2种，均属于丁香珊瑚科。

（十三）丁香珊瑚科 Caryophylliidae Dana, 1846

外形呈圆柱形或旋钮状。通常由一个精细的外部膜层，称为上皮层，围绕着珊瑚体。群体或单体生活，多数固着于硬基质上，少数种类可自由移动。该科很多种类均无共生藻类，因此色彩往往较为单一。隔膜和隔片的数目通常为6的倍数。

17. 副杯珊瑚未定种 1
Paracyathus sp.1

分类地位 珊瑚虫纲 Anthozoa，六放珊瑚亚纲 Hexacorallia，石珊瑚目 Scleractinia，丁香珊瑚科 Caryophylliidae

形态特征 体为短圆柱形，截面椭圆，肋骨显著。靠近柱体边缘具粗细相间的肋骨，肋间沟深，分隔相对较宽。

生态习性 不明。标本采自舟山嵊泗潮间带，固着于背浪面的礁石上。

地理分布 不明。舟山海域偶见。

副杯珊瑚未定种 1

18 副杯珊瑚未定种 2
Paracyathus sp.2

分类地位 珊瑚虫纲 Anthozoa，六放珊瑚亚纲 Hexacorallia，石珊瑚目 Scleractinia，丁香珊瑚科 Caryophylliidae

形态特征 体为短圆柱形，截面椭圆。靠近柱体边缘处具细密的肋骨，肋间沟较浅，间隔狭窄。

生态习性 不明。标本采自舟山定海潮间带，固着于岩石底部，同栖生物有中国不等蛤与克氏旋鳃虫。

地理分布 不明。舟山海域偶见。

副杯珊瑚未定种 2
A：上面观；B：侧面观

星虫动物门 Sipuncula

　　星虫动物门是动物界的一个小的门类，属真体腔、具闭管式循环系统的海生原口动物。星虫动物往往身体柔软，两侧对称，呈长圆筒状，形似蠕虫，不具体节，无疣足，无刚毛。身体分为2个区，前区细长能向体腔内卷缩和向外翻出，称为吻部；后区较粗，体壁厚，即躯干部。一般体长10 cm左右，营穴居生活。多数种的吻部着生小钩或棘刺，吻前端为口，口的周围有触手。肛门在躯干前端的背面。雌雄异体，体外受精，多数种发育过程经过担轮幼虫时期。

　　星虫动物门下分2纲，分别为革囊星虫纲与方格星虫纲，舟山海域均有发现。

革囊星虫纲 Phascolosomatidea

　　主要特征同门，但本纲物种有完整的项触手，无围口触手。吻钩呈环状排列（反体星虫属无钩）。纺锤肌在体末端固着。

八、革囊星虫目 Phascolosomatiformes

主要特征同纲，但本目物种体前端无角质或石灰质的肛门盾。本目种类目前我国仅发现革囊星虫科1科。

在舟山海域采获革囊星虫目3种，均属于革囊星虫科。

（十四）革囊星虫科 Phascolosomatidae Stephen & Edmonds, 1972

无肛门盾或尾盾。触手在口的背侧呈月牙形或近环形排列并包绕项器（若有）。体壁纵肌层分束或连续。通常具小板的皮肤乳突在躯干的前后两端密集排列。

19　毛头梨体星虫
Apionsoma (*Apionsoma*) *trichocephalus* Sluiter, 1902

同物异名 *Apionsoma trichocephala* Sluiter, 1902; *Apionsoma trichocephalum* Sluiter, 1902; *Apionsoma trichocephalus* Sluiter, 1902; *Golfingia trichocephala* (Sluiter, 1902); *Golfingia* (*Golfingiella*) *pusilla* (Sluiter, 1912); *Phascolosoma pusillum* Sluiter, 1912; *Golfingia* (*Apionsoma*) *trichocephala* (Sluiter, 1902); *Golfingia* (*Golfingia*) *trichocephala* (Sluiter, 1902); *Golfingia* (*Mitosiphon*) *trichocephala* (Sluiter, 1902); *Golfingia* (*Phascolana*) *trichocephala* (Sluiter, 1902)

分类地位 革囊星虫纲 Phascolosomatidea，革囊星虫目 Phascolosomatiformes，革囊星虫科 Phascolosomatidae

形态特征 个体小，呈纺锤状，躯干长不超过8 mm，宽约2.5 mm。吻甚细长，线状，为躯干长的8~14倍。吻钩和触手均不存在，但偶尔可见口盘上有毛边，可能是退化的触手或是由吻撕裂造成的。吻部乳突泡状，每突周围无角质板，中央有一皮肤腺开口。躯干上有两种类型的皮肤乳突：位于前部背面者小，呈圆锥形，周围有角质小板；其余的皮肤乳突呈椭圆形，无角质小板。

2对收吻肌，其长度以及与腹神经索的距离几乎相等。食道长，肠螺旋约20转，3条固肠肌。纺锤肌始自肛门附近，另一端固着在距躯干后端约 7 mm 处。无直肠盲囊。成体的肾管通常有 2 个等长的叶，两叶的形成可能是一种延缓的个体发育现象。本种与其他种的主要区别为纵肌层连续。

生态习性 多栖息于从潮间带至水深 100 m 的沙砾质海底。

地理分布 我国主要记录于南海，近年在浙江、福建等地沿海也有记录。标本采自舟山虾峙岛海域浅海。舟山海域少见。

毛头梨体星虫

20 安岛反体星虫
Antillesoma antillarum (Grube, 1858)

同物异名 *Phascolion antillarum*; *Phascolosoma aethiops* Baird, 1868;

Aspidosiphon mokyevskii (Murina, 1964); *Golfingia mokyevskii* Murina, 1964;

Phascolosoma antillarum Grube, 1858; *Phascolosoma fuscum* Keferstein, 1862;

Physcosoma similis Chen & Yeh, 1958; *Physcosoma weldonii* Shipley, 1892;

Phymosoma antillarum (Grube, 1858); *Phymosoma onomichianum* Ikeda, 1904;

Physcosoma antillarum (Grube, 1858); *Physcosoma gaudens* Lanchester, 1905;

Phascolosoma glans (Quatrefages, 1865); *Phascolosoma onomichianum* (Ikeda, 1904);

Phascolosoma similis (Chen & Yeh, 1958);

Golfingia (*Thysanocardia*) *mokyevskii* Murina, 1964;

Phascolosoma (*Aedematosomum*) *antillarum* Grube, 1858;

Phascolosoma (*Antillesoma*) *antillarum* Grube, 1858;

Phascolosoma (*Antillesoma*) *asser* (Selenka & De Man, 1883);

Phascolosoma (*Antillesoma*) *pelmum* (Selenka & De Man, 1883);

Phascolosoma (*Antillesoma*) *schmidti* Murina, 1975;

Phascolosoma (*Rueppellisoma*) *gaudens* (Lanchester, 1905);

Phascolosoma (*Rueppellisoma*) *onomichianum* (Ikeda, 1904);

Phascolosoma (*Rueppellisoma*) *simile* (Chen & Yeh, 1958);

Phascolosoma (*Rueppellisoma*) *weldonii* (Shipley, 1892);

Phascolosoma asser (Selenka & De Man, 1883);

Phascolosoma immodestum (Quatrefages, 1865);

Phascolosoma pelma (Selenka & De Man, 1883);

Phascolosoma pelmum (Selenka & De Man, 1883);

Physcosoma onomichianum (Ikeda, 1904);

Phymosoma asser Selenka & De Man in Selenka, de Man & Bülow, 1883;

Phymosoma pelma Selenka & De Man in Selenka, de Man & Bülow, 1883;

Physcosoma asser (Selenka & De Man, 1883);

Physcosoma pelma (Selenka & De Man, 1883);

Sipunculus (*Aedematosomum*) *glans* Quatrefages, 1865;

Sipunculus (*Aedematosomum*) *immodestus* Quatrefages, 1865

分类地位 革囊星虫纲 Phascolosomatidea，革囊星虫目 Phascolosomatiformes，革囊星虫科 Phascolosomatidae

形态特征 体长40～95 mm，宽6～13 mm。体呈圆筒状，后部最宽，末端稍尖，缩成圆锥形。吻长约为体长的一半，无钩，无棘，有锥形乳突。触手丝状，数目众多，200～300个，其上着生褐色斑点。体色棕黄，全体表面分布有褐色扁圆形乳突，每突由大形角质板组成。体末端和肛门区的乳突高大而密集，呈黑褐色，尤以吻基部背侧为甚。

纵肌成束，有分枝，体前部的肌束较少，10～18束。环肌不分离成束。收吻肌2对，始自同一水平面，左右两侧的背、腹收吻肌绝大部分融合在一起。肠螺旋30～60转。普利氏细管发达，稍有分枝，由食道背侧延伸至后食道的第2或第3螺旋上。纺锤肌始自肛门前体壁，进入肠螺旋后，即分出1长枝和2～3短枝。无固肠肌。翼状肌膜片状，连接在直肠末端。直肠盲囊指状，着生在倒数第2或第3肠螺旋上。肛门与肾孔同一高度。肾管1对，长度约为体长的1/2，大部分附着，末端游离。脑神经节有1对眼点。

本种与其他种的主要区别为纵肌层分离成束，吻部无钩，普利氏管发达，有细管。

生态习性 多栖于潮间带至水深10 m处，穴居于沙泥底质，石砾之下，礁石缝隙之间。

地理分布 我国分布于黄海、东海、南海。标本采自舟山沈家门海域。舟山海域少见。

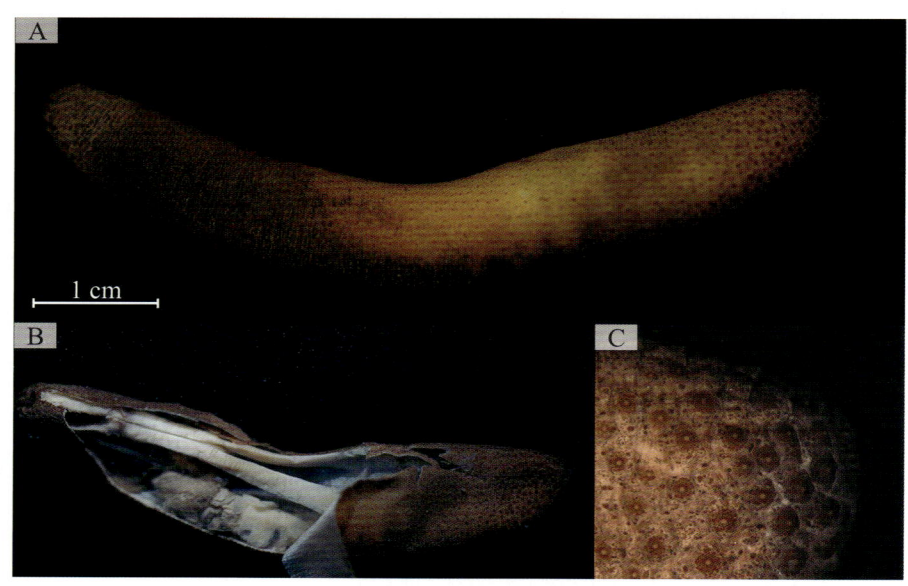

安岛反体星虫

A：整体侧面观；B：内部解剖（示收腹肌）；C：体后部乳突

21 弓形革囊星虫
Phascolosoma (*Phascolosoma*) *arcuatum* (Gray, 1928)

同物异名 *Phascolosoma arcuatum* (Gray, 1828); *Siphunculus arcuatus* Gray, 1828;

Phascolosoma rhizophora Sluiter, 1891; *Physcosoma ambonense* Fischer, 1896;

Phascolosoma (*Phascolosoma*) *deani* (Ikeda, 1905); *Phymosoma deani* Ikeda, 1905;

Phascolosoma esculenta (Chen & Yeh, 1958); *Physcosoma esculenta* Chen & Yeh, 1958;

Phascolosoma lurco (Selenka & De Man, 1883);

Physcosoma lurco malaccensis (Selenka & De Man, 1883);

Phascolosoma (*Phascolosoma*) *ambonense* (Fischer, 1896);

Phascolosoma (*Phascolosoma*) *arcuatum arcuatum* (Gray, 1828);

Phascolosoma (*Phascolosoma*) *esculenta* (Chen & Yeh, 1958);

Phascolosoma (*Phascolosoma*) *esculentum* (Chen & Yeh, 1958);

Phymosoma lurco Selenka & De Man in Selenka, de Man & Bülow, 1883;

Physcosoma lurco Selenka & De Man in Selenka, de Man & Bülow, 1883;

Phascolosoma (*Phascolosoma*) *arcuatum malaccense* (Selenka & De Man, 1883);

Phymosoma lurco malaccensis Selenka & De Man in Selenka, de Man & Bülow, 1883

分类地位 革囊星虫纲 Phascolosomatidea，革囊星虫目 Phascolosomatiformes，革囊星虫科 Phascolosomatidae

形态特征 体长 60～120 mm。吻部细长，管状。吻部远端有钩环 50～70 环，其后有不完整钩环约 100 环。钩环间有圆形乳突，直径约 0.03 mm，其角质板排列紧密，呈现数环。触手指状，通常为 10 个，围绕项器呈马蹄形排列在口的背侧。体表面亦有许多皮肤乳突，圆锥形，棕褐色，由多角形的角质小板组成。位于吻基部和体亢端的乳突色深，粗大而密集。

纵肌束 18～19 束，条次分明，偶见分枝。环肌成束。收吻肌大部分融合在一起，在体中部分开为 2 对。无固肠肌。翼状肌在直肠末端，横跨 4 个纵肌束。肠螺旋 60～85 转。直肠盲囊椭圆形，距离肛门约 7 mm。普利氏管明显，无细管。肾管 1 对，褐色，约为体长的 1/3，大部分附着在体壁上，只有末端游离，肾盲囊发达，肾孔在肛门稍前方，开口于第 4 和第 5 纵肌束之间。眼点 1 对。

本种与其他种的主要区别为纵肌层分离成束，吻部具钩，但吻钩基部不具刺，收吻肌大部分融合在一起，普利氏管无细管。

生态习性 多栖息于潮间带盐碱性草类丛生的泥砾中。

地理分布 我国分布于浙江、福建、广东、广西、海南等东南沿海区域。标本采自舟山六横岛海域。舟山海域偶见。

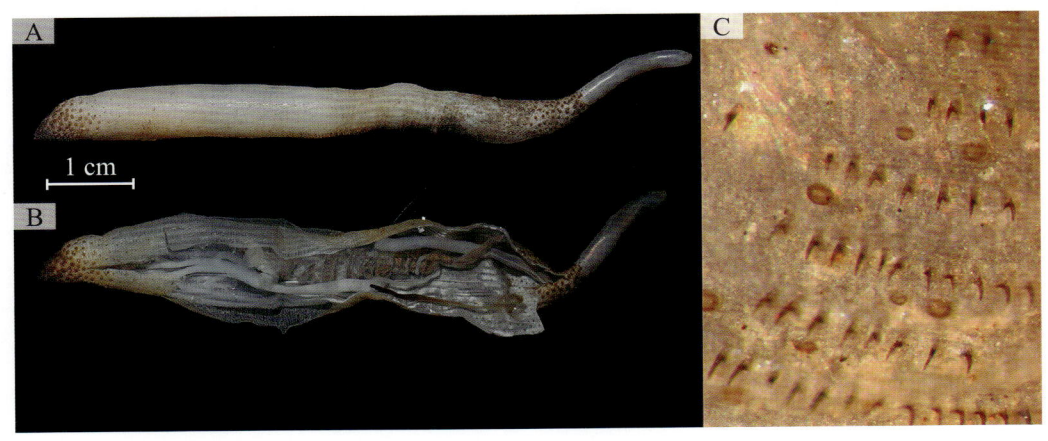

弓形革囊星虫

A：整体侧面观；B：内部解剖；C：收腹肌

方格星虫纲 Sipunculidea

主要特征同门,但本纲物种具有完整的围口触手。纺锤肌在体末端不固着(管体星虫属例外)。

九、方格星虫目 Sipunculiformes

主要特征同纲，纵肌层分离成束。

在舟山海域采获方格星虫目2种，均属于方格星虫科。

（十五）方格星虫科 Sipunculidae Rafinesque, 1814

个体通常较大。众多触手总是围绕着口而不在口背部呈马蹄形环排列。纵肌层分离成束。躯干前端无肛门盾。4条收吻肌。2个肾管。分布于浅海或潮间带的沙泥中。

22　裸体方格星虫
Sipunculus (*Sipunculus*) *nudus* Linnaeus, 1766

同物异名　*Siphoncolus nudus* Linnaeus, 1766; *Siphunculus nudus* Linnaeus, 1766;

Siphunculus reticulatus Martin, 1786; *Sipunculus delphinus* Murina, 1967;

Sipunculus eximinoclathratus Baird, 1868; *Sipunculus eximio-clathratus* Baird, 1868;

Sipunculus gigas Quatrefages, 1865; *Sipunculus nudus* Linnaeus, 1766;

Sipunculus nudus nudus Linnaeus, 1766; *Sipunculus nudus tesselatus* Costa, 1853;

Sipunculus tesselatus Costa, 1853; *Sipunculus tessellatus* Costa, 1853;

Syrinx nudus (Linnaeus, 1766); *Syrinx tesselatus* Rafinesque, 1814;

Sipunculus nudus var. *tesselatus* Costa, 1853;

Sipunculus norvegicus vemae Stephen, 1966;

Sipunculus titubans diptychus Fischer, 1894;

Sipunculus titubans dyptichius Fischer, 1894;

Sipunculus titubans var. *diptychus* Fischer, 1894;

Syphunculus nudus var. *tessellatus* Costa, 1853;

Siphunculus balanophorus Delle Chiaje, 1823;

Sipunculus (*Sipunculus*) *gigas* Quatrefages, 1865;

Sipunculus titubans Selenka & Bülow in Selenka, de Man & Bülow, 1883;

Sipunculus titubans titubans (Selenka & Bülow) in Selenka, de Man & Bülow, 1883

分类地位 方格星虫纲 Sipunculidea，方格星虫目 Sipunculiformes，方格星虫科 Sipunculidae

形态特征 体长100～200 mm。体壁厚或较厚，不透明或半透明（个体小的标本）。体色浅黄或橘黄。吻长15～35 mm，覆盖有大形三角形乳突，顶尖向后，呈鳞状排列。

纵肌束27～32束，体表面由于纵横肌束的交叉排列，形成了许多整齐的方形小块。收吻肌2对。固肠肌数目甚多，把整个消化道自前至后牢牢固着。翼状肌只连接直肠末端。肠螺旋20～30转。普利氏管在食道的背、腹两侧，背枝长过腹枝。直肠盲囊长管状。2个肾管，褐色，前1/4附着，肾孔在肛门前，开口于第4和第5纵肌束之间。

本种与其他种的主要区别为肾孔位于肛门之前，直肠盲囊呈长管状。

生态习性 多穴居于浅海泥砾质或砾质海底，穴深20～40 cm。水深2275 m处亦有报告。

地理分布 除渤海湾外，我国沿海均有分布。标本采自舟山东极海域。舟山海域偶见。

裸体方格星虫

33 强壮方格星虫

Sipunculus (*Sipunculus*) *robustus* Keferstein, 1865

同物异名 *Sipunculus angasi* Edmonds, 1955; *Sipunculus angasii* Baird, 1868; *Sipunculus gravieri* Hérubel, 1904; *Sipunculus robustus* Keferstein, 1865

分类地位 方格星虫纲 Sipunculidea，方格星虫目 Sipunculiformes，方格星虫科 Sipunculidae

形态特征 体大，呈长圆筒状，末端膨胀而钝圆。体长可达 410 mm。活体乳白而微带浅红色。吻部覆盖大形乳突，排列紧密，其基部乳突明显增大。躯干部表面具明显的方格小块。纵肌束 30～32 束。收吻肌 2 对，较短，起点稍低于肛门。固肠肌较细，数目很多，把整个消化道牢固地固着在体腔中。翼状肌在直肠末端，较短，不明显，只连接着直肠末端两侧的 3 个纵肌束。簇器 1 对，由系膜连接，自两侧背收吻肌基部的第 9 纵肌束发出，另一端固着在近直肠末的两侧。肠螺旋约 35 转，普利氏管明显，附在食道的背、腹两侧，两枝等长。直肠盲囊小，长管圆形或椭圆形。2 个肾管，黑褐色，游离，吊挂在体腔中，前端有明显的盲囊，肾孔开口在肛门前第 4 和第 5 纵肌束间。肾孔与后面的肛门相距甚远。

本种与裸体方格星虫的主要区别在于直肠盲囊呈长管圆形或椭圆形，脑神经结宽大于长，两侧着生树枝状突起，肾管游离悬挂。

生态习性 浅海暖水种，多栖息于珊瑚礁石间。

地理分布 我国分布于广东、西沙群岛海域。标本采自舟山普陀海域，为舟山海域首次记录。舟山海域少见。

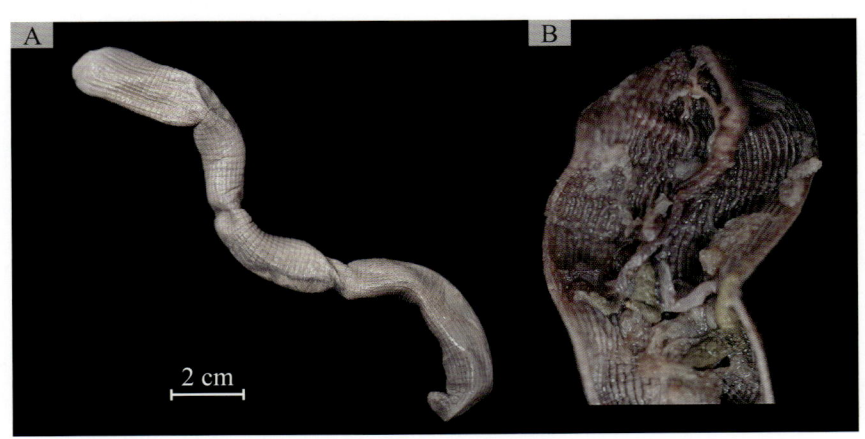

强壮方格星虫

A：整体侧面观；B：内部解剖

环节动物门 Annelida

环节动物是一群身体分成许多环节的蠕虫，包括生活在土中的蚯蚓、池塘里的水蛭（蚂蟥）、海生的沙蚕等，有时也称"环虫"。与纽形动物、线虫动物等相比，环节动物属高等蠕虫，除了两侧对称、三胚层外，环节动物出现了次生体腔（即真体腔），身具明显的分节现象，而且各体节一般都具疣足。

环节动物通常分成多毛纲、寡毛纲、蛭纲3个纲，其中寡毛纲与蛭纲多为陆生或淡水种类，海生极少，多毛纲多为海生，故此处只介绍多毛纲。

多毛纲 Polychaeta

多毛纲俗称多毛类，是环节动物门中最大的一个纲，种类繁多，世界海洋生物物种名录 World Register of Marine Species（WoRMS）中已记录80余科，近12000个有效种。头部一般显著。背面为口前叶，有眼2对，前有触角各1对。有疣足，无环带。多为海生，少数营淡水或咸淡水生活。海洋多毛类中，多数营底栖自由生活或固着生活，少数营浮游生活或寄生生活。

现有分类系统中，将传统分类螠虫纲也纳入环节动物门，并以多毛纲下螠亚纲的地位存在，WoRMS也采用这一分类方法。本书在对多毛纲动物进行叙述的过程中，在原有多毛环节动物的基础上，增加了螠亚纲。结合Rouse和Fauchald（1997），以及WoRMS中的亚纲、目等的文献，将舟山海域多毛纲分为螠亚纲、游走亚纲、隐居亚纲。

螠亚纲 Echiura

螠亚纲在动物界是一个很小的类群，属真体腔海生原口动物。两侧对称，体呈圆筒状或囊状，幼虫期为担轮幼虫，有分节现象，成体不具体节，也无疣足。身体由吻和躯干两部分组成。口位于躯干部前方，吻的基部；肛门位于体后端。1对钩状腹刚毛通常位于近口处的腹面，部分种类还具有1~2圈围绕在体后部的尾刚毛。与其他环节动物相比，螠亚纲动物的刚毛相对较少，成体并无分节的痕迹，大多数种类只有2根钩状腹刚毛。

雌雄异体，多数种类无性双态，少数种类存在明显的性双态（雌雄异形），且雄性相对很小，寄生在雌性身上或体内。通常为体外受精。

十、螠目 Echiuroidea

体蠕虫状,两侧对称,由吻和躯干部组成。吻柔软,伸缩性强,但不能翻卷入体腔内,其腹面中央有一纵向的纤毛沟贯穿始终。躯干部呈囊状或纺锤状,口位于躯干前端吻的基部,肛门在体末端。近口处腹面有1对腹刚毛,少数种在肛门周围生有1~2圈尾肛毛。体表面生有皮肤乳突,乳突内具色素。

雌雄异体,多数种类非性双态,仅某些科身体特化,雌雄异形极显著。体外受精,螺旋卵裂,发育过程经过担轮幼虫阶段。

在舟山海域采获螠目1种。

(十六) 螠科 Thalassematidae Forbes & Goodsir, 1841

纵肌层位于外层环肌与内层斜肌之间。闭管式循环系统。肠后端不膨大,未特化为呼吸器官。肾管数目不甚多(少于20对)。

24 短吻铲荚螠
Listriolobus brevirostris Chen & Yeh, 1958

同物异名 *Listriolobus bulbocaudatus* Edmonds, 1963

分类地位 多毛纲 Polychaeta,螠亚纲 Echiura,螠目 Echiuroidea,螠科 Thalassematidae

形态特征 体呈圆筒状,末端缩小为锥形。体壁薄,活体为浅紫红色或棕红色,半透明或不透明。体前半部的腹面和侧面有近环形排列的皮肤乳突。前端腹面乳突较大而密集,后部及两侧乳突则小而稀疏,后端及背面通常无皮肤乳突。吻短,铲状,边缘有收缩状的皱纹。腹刚毛1对。刚毛囊间有间基肌相连,通常另有1对储备刚毛。

纵肌束7条,不明显。肾管2对,约为体长的9倍,盘旋于体腔中,由细的固肠肌固着于体壁,其中充满大量的颗粒状泥沙。

直肠盲囊圆形,位于直肠的腹面,连接腹血管。肛门囊1对,黄褐色,长囊状,表面密布纤毛漏斗。吻基部有1背血管,沿食道背侧向后延伸至胃部,在胃部膨大为心脏,并分为2环血管,包绕胃的后部绕向腹面。

生态习性 栖息于岩礁缝隙间和浅海泥砾内。

地理分布 我国分布于山东、江苏、浙江、福建、海南等地沿海区域。标本采自舟山嵊泗海域。舟山海域偶见。

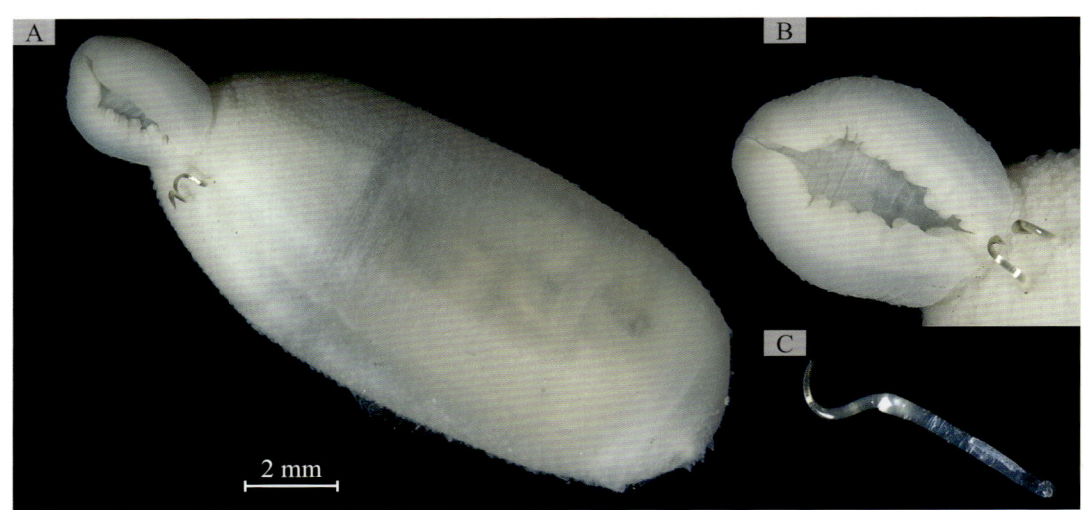

短吻铲荚螠

A：整体腹面观；B：吻与吻下方钩刚毛；C：钩刚毛

游走亚纲 Errantia

多毛纲中身体明显分节、可自由移动和主动捕食、身体无明显分区、口前叶和附肢发育良好的类群，主要包括叶须虫目、仙虫目和矶沙蚕目。

十一、叶须虫目 Phyllodocida

叶须虫目种类繁多，是多毛纲中种类最多的一个目。叶须虫目大多数为海生。多数种类生活在海底表面或在沉积物中挖洞，或生活在基岩的裂缝中；部分种类营浮游生活。

该目身体分节，个体大小从几毫米到1米多，每一体节具有1对桨状的疣足。口前叶通常有1对或2对眼睛，1对背触角，腹部1对感觉触须，颈部1对器官。围口节是1个环，通常隐藏在口前叶和第1体节背侧。有1个肌肉质的吻，吻上有1对或多对颚齿。后部的体节与前部的体节具有一定差异，具有较多的背侧和腹侧棘毛，较少的刚叶和刚毛。有些种类具有专门功能的附属物，但多数具有从身体前部到后部大小不同的体节，这些体节的刚毛和疣足没有明显变化。

在舟山海域采获或收集整理叶须虫目42种，分属叶须虫亚目、鳞沙蚕亚目、沙蚕亚目和吻沙蚕亚目。

叶须虫亚目 Phyllodociformia

口前叶发达，与围口节界限明显，但某些浮游种类与前部体节有或多或少的愈合。在发育早期无明显的围口节。口前叶仅具头触手而无触角。咽部呈管状，可部分翻出形成捕食用的吻；少数种类具颚齿，在吻前端以2个钩的形式出现。所有体节同型。疣足单叶型，双叶型罕见。疣足的刚毛束未分化，刚毛间的形态差异不明显。疣足的附器简单，呈丝状或叶状。许多器官的表皮具纤毛。

在舟山海域采获或收集整理叶须虫亚目2种，均属于叶须虫科。

（十七）叶须虫科 Phyllodocidae Oersted, 1843

虫体细长，背腹扁平，常由许多结构一致的体节组成，体节数最多可达700~800节。口前叶为圆锥形、心形、卵圆形或五边形。具2对头触手，中央头触手有或无，常具项乳突。无触角。一般具1对眼。咽部管状，能伸缩部分为吻，可向口外翻出，吻表面平滑或具许多乳突，分散或纵向排列，有的种吻具几丁质小刺。口前叶后缘或两侧具1对项器。围口节由体前2~3个体节背面退化或不同程度的愈合而成，具触须2~4对，分别位于第1、第2、第3体节上。触须通常为丝状、棘刺状或纺锤状。第1体节无刚毛。体节宽度大于长度，结构一致，彼此差别小。

疣足多为单叶型，具1根足刺和1束复型刚毛。某些属具双叶型疣足，具有发育不全的背叶，背叶上附有1根足刺和1~2根简单型毛状刚毛。疣足叶背面具较大的背须，如同鳞片一样互相重叠，覆盖在虫体的背面；疣足腹面具相对较小的腹须。背、腹须的形状在虫体不同部位明显不同，背须可能对称或不对称，有时在背须后面具纤毛上皮条纹。腹刚毛为复型刚毛，刚毛柄喙端具齿，端片一边具细齿。有的种在虫体后部还具简单型钩状刚毛。具1对肛须，中央肛乳突有或无。

25 管围巧言虫
Eumida tubiformis Moore, 1909

分类地位 多毛纲 Polychaeta，游走亚纲 Errantia，叶须虫目 Phyllodocida，叶须虫亚目 Phyllodociformia，叶须虫科 Phyllodocidae

形态特征 口前叶椭圆形，较宽，眼透明。具5个短的头触手，成对的头触手短而粗，下面的一对比上面的稍大，单个的头触手比成对的细长。吻光滑或稍具皱褶，无明显的乳突，其顶端具30个软而不完全分叉的缘突，缘突的表面有圆锥形疣突。触须全部短而粗，为纺锤形具尖端。第2、3体节的触须向后伸可达第9体节。

疣足单叶形。背须宽，为心形，具尖端和宽的基部，不对称，宽大于长。须基部宽而低。腹须卵形，有稍尖的顶端，前面体节的腹须比后面的大。

刚毛柄喙部具小刺状齿，端片长，边缘具锯齿状细齿。

生态习性 栖息于潮间带和潮下带软相底质，一般水深小于20 m，生殖季节为8～9月。

地理分布 我国主要记录于黄海。标本采自舟山虾峙岛海域养殖绳。舟山海域少见。

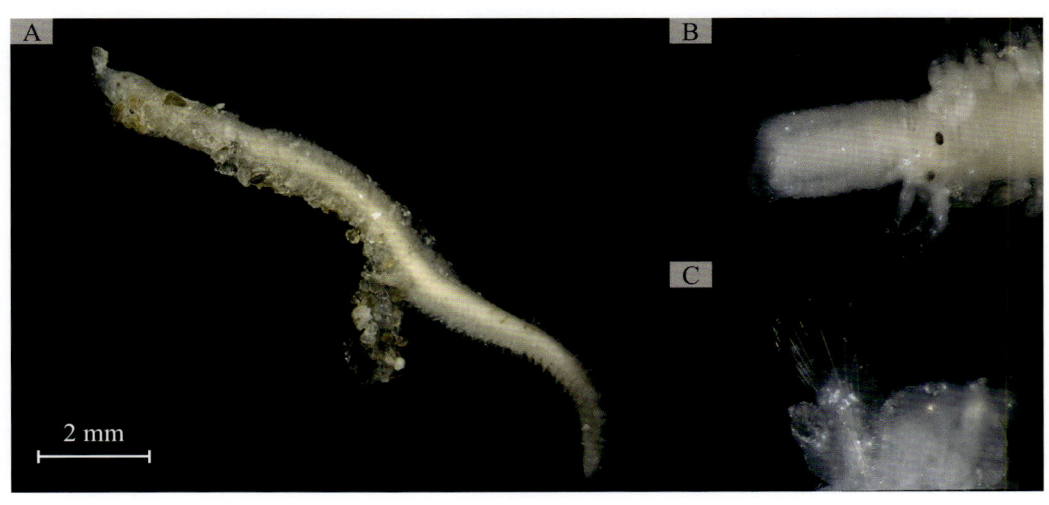

管围巧言虫

A：整体与其栖管；B：头部背面观；C：体中部疣足

26 巧言虫未定种
Eulalia sp.

分类地位 多毛纲Polychaeta，游走亚纲Errantia，叶须虫目Phyllodocida，叶须虫亚目Phyllodociformia，叶须虫科Phyllodocidae

形态特征 口前叶稍细长。具5个头触手，单个的头触手比成对的稍长。具1对大黑眼，眼的边缘具色斑。吻前缘分散着许多颗粒状的小乳突，吻基部光滑无乳突。触须指状。第2体节无刚毛。疣足背须长叶片形，末端尖；腹须小，卵形，长度略长于刚毛叶。疣足刚毛叶具等大的上、下唇。体节背中线具黑色横斑，贯穿虫体整个背部。

生态习性 不明。

地理分布 不明。舟山海域偶见。

巧言虫未定种

A：整体背面观（尾部缺失）；B：头部背面观；C：体中部疣足

鳞沙蚕亚目 Aphroditiformia

口前叶具3个头触手或缺。具1对或2对触须，具长的腹触角或触角。咽可外翻，常具2个或4个颚齿或具1圈颚齿。第1对疣足常伸向前方或伸向两侧。

在舟山海域采获或收集整理鳞沙蚕亚目10种，分属3科。

（十八）鳞沙蚕科 Aphroditidae Savigny, 1818

体卵圆形，背凸腹平，体节数不超过60节。背面多为鳞片和毡毛所覆盖。口前叶具1个中触手和1对触角，眼常具柄，口前叶腹前缘具1个很发达的面瘤，翻吻无颚或具1对大颚。鳞片15~20对，与背须交替出现。疣足双叶型，背刚毛具形成背毡的细毛状刚毛和粗足刺状刚毛，在具鳞片的节上或具粗鱼叉状刚毛；腹刚毛简单型。有时末端分叉。

鳞沙蚕科多为捕食性动物，生活于软泥底表层。

27　海鼠鳞沙蚕
Aphrodita talpa Quatrefages, 1866

同物异名　*Aphrodite talpa* Quatrefages, 1866

分类地位　多毛纲 Polychaeta，游走亚纲 Errantia，叶须虫目 Phyllodocida，鳞沙蚕亚目 Aphroditiformia，鳞沙蚕科 Aphroditidae

形态特征　体长达8 cm，宽4.5 cm，具35~40体节。口前叶与中央触手近等长。触角长大于口前叶长的5倍，其上具小乳突。鳞片被粘有小泥沙粒的毛状刚毛形成的致密毡毛所覆盖。背足刺状刚毛粗短，具纤细端，部分弯曲呈小钩状，不完全盖住体表面。体背侧毛状刚毛常形成束，具弱虹彩色。腹刚毛粗糙，端部轻度弯曲，其上密布细毛。腹刚毛排成3层，上层2~3根，粗而黑，中层3~5根稍细，下层10多根最细。

生态习性　栖息于软泥底表层。

地理分布　我国分布于东海和南海。标本采自舟山沈家门海域。舟山海域偶见。

海鼠鳞沙蚕

A：背面观；B：腹面观

（十九）多鳞虫科 Polynoidae Kinberg, 1856

虫体背腹扁平，背面观椭圆形或蛆形。口前叶被一纵沟分成两叶，2对眼无眼柄，位于口前叶的两侧。具0~3个头触手，中央触手通常位于口前叶的前缘，侧触手位于口前叶前端、近前端或腹面。鳞片和背须至少在体前部交替排列。疣足多为双叶型，刚毛全为简单型，但背、腹刚毛有差异。

28 有齿背鳞虫
Lepidonotus (*Lepidonotus*) *dentatus* Okuda in Okuda & Yamada, 1954

同物异名 *Lepidonotus dentatus* Okuda in Okuda & Yamada, 1954

分类地位 多毛纲 Polychaeta，游走亚纲 Errantia，叶须虫目 Phyllodocida，鳞沙蚕亚目 Aphroditiformia，多鳞虫科 Polynoidae

形态特征 口前叶背鳞虫型，宽大于长，两侧和中线附近具棕色斑。具无色鳞片12对，不透明，除体前2对外，鳞片中部皆具1个圆锥形的角质结节，并有许多顶端平的杯状小结节，无缘穗。疣足背叶退化，仅具1个内具足刺的小圆锥形突起，无背刚毛。背须具很大的平滑基节。疣足腹叶背缘有多个小锯齿状突起。腹刚毛粗，具侧锯齿和1个长端齿。

生态习性 常栖息于潮间带沙滩。

地理分布 我国主要记录于黄海和浙江沿海区域。标本采自舟山朱家尖岛海域潮间带。舟山海域少见。

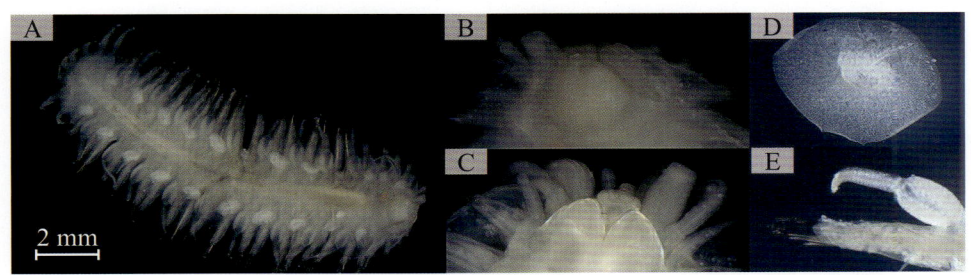

有齿背鳞虫

A：整体背面观；B：头部背面观；C：头部腹面观；D：体中部鳞片；E：体中部疣足

29. 短毛海鳞虫
Halosydna brevisetosa Kinberg, 1855

同物异名 *Halosydna haberiana* Frickhinger, 1916; *Halosydna insignis* (Baird, 1863); *Lepidonotus insignis* Baird, 1863; *Polynoe brevisetosa* (Kinberg, 1855); *Polynoe insignis* (Baird, 1863); *Halosydna sagamiana* Frickhinger, 1916; *Lepidonotus* (*Hylosydna*) *vexillarius* Moore, 1903

分类地位 多毛纲Polychaeta，游走亚纲Errantia，叶须虫目Phyllodocida，鳞沙蚕亚目Aphroditiformia，多鳞虫科Polynoidae

形态特征 体长椭圆形，两端钝。口前叶稍长，2对眼，位于口前叶的两侧，前对稍大于后对。3个头触手，中央触手基节约为口前叶长的2/3，端节约为口前叶长的3倍；侧触手位于口前叶的前侧缘，为中触手长的2/3，稍细。触手和疣足的背须皆具亚末端膨大，膨大往内皆有一黑色横带。1对触角细而短，无色，光滑。触须2对，与触手相似但稍长，第1体节基节内背侧无刚毛。体中部疣足背叶小，具短的锯齿状刚毛；腹刚毛简单镰状，长，亚末端具粗锯齿，末端单齿。

鳞片18对，厚，不透明，通常具细小的缘穗，表面或多或少具乳突，前部鳞片乳突大，中后部鳞片乳突小。

生态习性 栖息于潮间带和潮下带，常出现在附着生物群落或大的龙介虫栖管中。

地理分布 我国大陆架岩相海岸潮间带与潮下带广泛分布。标本采自舟山东极、嵊泗海域。舟山海域常见。

短毛海鳞虫

A：整体背面观；B：头部背面观；C：体中部鳞片

30 覆瓦哈鳞虫
Harmothoe imbricata (Linnaeus, 1767)

同物异名 *Aphrodite talpa* Quatrefages, 1866; *Aphrodita cirrata* Müller, 1776; *Aphrodita imbricata* Linnaeus, 1767; *Aphrodita lepidota* Pallas, 1766; *Aphrodita varians* Dalyell, 1853; *Aphrodita violacea* Strøm, 1768; *Harmothoe unicolor* Baird, 1865; *Lepidonote cirrata* Örsted, 1843; *Harmothoe hartmanae* Pettibone, 1948; *Harmothoe levis* Treadwell, 1937; *Polynoe complanata* Quatrefages, 1866; *Polynoe incerta* Bobretzky, 1881; *Aphrodita lepidotaminuta* Pennant, 1777; *Aphrodita plana* Gmelin in Linnaeus, 1788; *Harmothoe imbricata incerta* (Bobretzky, 1881); *Harmothoe maxillospinosa* de Saint-Joseph, 1888; *Polynoe* (*Harmothoe*) *imbricata* (Linnaeus, 1767)

分类地位 多毛纲 Polychaeta，游走亚纲 Errantia，叶须虫目 Phyllodocida，鳞沙蚕亚目 Aphroditiformia，多鳞虫科 Polynoidae

形态特征 口前叶哈鳞虫型，前一对眼部分位于口前叶额角下方腹面，后一对眼位于口前叶后侧缘。中央触手长约为侧触手的2倍。触手、触角、触须和背须皆具稀疏排列的丝状乳突。鳞片15对，呈肾形或椭圆形，具锥形结节、稀疏的缘穗和不同颜色的色斑。疣足双叶型，背刚毛稍粗，具侧锯齿；腹刚毛浅黄色，末端具2个小齿。背鳞颜色由于栖息环境不同有所差异，常呈黄色至黑色，背鳞平坦或有花纹。

生态习性 栖息于岩礁质海滩的不同底质，有时也发现于其他多毛类的栖管中，或与海盘车共生，栖居于其步带沟内，以其他小型底栖动物、海草和硅藻为食。

地理分布 我国分布于渤海、黄海、东海。标本采自舟山东极海域潮间带。舟山海域偶见。

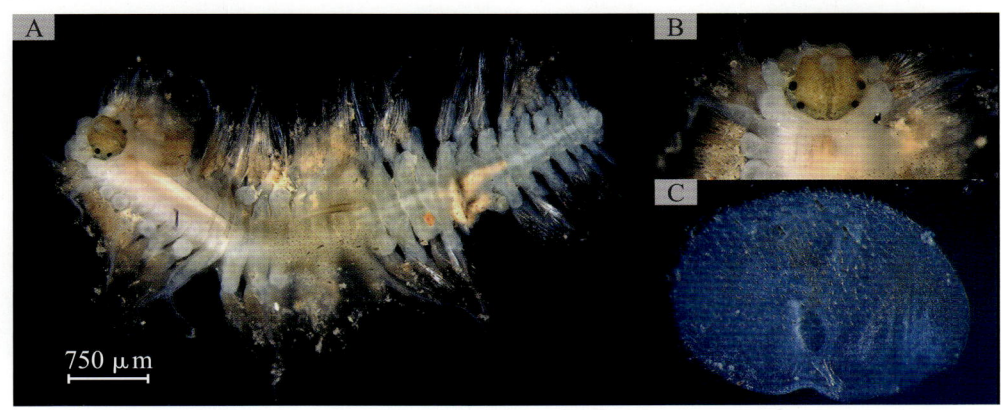

覆瓦哈鳞虫

A：整体背面观；B：头部背面观；C：体中部鳞片

（二十）锡鳞虫科 Sigalionidae Kinberg, 1856

体长扁，蠕虫型，具鳞片。口前叶圆，具1～3个头触手、1～2对无柄眼和1对触角。鳞片多，覆于体背面，背中央多裸露，体前部鳞片与背瘤交替出现，至第23节或第25、第27节后每节皆具鳞片。疣足双叶型，无背须（某些属第3节除外），除体前几节外，具鳞片节皆具须状或栉状鳃，鳃内侧常布有纤毛。背刚毛简单型，无鱼叉状刚毛；腹刚毛复型，有时常伴有几根简单型刚毛。

31 亚洲锡鳞虫
Sigalion asiaticus (Uschakov & Wu, 1965)

分类地位 多毛纲 Polychaeta，游走亚纲 Errantia，叶须虫目 Phyllodocida，鳞沙蚕亚目 Aphroditiformia，锡鳞虫科 Sigalionidae

形态特征 体长可达120 mm，宽约3.5 mm。口前叶卵圆形，2对小眼位于口前叶近中央，3个头触手小，无基节，前对触手位于口前叶前缘，中央触手位于口前叶后部、2对眼的后面。疣足双枝型，具须状和栉状鳃。背刚毛为简单长刺毛状。腹刚毛有3种：复型长镰刀状刚毛、双锯齿刺毛状刚毛、复型短端片的镰状刚毛。鳞片宽圆，表面光滑，外侧缘具多个羽状缘突。鳞片完全覆盖住体表面和疣足基部。

生态习性 多栖息于潮间带至浅海海域。

地理分布 我国特有种，主要记录于渤海、黄海与海南岛海域。标本采自舟山定海海域，为舟山海域首次记录。舟山海域少见。

亚洲锡鳞虫

A：整体侧面观（体后部缺失）；B：头部背面观；C：体中部疣足；D：体中部鳞片

32 真三指鳞虫
Euthalenessa digitata (McIntosh, 1885)

同物异名 *Euthalenessa djiboutiensis* (Gravier, 1902); *Thalenessa digitata* McIntosh, 1885; *Thalenessa djiboutiensis* Gravier, 1902

分类地位 多毛纲 Polychaeta, 游走亚纲 Errantia, 叶须虫目 Phyllodocida, 鳞沙蚕亚目 Aphroditiformia, 锡鳞虫科 Sigalionidae

形态特征 体长扁型，无色。体长可达150 mm，宽约6 mm，多于100刚节。口前叶与第1体节愈合；2对眼中等大小，位于口前叶两侧。中央触手从口前叶中部向前伸出，基节较长；侧触手1对，位于口前叶前缘，基节较短。中央触手基节和侧触手基节皆与第1体节疣足背面愈合；3个触手游离端皆短。1对触角长，向后可延伸到第11～16体节。

鳞片多，体前部小而圆，体后部大，呈亚四边形或亚心形，除第1对鳞片边缘光滑外，其余鳞片的边缘皆具缘突。

第1体节背须短而细；腹须粗，长约为背须的2倍；刚毛少或无。前部体节的背、腹叶具发达的唇，背须短，腹须较背须长。鳃始于第4～6体节，疣足具3个杯状突。

生态习性 多栖息于水深5～45 m的浅海。

地理分布 我国分布于东海与南海。标本采自舟山虾峙岛海域。舟山海域少见。

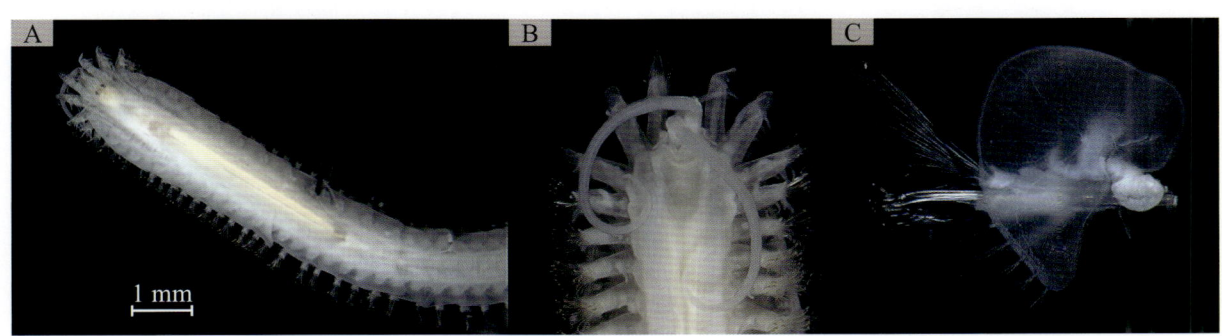

真三指鳞虫

A: 体前部背面观；B: 体前部腹面观；C: 体后部疣足与鳞片

33 褐色镰毛鳞虫
Sthenelais fusca Johnson, 1897

分类地位 多毛纲Polychaeta，游走亚纲Errantia，叶须虫目Phyllodocida，鳞沙蚕亚目Aphroditiformia，锡鳞虫科Sigalionidae

形态特征 虫体长，蠕虫形。背面具深褐色色素，腹面苍白色。口前叶圆，与第1体节愈合。中央触手基部具中等大小的耳状突；侧触手位于第1疣足的内背侧。2对眼中等大小，四方形排列。1对触角从第1体节的腹面向前伸出。鳞片多对，表面具乳突和黑色斑，外侧缘具乳突状缘穗。

第1疣足的背须与中央触手近等长；腹须长约为背须的1/2。背栉状突长椭圆形。疣足双叶型，背部有3个栉状突，端部唇叶上有多个茎状突；背刚毛简单刺毛状；腹刚毛为复型镰刀状，端片长短不一，末端双齿；常有1~2根简单型具螺旋状刺毛的刚毛。

生态习性 栖息于潮间带与浅海。

地理分布 我国主要记录于黄海潮间带、大亚湾。标本采自舟山定海海域潮间带低潮区泥滩，为舟山海域首次记录。舟山海域少见。

褐色镰毛鳞虫

A：体前部背面观；B：头部腹面观；C：体前部鳞片；D：体后部疣足

34 日本强鳞虫
Sthenolepis japonica (McIntosh, 1885)

同物异名 *Leanira japonica* McIntosh, 1885

分类地位 多毛纲 Polychaeta，游走亚纲 Errantia，叶须虫目 Phyllodocida，鳞沙蚕亚目 Aphroditiformia，锡鳞虫科 Sigalionidae

形态特征 虫体较长，蠕虫型。口前叶圆，黄锈色，2对眼等大呈四方形排列，前对眼位于中央触手基节的前下方，从背面观仅见一部分。中央触手基部具耳状突；侧触手位于第1疣足的内背侧。项器不明显。鳞片多对，覆盖背面，透明，具黄锈色斑块。

疣足双叶型，背部有3个栉状突，端部唇叶上有数个茎状突。背刚毛刺毛状；腹刚毛为复型长刺状，常伴有少量的双面锯齿状简单型刚毛和短刺状复型刚毛。

生态习性 多栖息于潮下带。

地理分布 我国各海区均有分布。舟山海域少见。

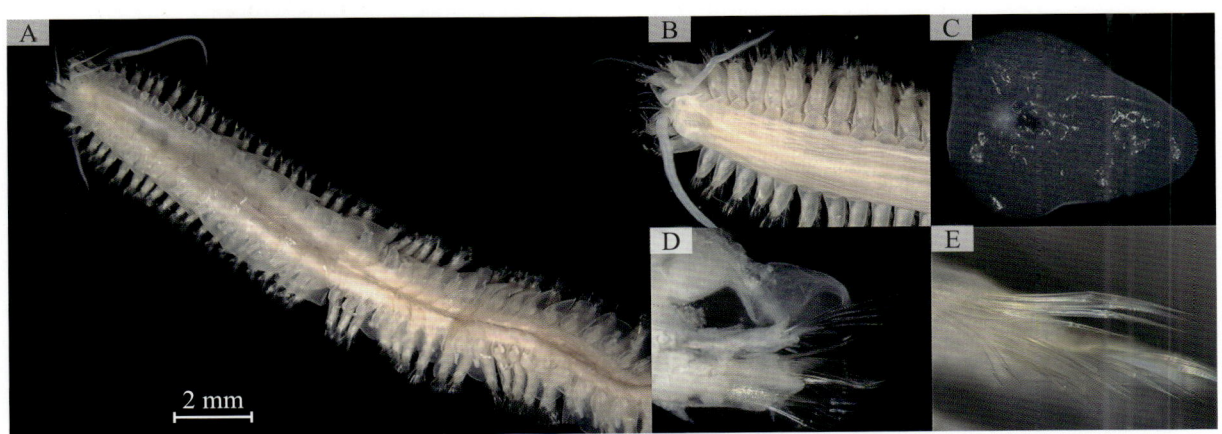

日本强鳞虫

A：体前部背面观；B：体前部腹面观；C：体前部鳞片；D：体中部疣足；E：疣足腹刚毛

35 埃刺梳鳞虫
Ehlersileanira incisa (Grube, 1877)

同物异名 *Sthenelais incisa* Grube, 1877; *Sthenolepis incisa* (Grube, 1877)

分类地位 多毛纲Polychaeta，游走亚纲Errantia，叶须虫目Phyllodocida，鳞沙蚕亚目Aphroditiformia，锡鳞虫科Sigalionidae

形态特征 口前叶卵圆形，与第1疣足部分愈合，中央触手基节较长，游离部分短，基节具耳状突，侧触手位于第1疣足基部的内背侧。眼有或无。半圆形的项器常常较明显。触角可延伸至大约第16体节。第3对疣足无背须和背瘤。鳃始于第13～30刚节，开始很小，往后逐渐变大。

鳞片光滑，不透明，不具缘穗，开始为卵圆形，以后增大为梨形，体中部鳞片一侧有凹裂，约第27体节后每节皆有，在与鳞茎接触处有1黑斑。

疣足双叶型，末端唇叶具多个光滑的茎状突。腹须为指状，较疣足叶短，具短的外基节，基节中部无乳突。背刚毛为简单刺毛状端片稍弯，上具横纹。

生态习性 多栖息于潮下带软泥、沙泥底质。

地理分布 我国各海区均有分布。标本采自舟山东极海域，水深约60 m。舟山海域少见。

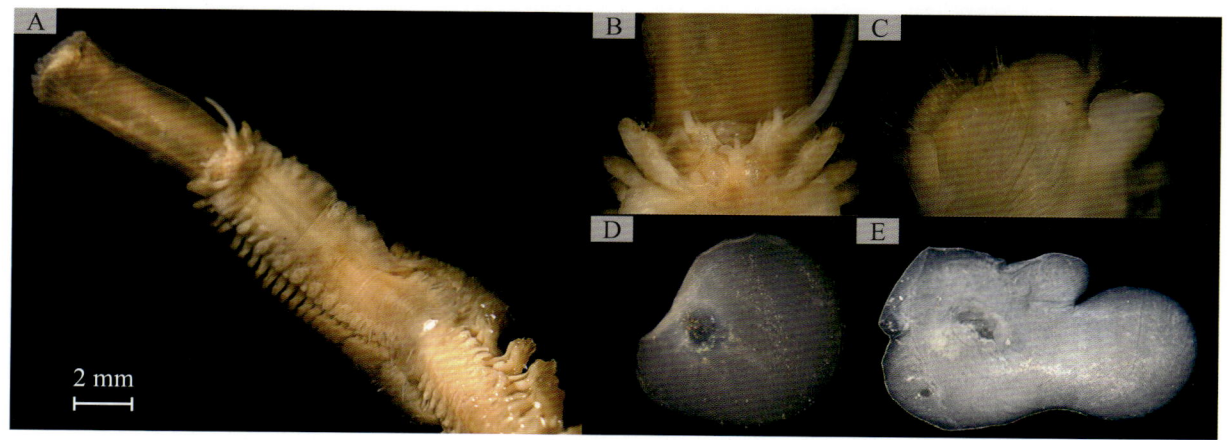

埃刺梳鳞虫

A：体前部背面观；B：口前叶背面观；C：第2疣足前面观；D：体前部（第1）鳞片；E：体前部鳞片

36 唇刺梳鳞虫未定种
Labioleanira sp.

分类地位 多毛纲 Polychaeta，游走亚纲 Errantia，叶须虫目 Phyllodocida，鳞沙蚕亚目 Aphroditiformia，锡鳞虫科 Sigalionidae

形态特征 口前叶与第1体节融合，呈卵圆形，具3个头触手，中触手长而粗壮，基部具侧耳；侧触角小。触须疣足光滑，无内触手叶。疣足具茎状突。腹刚毛形态多种，主要以复刺型为主。

该未定种与埃刺梳鳞虫较为相似，本书编写过程中，两者均有在舟山海域采获，主要区别在于该未定种中触手较长，吻侧唇的外侧唇具扁平或肉质片状唇叶；埃刺梳鳞虫中触手短，吻侧唇无唇叶。

生态习性 不明。

地理分布 不明。标本采自舟山本岛南面浅海，为舟山海域首次记录。舟山海域少见。

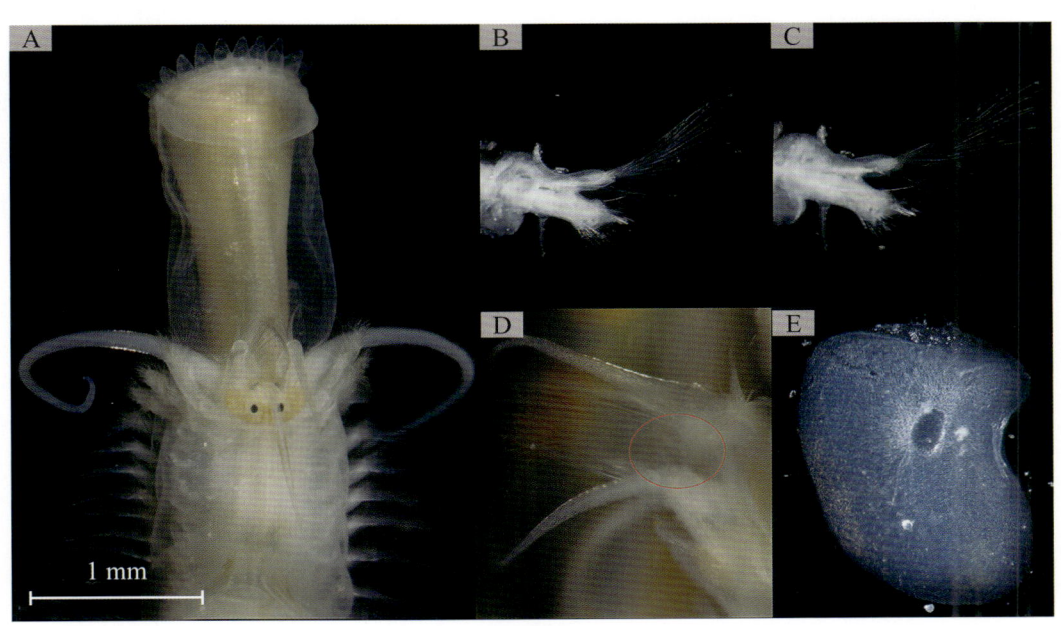

唇刺梳鳞虫未定种
A：体前部背面观；B：体前部疣足前面观；C：体前部疣足后面观；
D：触须疣足（示无内触手叶）；E：体前部鳞片

沙蚕亚目 Nereidiformia

虫体由头部、躯干部和尾部3个部分组成。头部发达。口前叶常具眼，至少具1对触手，2个触角。围口节（或前部体节）具1~8对触须。吻（口腔和咽外翻）富肌肉，前端具0~4对大颚，表面平滑或具颚齿、乳突。躯干部由许多形态相似的体节组成，每个体节两侧具疣足；疣足发达，双叶型或单叶型、亚双叶型，具足刺，背须多为须状（除个别种的前几个体节外，背须不特化为叶片状覆于体背部）。尾部为虫体最后一节或几个无疣足的体节，常称尾或肛节；具肛门和1对腹位的肛须。当虫体生长时新体节在肛节前增殖。刚毛复型或简单型。

在舟山海域采获或收集整理沙蚕亚目22种，分属4科。

（二十一）沙蚕科 Nereididae Blainville, 1818

体细长，扁圆柱形，具许多体节。可分为头部、躯干部和尾部（肛部或肛节）。

头部由口前叶和围口节组成。口前叶亚卵圆形、梨形或多边形，背面具2对眼（个别种无），前端具0~2个不分节的口前叶触手和2个由端节和基节组成的口前叶触角。围口节于唇部变窄，腹面具口，具3~4对围口节触须。口腔和咽富肌肉，可由口中翻出成吻（翻吻）。吻前端具2个大颚，吻表面光滑或具软乳突或具几丁质颚齿。

躯干部由许多外形相似的体节组成。每个体节两侧具叶片状的疣足。疣足除前2对为单叶型外，通常为双叶型或亚双叶型。在多数种中，疣足背叶具1~3个（含背刚叶）背舌叶、0~1个背刚叶，疣足腹叶具腹刚叶、1个腹舌叶。具1根背须和1~2根腹须，个别种体前部的背须可特化为鳃或鳞片。刚毛主要为复型刺状和镰刀形，个别种具简单型刚毛。

尾部具纵裂的肛门和1对腹位的肛须。

37　溪沙蚕
Namalycastis abiuma (Grube, 1872)

同物异名　*Lycastis abiuma* Grube, 1872; *Paranereis abiuma* [auct.]

分类地位　多毛纲 Polychaeta，游走亚纲 Errantia，叶须虫目 Phyllodocida，沙蚕亚目 Nereidiformia，沙蚕科 Nereididae

形态特征 最大标本体长110 mm，宽（含疣足）5 mm，具195个刚节。酒精固定标本，除触手和触角基部无色外，余均为红褐色。

口前叶近似梯形，前缘中央具纵沟。触手短，触角大，端节小，基节椭球形。眼2对，位于口前叶后半部的两侧缘，前对稍大。围口节具4对触须，最长者后伸可达第3刚节。吻前端2个大颚，上具5～6个侧齿。吻表面光滑，无几丁质颚齿和乳突。疣足皆为亚双叶型，背刚叶退化，具1根黑色的足刺。第1对疣足背须小，腹刚叶钝圆，腹刚毛大部仍在疣足内、仅端片在外。自第2对疣足始，背须逐渐增大为叶片状或长指状。体中后部疣足为叶片状至长指状，具钝的前腹刚叶和分为2叶的后腹刚叶。腹刚毛为复型异齿刺状和端片光滑或具齿的复型异齿镰刀形。

生态习性 栖息于淡水或咸淡水的河口区，有时可在高等植物的根部采到。

地理分布 我国分布于东海、南海。舟山海域少见。

溪沙蚕

A：体前部侧面观；B：头部侧面观；C：体中部疣足侧面观

38 背褶沙蚕

Tambalagamia fauveli Pillai, 1961

同物异名 *Ceratocephale fauveli* (Pillai, 1961)

分类地位 多毛纲Polychaeta，游走亚纲Errantia，叶须虫目Phyllodocica，沙蚕亚目

Nereidiformia，沙蚕科 Nereididae

形态特征 个体小型，具60个刚节。活标本黄褐色，体背面具3条红色的纵带，体中部的长背须不停摆动。异沙蚕体活标本，体前部刚毛为棕黄色。

口前叶前缘具纵裂，2对近等大的眼位于口前叶的中后部。围口节触须4对，最长者后伸可达第6～8刚节。吻表面无颚齿，仅口环具锥状软乳突：Ⅴ、Ⅵ区5个呈一横排，Ⅶ、Ⅷ区7个为一横排。大颚浅黄色，无侧齿。

前2对疣足单叶型，背须和附加背须近等长，皆为指状，具腹须2根。其余为双叶型疣足。体前部疣足宽大，背、腹叶均具密集的刚毛束，腹前刚叶为圆锥形。第15或第16刚节以后，疣足无附加背须，背须直接位于膨大且富血管的背上舌叶。第25刚节以后，体背面具横褶。刚毛全为复型等齿刺状，其端片平滑或具细齿。

生态习性 栖息在水深14～60 m的海域，生活于底质泥、砾石和掺有贝壳的泥沙中，主要以微小底栖生物为食。

地理分布 我国主要记录于黄海和南海。舟山海域少见。

背褶沙蚕

A：体前部背面观；B：翻吻背面观；C：翻吻腹面观；D：体前部疣足；E：体中部疣足

39 疣吻沙蚕
Tylorrhynchus heterochetus (Quatrefages, 1866)

同物异名 *Chinonereis edestus* Chamberlin, 1924; *Nereis heterocheta* Quatrefages, 1866; *Tylorrhynchus sinensis* Dawydoff, 1952; *Tylorrhynchus chinensis* Grube, 1866; *Nereis* (*Leptonereis*) *distorta* Treadwell, 1936

分类地位 多毛纲Polychaeta，游走亚纲Errantia，叶须虫目Phyllodocida，沙蚕亚目Nereidiformia，沙蚕科Nereididae

形态特征 最大标本体长达223 mm，体宽（含疣足）5 mm，具160个刚节。口前叶前缘具纵裂缝，2对近等大的圆形眼呈倒梯形位于口前叶的后中部。围口节触须4对，最长者后伸可达第2刚节。吻表面口环和颚环具乳头状或圆乳状的软乳突，其排列如下：Ⅰ区1个圆乳状乳突，Ⅱ区不明显，Ⅲ、Ⅳ区16~20个乳头状乳突排列不规则，Ⅴ区2个大圆乳状乳突纵列，Ⅵ区1个大圆乳状乳突，Ⅶ、Ⅷ区10~12个大小不等的圆乳状乳突排成2横排。吻端2个大颚，各具侧齿7~9个。前2对疣足单叶型，背、腹须和上背舌叶均为指状，且前者长于后者。体前部双叶型疣足，上背舌叶膨大、背须位其上，具指状的下背舌叶。体中部疣足，背须细短、基部无膨大部分，下背舌叶末端尖细。体后部疣足同体中部者。疣足皆无腹舌叶。背刚毛全为复型等齿和异齿刺状。体前部疣足的腹刚毛为复型等齿、异齿刺状和异齿镰刀形，其端片长者具长锯齿、短者平滑。

生态习性 常出现于河口区，栖息于泥或沙泥底质，与栖处的深度成正相关均采到具卵的雌体。

地理分布 我国分布于东海和南海河口区。标本采自舟山六横岛海域潮间带。舟山海域偶见。

疣吻沙蚕

A：整体侧面观；B：翻吻侧面观；C：体后部疣足

40 拟突齿沙蚕

Paraleonnates uschakovi Chlebovitsch & Wu, 1962

同物异名 *Periserrula leucophryna* Paik, 1977

分类地位 多毛纲Polychaeta，游走亚纲Errantia，叶须虫目Phyllodocida，沙蚕亚目Nereidiformia，沙蚕科Nereididae

形态特征 通常标本体长150 mm，体宽（含疣足）11 mm，具97个刚节。活标本体前部背面除疣足外均为黑绿色，大颚棕色，足刺黑色。酒精标本淡白色。

口前叶前缘中央具深裂，位于口前叶后缘的前后2对眼很靠近，触手和触角近等长。围口节触须4对，最长者后伸可达第11~17刚节。吻大。吻颚环具2圈基部软、前部坚硬的圆锥形颚齿；吻口环乳突约成2圈，在各区的排列如下：Ⅴ区无，Ⅵ区2排共4个，Ⅶ、Ⅷ区2排共8个。吻端大颚具侧齿10~13个（幼小个体清楚，大个体者多因磨损而不明显）。

除前1对疣足单叶型（具2根足刺）外，其余为双叶型。体前部双叶型疣足，背须为长须状，2个背舌叶圆锥状末端变细。体中部疣足，腹须变小，背须变短，基部膨大且末端尖细。体后部疣足，腹舌叶变小，腹后刚叶仍具2个突起，有时体后部疣足的腹刚叶和腹舌叶均退化。刚毛均为复型异齿刺状，无复型镰刀形刚毛。

生态习性 常见于潮间带至潮下带泥滩。

地理分布 我国分布于黄海、东海和南海。标本采自舟山六横岛海域潮间带中低潮区。舟山海域偶见。

拟突齿沙蚕

A：体前部侧面观；B：翻吻背面观；C：体前部疣足后面观；D：体中部疣足后面观

41 环唇沙蚕
Cheilonereis cyclurus (Harrington, 1897)

同物异名 *Nereis cyclurus* Harrington, 1897; *Nereis shishidoi* Izuka, 1912

分类地位 多毛纲 Polychaeta，游走亚纲 Errantia，叶须虫目 Phyllodocida，沙蚕亚目 Nereidiformia，沙蚕科 Nereididae

形态特征 最大标本体长 210 mm，体宽（含疣足）19 mm，具 138 个刚节。活标本浅黄色，体前部每个体节背面后半部具一褐色色带，疣足具黑色斑。

口前叶小，触手稍短于触角，2 对圆眼呈倒矩形排列于口前叶中后部。围口节宽而长，呈一漏斗状的领围绕着口前叶，背面光滑，腹面及两侧具纵皱纹，为其后刚节宽的 2 倍，前伸可包围口前叶的后部。细长的触须 4 对，最长者后伸可达第 4 刚节。吻上无乳突，仅具圆锥形颚齿。除 V 区无颚齿外，颚齿在各区的数目和排列如下：Ⅰ区 3 个排成 1 纵排，Ⅱ区 12~20 个排成 3 斜排，Ⅲ区 15~20 个排成 2~3 横排，Ⅳ区 15~24 个排成弓形堆，Ⅵ区 14~18 个排成圆形堆，Ⅶ、Ⅷ区近颚环处具 1 排大颚齿（向Ⅵ区延伸）和 2~3 排小颚齿。吻端大颚无侧齿。吻伸出时，宽大呈领状的围口节可把Ⅶ、Ⅷ两区完全遮盖。

除前 2 对疣足单叶型外，余皆为双叶型。单叶型疣足，背、腹须皆为须状，背、腹舌叶钝圆为指状。体前部双叶型疣足的上背舌叶基部稍膨大，至体中部上背舌叶基部膨大为叶片状，细长的背须位于其凹陷中。体后部疣足的上背舌叶隆起变小，背须细且长于疣足叶。

背刚毛复型等齿刺状。腹刚毛，在腹足刺上方者为复型等齿刺状和异齿镰刀形，下方者为复型异齿刺状和异齿镰刀形。足刺黑色。肛节宽短。

生态习性 多栖息于软泥、沙泥底质的浅海。

地理分布 我国分布于渤海、黄海、东海。标本采自舟山沈家门海域。舟山海域偶见。

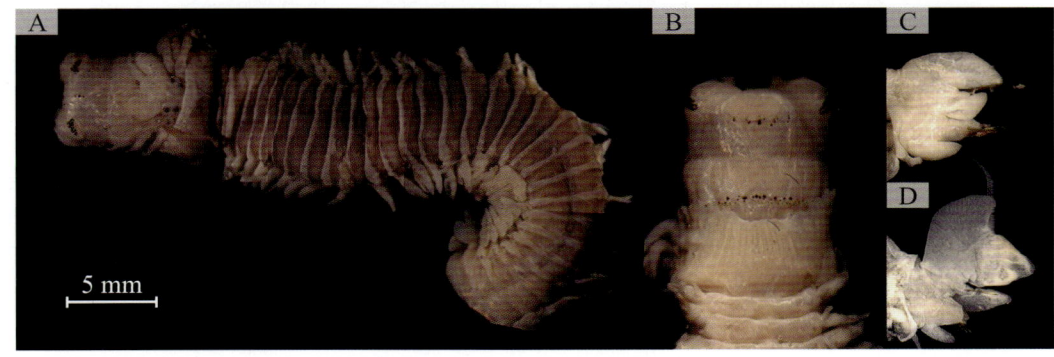

环唇沙蚕

A：体前部背面观；B：翻吻腹面观；C：体前部疣足；D：体后部疣足

42 异须沙蚕
Nereis heterocirrata Treadwell, 1931

分类地位 多毛纲Polychaeta，游走亚纲Errantia，叶须虫目Phyllodocida，沙蚕亚目Nereidiformia，沙蚕科Nereididae

形态特征 体长约100 mm，体宽（含疣足）约8 mm，具85～100个刚节。酒精标本黄白色，口前叶、触角和体前部背面具浅咖啡色色斑。

口前叶梨形，触手长为口前叶的一半，2对眼靠近，位于口前叶中后部。围口节触须4对，腹面的1对短为粗指状，其余为长须状，最长者后伸可达第3或第4刚节。

吻仅具圆锥形颚齿，颚齿在各区的数目和排列如下：Ⅰ区2～3个排成1纵列，Ⅱ区26～29个聚成1新月形丛，Ⅲ区约40个聚成4～5不正规的横排，Ⅳ区约40个排成4斜排，Ⅴ区无，Ⅵ区3～4个大锥形齿，Ⅶ、Ⅷ区具不正规排列的大齿3～4排，在Ⅶ区大齿间还具许多小齿（并稍向Ⅷ区扩散）。吻端大颚具侧齿。

除前2对疣足为单叶型外，其余皆为双叶型。体前部双叶型疣足，背、腹舌叶皆呈大小近等的圆锥形，背、腹须须状。体中部疣足，舌叶变细，上背舌叶稍长于下背舌叶。体后部疣足，上背舌叶变大增长为矩形、背须位其顶端，背须基部附近具一突起。

前部疣足背刚毛均为复型等齿刺状，体中后部背刚毛被2～4根端片具侧齿的复型等齿镰刀形刚毛替代。腹刚毛，在腹足刺上方者为复型等齿刺状和异齿镰刀形，下方者为复型异齿刺状和异齿镰刀形。

生态习性 多栖息于岩岸潮间带与潮下带。

地理分布 我国分布于黄海与东海。标本采自舟山东极、嵊泗海域潮间带低潮区海藻丛中。舟山海域偶见。

异须沙蚕
A：体前部背面观；B：翻吻背面观；C：翻吻腹面观；
D：体前部疣足后面观；E：体中部疣足后面观；F：体后部复型镰刀形背刚毛

43 团扇全刺沙蚕
Nectoneanthes uchiwa Sato, 2013

同物异名 *Neanthes ijimai* (Izuka, 1912); *Neanthes oxypoda* (Marenzeller, 1879);
Nectoneanthes donghaiensis He, 1987; *Nectoneanthes ijimai* (Izuka, 1912);
Nectoneanthes latipoda Paik, 1973; *Nereis* (*Alitta*) *oxypoda* Marenzeller, 1879;
Nereis ijimai Izuka, 1912; *Nereis legeri* Gravier & Dantan, 1934;
Nereis oxypoda Marenzeller, 1879; *Nereis* (*Neanthes*) *oxypoda* Marenzeller, 1879;
Nereis singularis Wesenberg-Lund, 1949; *Nereis alatopalpis* Wesenberg-Lund, 1949;
Neanthes multignatha (Wu, Sun & yang, 1981);
Nectoneanthes alatopalpis (Wesenberg-Lund, 1949);
Nectoneanthes legeri (Gravier & Dantan, 1934);
Nectoneanthes multignatha Wu, Sun & Yang, 1981

分类地位 多毛纲Polychaeta，游走亚纲Errantia，叶须虫目Phyllodocida，沙蚕亚目Nereidiformia，沙蚕科Nereididae

形态特征 身体前部粗壮，后部逐渐变细。背凸，腹部相对平坦，有纵向腹中沟。保存标本黄色发白。口前叶梯形，宽大于长，伴中纵白色裂隙，前端有1对光滑的锥形触角。触须4对，最长可至第4体节。2对眼睛呈倒梯形排列，前对肾状且较小，后对圆而大。吻各区皆具圆锥形颚齿，颚齿在各区的数目和排列为：Ⅰ区1~4个排成1纵列，Ⅱ区24个排成3号形行，Ⅲ区3~17个排成三角形堆，Ⅳ区35~68个排成"V"形堆，Ⅵ区约50个分散成多列，Ⅴ区29~34个排成三角形堆，Ⅵ区15~27个排成1椭圆形堆，Ⅶ、Ⅷ区小齿两两一组不规则地排成宽的近同心环横带（部分颚齿延伸至Ⅵ区）。大颚褐色具侧齿12~13个。

前2对疣足亚双叶型，背、腹舌叶尖细。体前部双叶型疣足背舌叶具细尖的背须，背须位于上背舌叶中间。背、腹须皆短于舌叶，3个背舌叶（含背刚叶），下背舌叶和背刚叶为指状，前、后腹刚叶和腹舌叶皆为指状。背刚毛皆为复型等齿刺状，腹刚毛为复型等齿和异齿刺状。

生态习性 多栖息于潮间带至潮下带泥质底质中。

地理分布 我国各海区均有分布。标本采自舟山普陀海域。舟山海域偶见。

团扇全刺沙蚕

A：体前部背面观；B：翻吻背面观；C：翻吻腹面观；D：体前部疣足；E：体中部疣足；F：体后部疣足

44 全刺沙蚕
Nectoneanthes oxypoda (Marenzeller, 1879)

同物异名 *Neanthes ijimai* (Izuka, 1912); *Neanthes oxypoda* (Marenzeller, 1879);

Nectoneanthes donghaiensis He, 1987; *Nectoneanthes ijimai* (Izuka, 1912);

Nectoneanthes latipoda Paik, 1973; *Nereis ijimai* Izuka, 1912;

Nereis legeri Gravier & Dantan, 1934; *Nereis oxypoda* Marenzeller, 1879;

Nereis singularis Wesenberg-Lund, 1949;

Neanthes multignatha (Wu, Sun & yang, 1981) ;

Nectoneanthes alatopalpis (Wesenberg-Lund, 1949);

Nectoneanthes legeri (Gravier & Dantan, 1934);

Nectoneanthes multignatha Wu, Sun & Yang, 1981;

Nereis (*Alitta*) *oxypoda* Marenzeller, 1879;

Nereis (*Neanthes*) *oxypoda* Marenzeller, 1879;

Nereis alatopalpis Wesenberg-Lund, 1949

分类地位 多毛纲Polychaeta，游走亚纲Errantia，叶须虫目Phyllodocida，沙蚕亚目Nereidiformia，

沙蚕科 Nereididae

形态特征 最大标本体长260 mm，体宽（含疣足）10 mm，具180个刚节。活标本体为肉红色。酒精标本为肝褐色，上背舌叶白色。

口前叶三角形，触手短小，触角葫芦形。2对近等大的眼，矩形排列于口前叶后半部。触须4对，其中最长1对后伸可达第4或第5刚节。

不同区域采集的样品，吻各区颚齿变化大：Ⅰ区0～6个，Ⅱ区22～40个，Ⅲ区0～11个，Ⅳ区18～44个，Ⅴ区0～5个，Ⅵ区12～30个排成1圆形堆，Ⅶ、Ⅷ区为不规则3横排，近颚环一排齿较大且有11～15个，近口环排齿稍小。大颚具侧齿3～12个。

除前2对疣足单叶型外，余皆为双叶型。单叶型疣足，背、腹须和舌叶末端尖细指状。体前部双叶型疣足（约第9对疣足），背须长但不超过疣足叶，具3个尖锥形背舌叶（含背刚叶）；从第14对疣足开始，上背舌叶膨大伸长，中部具凹陷，背须位于其中。体中部疣足，上背舌叶增大变宽为具凹陷叶片状，背须位于其中。体后部疣足，上背舌叶逐渐变小为椭圆形，背须位其顶端。背、腹刚毛均为复型等齿刺状，亦掺有非典型的异齿刺状刚毛。

生态习性 栖息于潮间带至潮下带，可生活于粗沙、沙质泥、粉沙质软泥等多种底质中。

地理分布 我国各海区均有分布。标本采自舟山六横岛海域。舟山海域偶见。

全刺沙蚕

A：体前部背面观；B：翻吻背面观；C：翻吻腹面观；D：体前部疣足腹刚毛；E、F：体前部疣足

45 双管阔沙蚕
Platynereis bicanaliculata (Baird, 1863)

同物异名 Nereis agassizi Ehlers, 1868; Nereis bicanaliculata Baird, 1863; Nereis californica Ehlers, 1868; Nereis notomacula Treadwell, 1914; Platynereis agassizi (Ehlers, 1868); Uncinereis agassizi (Ehlers, 1868); Uncinereis subita Chamberlin, 1919; Nereis (Platynereis) kobiensis McIntosh, 1885

分类地位 多毛纲Polychaeta，游走亚纲Errantia，叶须虫目Phyllodocida，沙蚕亚目Nereidiformia，沙蚕科Nereididae

形态特征 最大标本体长100 mm，体宽（含疣足）9 mm，具130个刚节。活标本口前叶具浅咖啡色色斑，体背面两侧和疣足的背舌叶具绿色色斑，且越向后越显著。

口前叶似六边形，后缘中央稍向内凹进。触手短于触角。2对圆眼，呈矩形排列于口前叶中后部，前对稍大于后对。触须4对，最长者后伸可达第11~16刚节。

吻各区除Ⅰ、Ⅱ、Ⅴ区无颚齿外，余具梳状颚齿。颚齿在各区的数目和排列为：Ⅲ区3~6堆梳棒状颚齿排成1横排，Ⅳ区4~5排梳棒状颚齿密集排成月牙形，Ⅵ区2~3排梳棒状颚齿整齐排成长方形，Ⅶ、Ⅷ区4~5堆梳棒状颚齿排成1直线。大颚琥珀色，具侧齿8~9个。

前2对疣足单叶型，具2个背舌叶，背、腹须长度均超过疣足叶。体前部疣足，双叶型，背、腹须细长须状，背、腹舌叶圆锥状且末端钝圆。体中部疣足，上背舌叶加长，其长稍超过下背舌叶。体后部疣足，指状、末端稍细的上背舌叶更长。

前部疣足的背刚毛为复型等齿刺状，约从第10刚节以后的背刚毛中具1~3根琥珀色鸟嘴状简单型刚毛。疣足的腹刚毛为复型等齿刺状、异齿刺状和异齿镰刀形。

体外具粘有沙粒、贝壳等的薄层栖管。

生态习性 常栖息于岩岸潮间带至潮下带岩石底质的固着生物群落中。

地理分布 我国各海区均有分布。标本采自舟山嵊泗海域潮间带。舟山海域偶见。

双管阔沙蚕

A：整体背面观；B：头部背面观；C：翻吻腹面观；D：虫体与栖管；E：体前部疣足；
F：体中部疣足；G：体后部疣足；H：琥珀色鸟嘴状背刚毛

46 美丽阔沙蚕

Platynereis pulchella Gravier, 1901

同物异名 *Heteronereis oerstedii* Quatrefages, 1866; *Platynereis pestai* Holly, 1935

分类地位 多毛纲 Polychaeta，游走亚纲 Errantia，叶须虫目 Phyllodocida，沙蚕亚目 Nereidiformia，沙蚕科 Nereididae

形态特征 最大标本体长20 mm，体宽（含疣足）2 mm，具70个刚节。酒精标本体色褪去。

口前叶近似五边形，宽稍大于长。细长的触手长于触角。2对眼，半圆形或卵圆形。围口节触须4对，最长者后伸可达第5刚节。

吻具梳棒状颚齿。梳棒状颚齿在各区的数目和排列如下：Ⅰ、Ⅱ、Ⅴ区无，Ⅲ区排成3间断的横排，Ⅳ区排成4～5横排，Ⅵ区1个，Ⅶ、Ⅷ区5个排成1间断的横排。吻端大颚具4～5个侧齿。

除前2对疣足单叶型外，余皆为双叶型。体前部双叶型疣足，须状的背须长，为2个等长的背舌叶的1倍，圆锥形的腹前刚叶稍短于腹后刚叶，腹舌叶和腹须约等长。疣足的背刚毛为端片细长的复型等齿刺状和端片弯曲的等齿镰刀形，体中后部还具有肋的棒状简单型背刚毛。疣足的腹刚毛，少部分为复型等齿刺状，大部分为复型异齿镰刀形。足刺黑色。

生态习性 多栖息于潮间带至浅海的沙泥底质中。

地理分布 我国主要记录于南海。标本采自舟山普陀海域，为舟山海域首次记录。舟山海域少见。

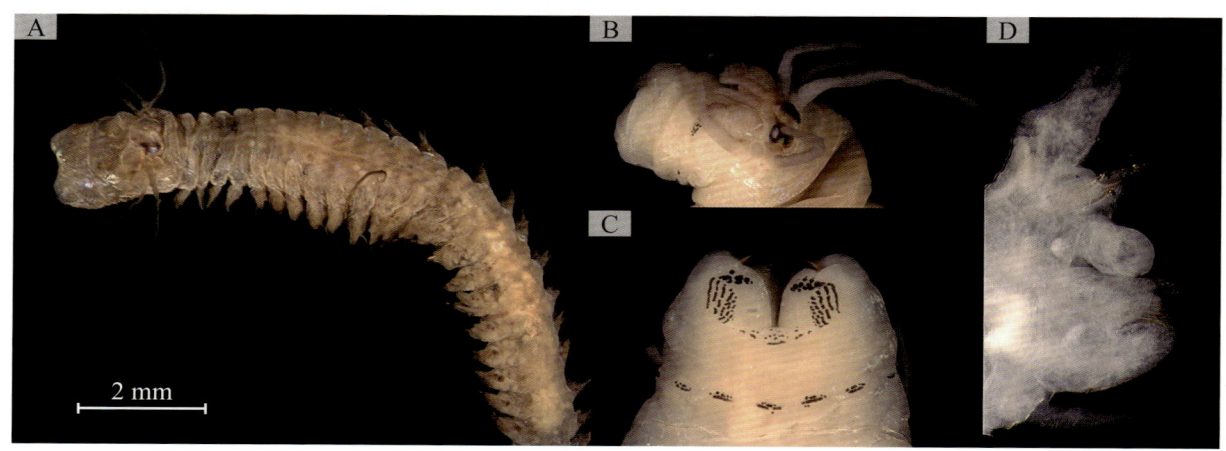

美丽阔沙蚕

A：体前部背面观；B：头部侧面观；C：翻吻腹面观；D：体中部疣足

47　独齿围沙蚕
Perinereis cultrifera (Grube, 1840)

同物异名 *Nereis cultrifera* Grube, 1840; *Nereis incerta* Quatrefages, 1866;
Nereis margaritacea Leach, 1816; *Perinereis hedenborgi* Kinberg, 1865;
Spio ventilabrum Delle Chiaje, 1827; *Lipephile margaritacea* (Leach, 1816);
Hedyle lobulata (Savigny *in* Lamarck, 1818);
Lycoris lobulata Savigny in Lamarck, 1818;
Nereis beaucoudrayi Audouin & Milne Edwards, 1833

分类地位 多毛纲Polychaeta，游走亚纲Errantia，叶须虫目Phyllodocida，沙蚕亚目Nereidiformia，沙蚕科Nereididae

形态特征 最大标本体长90 mm，体宽（含疣足）5 mm，具96个刚节。酒精标本体背面具3条褐色色带，中间一条较宽，至体后部色带慢慢变淡。有的标本口前叶和疣足上背舌叶具色斑。

口前叶似梨形，2对黑色眼呈倒梯形排列于口前叶中后部。触手短指状，触角粗大，基节长圆柱状，端节乳突状。围口节触须4对，最长者后伸可达第5或第6刚节。

吻各区均具颚齿，颚齿在各区的数目、形态和排列如下：Ⅰ区1~2个纵列的圆锥状颚齿，Ⅱ区10~26个圆锥状颚齿为2~3斜排，Ⅲ区10~15个圆锥状颚齿为3~4横排，Ⅳ区20~30个圆锥状颚齿为2~4斜排，Ⅴ区3个圆锥状颚齿呈三角形排列，Ⅵ区1个扁棒状（扁三角形）颚齿，Ⅶ、Ⅷ区2排大的圆锥状颚齿（常在Ⅵ区两侧还具1~2个）。大颚具4~6个侧齿。

除前2对疣足为单叶型外，余皆为双叶型。单叶型疣足，背、腹须和腹舌叶为粗指状。体前部双叶型疣足（第15对），为单叶型疣足的1倍大，背须指状、末端尖细、位于背舌叶背面；上背、腹舌叶最宽大，为末端稍钝的叶片状；下背舌叶小，末端钝圆；背刚叶乳突状，末端钝圆；腹前刚叶2片，下片稍长、末端锥形；腹舌叶与下背舌叶近等大；腹须短，末端尖。体中部疣足，上背舌叶伸长、末端钝锥状，末端渐细的背须与上背舌叶等长且位其上方，似灯泡状的下背舌叶较体前部小、末端钝圆，腹刚叶增宽，腹舌叶同体前部但稍小，腹须小、位于腹舌叶的基部。体后部疣足变小，背须似一小旗竖立于大而长、末端尖细的上背舌叶上，下背舌叶小、末端钝圆，下腹舌叶亦变细，腹须末端细、短指状。

所有背刚毛皆为复型等齿刺状。腹刚毛，在腹足刺上方为复型等齿刺状和异齿镰刀形，在腹足下方为复型异齿刺状和异齿镰刀形。

生态习性 常栖息于岩岸潮间带固着生物群落中，为岩岸潮间带中区褶牡蛎带的优势种。

地理分布 我国各海区均有分布。标本采自舟山朱家尖岛海域潮间带牡蛎群落中。舟山海域偶见。

独齿围沙蚕

A：体前部背面观；B：翻吻背面观；C：翻吻腹面观

48 扁齿围沙蚕
Perinereis vancaurica (Ehlers, 1868)

同物异名 *Nereis languida* Grube, 1867; *Nereis vancaurica* Ehlers, 1868; *Perinereis horsti* Gravier, 1902; *Perinereis nancaurica* (Ehlers, 1904)

分类地位 多毛纲 Polychaeta，游走亚纲 Errantia，叶须虫目 Phyllodocida，沙蚕亚目 Nereidiformia，沙蚕科 Nereididae

形态特征 最大标本体长110 mm，体宽（含疣足）3 mm，具118个刚节。酒精固定标本为肉色，体背面每个刚节中间具1条浅咖啡色横带，疣足的背舌叶及其基部有2块深咖啡色色斑，至体后部2块深咖啡色色斑连在一起。

口前叶前窄后宽。2对眼呈矩形排列，前对豆瓣状，后对圆形。触手短，与触角近等大。触须4对，最长者后伸可达第4或第5刚节。

吻各区均具颚齿，颚齿在各区上的数目、形态和排列如下：Ⅰ区2～3个圆锥状颚齿，Ⅱ区25～36个圆锥状颚齿排成弯曲的堆，Ⅲ区30～50个圆锥状颚齿排成椭圆形堆、此外在两边还各具1堆计10～15个圆锥状颚齿，Ⅳ区40～50个圆锥状颚齿排成楔形（"V"形），Ⅴ区3个圆锥状颚齿排成三角形或1横排，Ⅵ区2个宽扁的棒状齿、其外侧还具1～2个圆锥形颚齿，Ⅶ、Ⅷ区2排大的圆锥状颚齿、近颚环的一排大颚齿间杂有一些小颚齿。吻端大颚宽扁琥珀色，具浅沟状侧齿。

除前2对疣足为单叶型外，余皆为双叶型。单叶型疣足，背、腹须指状，背须长于腹须，均短于背、腹舌叶，背、腹舌叶为末端圆钝的圆锥状，具缺刻的前刚叶大于后刚叶，具1根足刺。体前部的双叶型疣足，背须指状、约与上下背舌叶等长，下背舌叶末端稍尖，前腹刚叶大致呈三角形、稍长于钝圆的后腹刚叶，腹舌叶粗钝指状与腹刚叶等长，腹须短指状、短于腹舌叶。体中部疣足，上背舌叶圆锥形，下背舌叶末端钝圆，其余形状同体前部。体后部疣足，末端渐细的背须长于上背舌叶，其余形状同体前部。

疣足背刚毛皆为复型等齿刺状。体前部和体中部的腹刚毛，在腹足刺上方者为复型等齿刺状和端片细短的异齿镰刀形，在腹足刺下方者为复型异齿刺状和端片较粗长的异齿镰刀形。体后部疣足腹足刺下方，仅见复型异齿镰刀形刚毛。

生态习性 常栖息于岩岸潮间带死石珊瑚、海藻丛中和石块下、石缝间，特别是小型海藻和牡蛎壳下。

地理分布 我国分布于东海、南海。标本采自舟山普陀海域。舟山海域偶见。

扁齿围沙蚕
A：整体侧面观（体后部缺失）；B：翻吻背面观；C：翻吻腹面观

49 双齿围沙蚕
Perinereis aibuhitensis (Grube, 1878)

同物异名 *Nereis (Neanthes) orientalis* Treadwell, 1936; *Nereis aibuhitensis* (Grube, 1878); *Nereis (Perinereis) aibuhitensis* Grube, 1878

分类地位 多毛纲 Polychaeta，游走亚纲 Errantia，叶须虫目 Phyllodocida，沙蚕亚目 Nereidiformia，沙蚕科 Nereididae

形态特征 最大标本体长 270 mm，体宽（含疣足）10 mm，具 230 个刚节。

口前叶似梨形，前部窄，后部宽。触手稍短于触角。2 对眼呈倒梯形排列于口前叶中后部，前对眼稍大。触须 4 对，最长者后伸可达第 6～8 刚节。

吻各区具颚齿，颚齿在各区上的形态、数目和排列为：Ⅰ区 2～4 个（有的标本具 6 个）圆锥状颚齿纵列或成堆，Ⅱ区 12～18 个圆锥状颚齿为 2～3 弯曲排，Ⅲ区 30～54 个圆锥状颚齿为椭圆形堆，Ⅳ区 18～25 个圆锥状颚齿为 3～4 斜排，Ⅴ区 2～4 个圆锥状颚齿，Ⅵ区 2～3 个平直的扁棒状（扁三角形）颚齿为 1 排或 4 个扁棒状(扁三角形)颚齿为2排,Ⅶ、Ⅷ区40～50个圆锥状颚齿为2横排。大颚具侧齿6～7个。因个体差异和产地不同,吻Ⅰ、Ⅴ、Ⅵ区颚齿数和排列方式常有变化。

除前2对疣足为单叶型外,其余皆为双叶型。体前部双叶型疣足,上背舌叶近三角形,背、腹须须状,背须与上背舌叶约等长,腹须短,仅为下腹舌叶的1/2长。体中部疣足,背须短于上背舌叶,上背舌叶尖细,下背舌叶稍短且钝,2个腹前刚叶和1个腹后刚叶与下腹舌叶近等长,腹须短。体后部疣足,明显变小,上下背舌叶和腹舌叶变小为指状。

疣足背刚毛皆为复型等齿刺状。疣足腹刚毛,在腹足刺上方者为复型等齿刺状和异齿镰刀形,腹足刺下方者为复型异齿刺状和异齿镰刀形。

| 生态习性 | 多栖息于河口潮间带泥沙滩。 |
| 地理分布 | 我国各海区均有分布。标本采自舟山定海、朱家尖岛、六横岛等多地潮间带。舟山海域常见。 |

双齿围沙蚕
A:整体侧面观;B:体前部背面观;C:体前部侧面观

50 多齿围沙蚕
Perinereis nuntia (Lamarck, 1818)

同物异名	*Lycoris nuntia* Lamarck, 1818; *Nereis* (*Perinereis*) *nuntia* (Lamarck, 1818)
分类地位	多毛纲 Polychaeta,游走亚纲 Errantia,叶须虫目 Phyllodocida,沙蚕亚目 Nereidiformia,沙蚕科 Nereididae
形态特征	体长72～100 mm,体宽(含疣足)3～6 mm,具108～120个刚节。活标本体色常随

环境变化，口前叶和触角具浅咖啡色色斑，从体中部开始疣足背上舌叶具咖啡色色斑，有的标本体呈红色。

口前叶近五边形，2对眼呈倒梯形排列于口前叶中后部。触手短指状，舷角基节粗大长圆柱状、端节纽扣状，触角为触手长的1～4倍。围口节触须4对，最长者后伸可达第6或第7刚节。

吻各区均具颚齿，颚齿在各区上的数目、形态和排列如下：Ⅰ区2个圆锥状颚齿纵列，Ⅱ区4～6个圆锥状颚齿为2～3斜排，Ⅲ区8～14个圆锥状颚齿为2排，Ⅳ区12～18个圆锥状颚齿为2～3弯曲排，Ⅴ区1～3个圆锥状颚齿，Ⅵ区4～8个短棒状或夹有锥状颚齿，Ⅶ、Ⅷ区具2～3排较大的圆锥状颚齿。大颚琥珀色，具5～7个侧齿。

除前2对疣足为单叶型外，余皆为双叶型。单叶型疣足的背、腹须指状，背、腹舌叶圆锥形且末端钝。体前部双叶型疣足，背、腹须等长，指状；背、腹舌叶约等长，圆锥状，末端钝圆；腹刚后叶三角形，比背、腹舌叶短；腹刚前叶末端渐尖细，较腹刚后叶短。体中部疣足（约第60对疣足），背舌叶末端变细似锥状，腹刚叶加大增宽、为三角形，腹舌叶小、末端钝圆，背须小、短指状。体后部疣足，似体中部者，唯背须比背舌叶长，上背舌叶末端渐细为三角形。

背刚毛皆为复型等齿刺状。体中部疣足，腹足刺上下方的腹刚毛均为复型等齿刺状和异齿镰刀形。体后部腹刚毛为端片较粗直的复型异齿镰刀形。

生态习性 主要栖息于潮间带沿岸小藤壶、滨螺带石块下的沙泥中。

地理分布 我国各海区均有分布。标本采自舟山沈家门海域。舟山海域偶见。

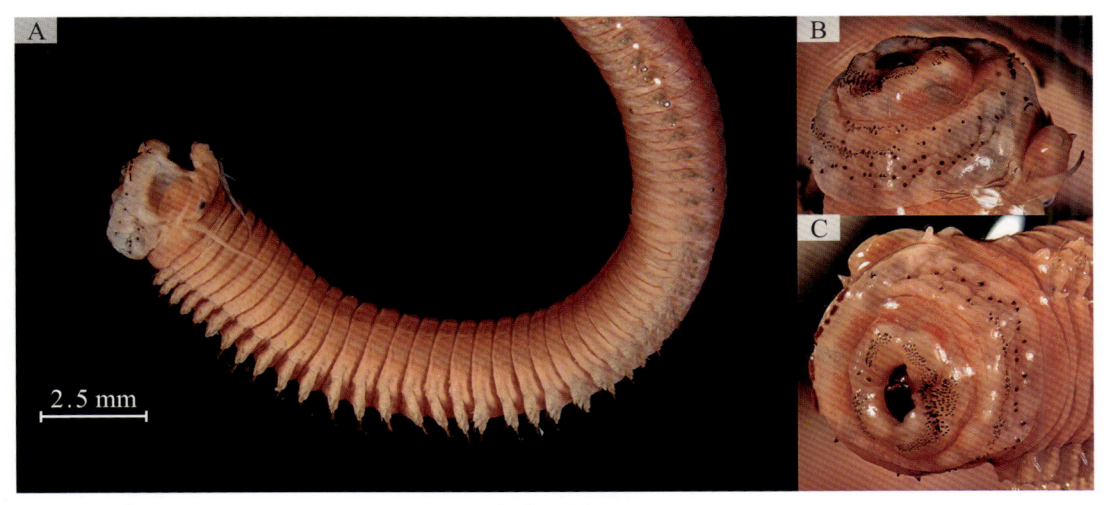

多齿围沙蚕

A：体前部侧面观；B、C：翻吻侧面观

（二十二）裂虫科 Syllidae Grube, 1850

裂虫科多为小型细线状沙蚕型蠕虫，体圆柱形或背腹扁平，可分为头部、躯干部和尾部3个部分。

头部由口前叶和围口节组成。口前叶明显，圆球形或四边形，具2~3对眼（有时口前叶前部具1对附加小眼）、常呈梯形排列，1~3个头触手，2个触角（分离或仅基部或全部愈合）。围口节于唇部变窄，腹面具口，两侧具1~2对触须。触手和触须光滑，或具皱褶，或具念珠状环轮。口前叶后常具项器，依形状又称项肩或项叶或项脊，个别种还具头后叶。翻吻无附属物或具1中背齿、1圈咽齿（圆锯齿）、1排向后弯曲的齿、1对镰状齿和端乳突，咽后具椭圆形或筒状的前胃（胃囊或沙囊）。

躯干部由若干相似的体节组成，每个体节两侧具疣足。疣足单叶型，背须光滑或有皱褶、环轮为念珠状，腹须有或无。刚毛复型镰状、刺状或简单型，生殖时常在背须基部出现细长的简单型毛状刚毛。

尾部又称肛部或肛节，具肛门和1对肛须。

51 模裂虫未定种
Typosyllis sp.

分类地位 多毛纲Polychaeta，游走亚纲Errantia，叶须虫目Phyllodocida，沙蚕亚目Nereidiformia，裂虫科Syllidae

形态特征 体长约2 cm，细长，略呈圆筒形，酒精固定标本颜色发白，体表无明显条纹。口前叶略呈四边形，2对眼，2触角在基部愈合。3个头触手，中央触手位于眼中间偏后位置，围口节触须和疣足背须均细长，具念珠状环轮。疣足单叶型，腹须指状。体前部疣足刚毛多为复型镰状，端片较长；体后部具简单型刚毛。

生态习性 多栖息于潮间带或潮下带固着生物群落中。

地理分布 不明。标本采自舟山虾峙岛海域潮间带，藏匿于牡蛎礁中。舟山海域常见。

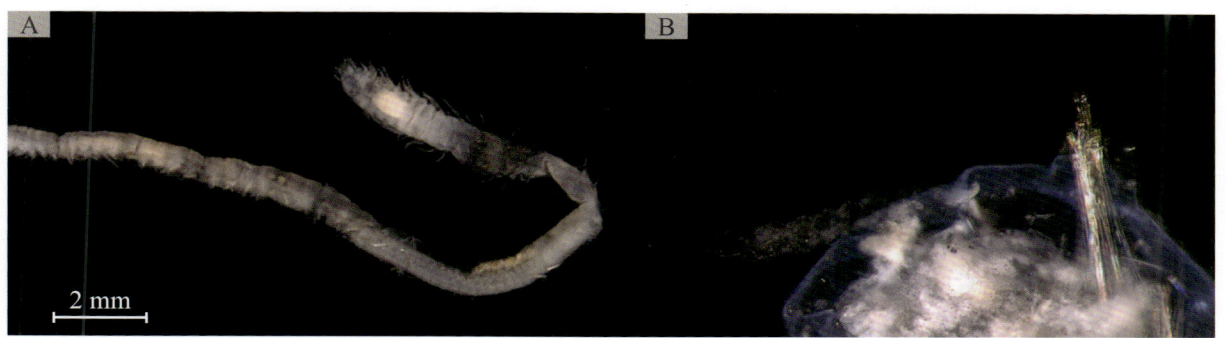

模裂虫未定种

A：整体背面观（尾部缺失）；B：体中部疣足

(二十三) 白毛虫科 Pilarginae Saint-Joseph, 1899

虫体细长，带状或圆柱状，体表光滑或具乳突。可分为头部、躯干部和尾部3个部分。

头部明显但很特殊，由口前叶和围口节组成。口前叶的变化较大，或小且位于1对大触角后、前缘常具凹陷，或大但前缘缩短。眼有或无，1对前触手和0~1个中触手，1对腹位的触角、简单或具乳突状的端节。围口节至唇部变窄，具0~2对围口节触须。翻吻常具1圈端乳突，仅个别属具颚齿。

躯干部由许多相似的体节组成，每个体节两侧具亚双叶型或双叶型疣足。疣足背足叶退化但具足刺，无背刚毛或仅具外伸的粗弯钩状、足刺状刚毛。腹足叶柱状，具足刺和简单型锯齿毛状刚毛。常具背、腹须。

尾部圆锥状具肛须，或为具乳突状肛须的盘状肛板。

52 花冈钩毛虫
Sigambra hanaokai (Kitamori, 1960)

同物异名　*Ancistrosyllis hanaokai* Kitamori, 1960

分类地位　多毛纲Polychaeta，游走亚纲Errantia，叶须虫目Phyllodocida，沙蚕亚目Nereidiformia，白毛虫科Pilarginae

形态特征　体长11~16 mm，体宽（含疣足）约1 mm，具78~86个刚节。酒精固定标本肉色。体细带状，背腹扁平，体表光滑。口前叶前缘中间具凹裂，无眼，3个触手、中央触手稍长于侧触手，1对具乳突状端节的触角。2对须状围口节触须，背对稍长于腹对。翻吻球状，末端具14个不分叉的软乳突。

疣足和体侧之间具收缩部。第1~3刚节疣足亚双叶型，背须须状、长于其后疣足的背须。第2刚节疣足无腹须。第3刚节背须基部具背足刺和未外伸的粗弯钩状背刚毛。简单型粗弯钩状背刚毛外伸始于第4或第5刚节，直到体后部，腹足的前刚叶为圆钝状、后刚叶为圆锥状且长于前刚叶，具1根足刺和数根具细侧齿的简单型毛状刚毛。

尾部具2根细长的肛须。

生态习性 主要栖息于泥、沙泥底质的潮间带至浅海。

地理分布 我国分布于东海、南海。标本采自舟山定海海域潮间带。舟山海域偶见。

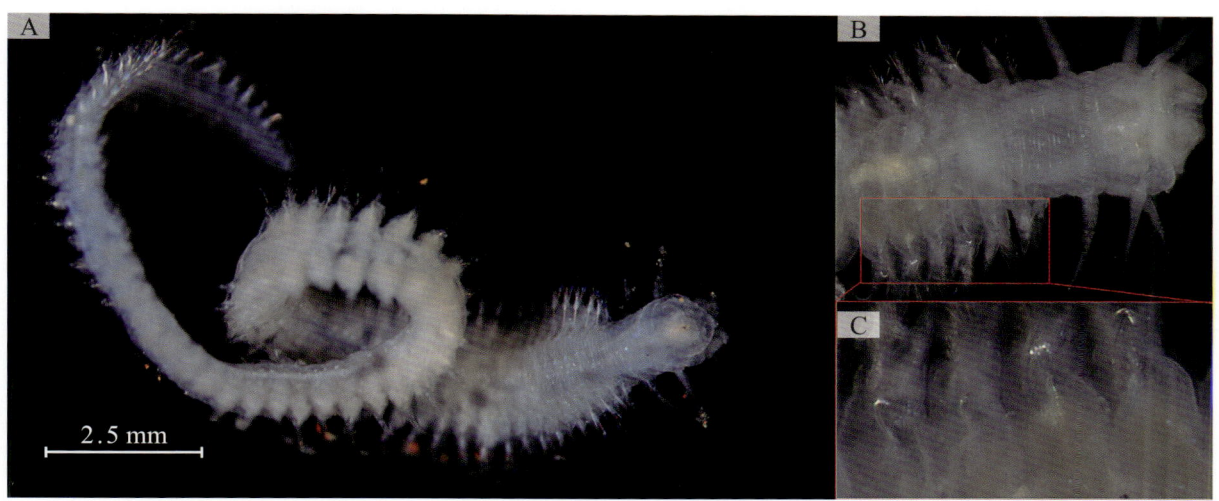

花冈钩毛虫

A：整体背面观；B：头部背面观；C：粗弯钩状刚毛（始于第4刚节）

(二十四)齿吻沙蚕科 Nephtyidae Grube, 1850

虫体长且扁,横切面为四边形。由头部、躯干部和尾部3个部分组成。

头部口前叶较小,为多边形或卵圆形,常陷入到体前几个刚节中,具0~1对眼、1~2对触手。项器有或无,为口前叶背后两侧的乳突状或指状突起。翻吻很大,富肌肉,圆柱状或长椭圆形。吻的前端,常具分叉的端乳突。吻的前部表面,具数纵排亚端乳突。在吻的前中线背面有的具1个长乳突(中背乳突)。吻的前端内侧具1对(内)颚齿,有的还具成排的圆锯齿。

躯干部体背中线稍隆起,腹中线具一纵沟。疣足双叶型。背、腹足两叶分得很开,皆由前、中、后3叶构成。前叶又称前足刺叶,中叶又称足刺叶,后叶又称后足刺叶。背、腹足叶间,常具内须,皆为背足叶前端、背须腹侧面生出的外弯或内卷须状或为不弯曲的叶片状叶(微齿吻沙蚕属无内须)。有的种类,在腹足叶上方还具上腹须(或称上腹叶)。具背须和腹须。

刚毛皆为简单型毛状。前足刺叶具横纹刚毛、锯齿锥状刚毛或膝形刚毛;后足刺叶具小齿或小刺毛状刚毛,有的亦具叉状刚毛。

尾部具肛门和1根位于中背面的肛须。

齿吻沙蚕科所归属亚目尚有争议,本书暂将其列入沙蚕亚目进行叙述。

53 无疣齿吻沙蚕
Inermonephtys inermis (Ehlers, 1887)

同物异名 *Nephthys* (*Aglaophamus*) *inermis* Ehlers, 1887; *Nephtys inermis* Ehlers, 1887; *Nephtys* (*Aglaophamus*) *inermis* Ehlers, 1887

分类地位 多毛纲Polychaeta,游走亚纲Errantia,叶须虫目Phyllodocida,沙蚕亚目Nereidiformia,齿吻沙蚕科Nephtyidae

形态特征 最大标本体长165 mm,体宽(含疣足)5 mm,具220个刚节。

口前叶为前缘较平直、后端变窄的近锥形,其中间具竖的色斑。无眼,1对乳突状触手位于口前叶前缘腹面,1对指状项器位于口前叶后缘两侧。翻吻不具任何乳突。

疣足双叶型。内须始于第3或第4刚节,前15刚节的内须为指状,以后变长内卷,至体后部又为指状。

刚毛3种：具横纹的毛状刚毛位于前足刺叶上，小刺毛状刚毛位于后足刺叶上，竖琴状刚毛位于背、腹足的后足刺叶上。

生态习性 多栖息于泥、沙泥底质的潮间带或浅海。

地理分布 我国分布于黄海、东海和南海。标本采自舟山朱家尖岛海域潮间带。舟山海域偶见。

无疣齿吻沙蚕

A：体前部背面观；B：头部背面观；C：体中部疣足；D：体后部疣足

54 寡鳃微齿吻沙蚕
Micronephthys oligobranchia (Southern, 1921)

同物异名 *Nephthys oligobranchia* Southern, 1921; *Nephtys oligobranchia* Southern, 1921

分类地位 多毛纲Polychaeta，游走亚纲Errantia，叶须虫目Phyllodocida，沙蚕亚目Nereidiformia，齿吻沙蚕科Nephtyidae

形态特征 体长14～17 mm，体宽（含疣足）1～1.5 mm，具50～60个刚节。

口前叶长方形，前缘平直，后部缩入第2刚节。1对眼，位于口前叶后缘、第2刚节前部。具2对大小相等的触手，前对位于口前叶前缘，后对位于口前叶腹面前两侧。项器乳突状，位于口前叶中部两侧。翻吻具22对分叉的端乳突、22纵排亚端乳突、1个中背乳突。

疣足双叶型。内须始于第6～8刚节，开始很小，以后变大为不外弯的囊状，至第

15～18刚节变小，至第16～27刚节后消失。

刚毛2种：横纹毛状刚毛位于前足刺叶上，均短于其锥状的足刺叶；小刺毛状刚毛位于背、腹足的后足刺叶上，无竖琴状刚毛。

| 生态习性 | 多栖息于潮下带泥底。广盐种，亦见于河口区的淡水中。
| 地理分布 | 我国分布于黄海、东海和南海。标本采自舟山定海西面潮间带。舟山海域常见。

寡鳃微齿吻沙蚕

A：整体侧面观（上）与腹面观（下）；B：吻背面观；C：吻正面观；D：体中部疣足；E：体后部疣足

55 毛齿吻沙蚕
Nephtys ciliata (Müller, 1788)

| 同物异名 | *Diplobranchus ciliatus* (Müller, 1788); *Nephthys ciliata* [auctt.]; *Nephtys borealis* Örsted, 1843; *Nereis ciliata* Müller, 1788
| 分类地位 | 多毛纲Polychaeta，游走亚纲Errantia，叶须虫目Phyllodocida，沙蚕亚目Nereidiformia，齿吻沙蚕科Nephtyidae
| 形态特征 | 体长30～40 mm，体宽（含疣足）1.5～2.5 mm，具74～80个刚节。口前叶近五边形，长略大于宽，前缘宽平，后端变窄且陷入第1～2刚节。无眼。具

2对触手，前对位于口前叶前缘，后对较小、位于口前叶腹面前两侧。口前叶后缘两侧各具1个乳突状的项器。翻吻具22对分叉的端乳突、22纵排亚端乳突，以及1个较大的中背乳突。

疣足双叶型。内须始于第7或第8刚节，外弯镰刀状，延至体后部。

具刚毛2种：横纹毛状刚毛位于前足刺叶上，小刺毛状刚毛位于背、腹足叶的后足刺叶上，无竖琴状刚毛。

生态习性 多栖息于底质为泥或沙泥的潮间带、浅海。

地理分布 我国分布于渤海、黄海、东海和南海。标本采自舟山定海海域。舟山海域常见。

毛齿吻沙蚕

A：整体背面观（尾部缺失）；B：吻背面观；C：吻正面观；D：体中部疣足；E：体后部疣足

56 多鳃齿吻沙蚕
Nephtys polybranchia Southern, 1921

分类地位 多毛纲Polychaeta，游走亚纲Errantia，叶须虫目Phyllodocida，沙蚕亚目Nereidiformia，齿吻沙蚕科Nephtyidae

形态特征 体长14～20 mm，体宽（含疣足）1～2 mm，具50～90个刚节。

口前叶为长大于宽的长方形，前缘平直，后端具凹且缩入第3刚节。1对眼，位于口前叶后部约第3刚节处。具2对触手，前对位于口前叶前缘，后对位于口前叶腹面前两侧。口前叶后部两侧，各具1个乳突状的项器。翻吻具22对分叉的端乳突和22纵排亚端乳突，无中背乳突。

疣足双叶型。内须始于第5刚节，为乳突状，约第8~10刚节开始为囊状，至体后部为指状，接近尾部消失。

具刚毛2种：横纹毛状刚毛位于前足刺叶上，小刺毛状刚毛位于背、腹后足刺叶上，无竖琴状刚毛。

| 生态习性 | 多栖息于潮间带下区细沙中。 |
| 地理分布 | 我国分布于黄海、东海和南海。标本采自舟山嵊泗海域潮间带。舟山海域偶见。 |

多鳃齿吻沙蚕
A：整体背面观；B：体前部疣足；C：体中部疣足

57 杰氏内卷齿蚕
Aglaophamus jeffreysii (McIntosh, 1885)

同物异名	*Nephthys jeffreysii* McIntosh, 1885
分类地位	多毛纲Polychaeta，游走亚纲Errantia，叶须虫目Phyllodocida，沙蚕亚目Nereidiformia，齿吻沙蚕科Nephtyidae
形态特征	不完整标本体长54 mm，体宽（含疣足）2 mm，具54个刚节。 口前叶近四边形，陷入第1刚节，前缘较平直，后缘半圆形。1对明显的黑眼位于口

前叶后部，约近第1刚节。具2对触手，前对位于口前叶前缘，后对位于口前叶的前部两侧。翻吻末端具22个分叉的端乳突，亚末端具22纵排亚端乳突，无中背乳突。疣足双叶型。内须始于第3刚节，约第10刚节前为指状，以后内卷且近内须基部还具1小乳突。

刚毛3种：横纹毛状刚毛位于前足刺叶上，小刺毛状刚毛和竖琴状刚毛位于后足刺叶上。

生态习性 多栖息于底质为细沙、软泥的浅海。

地理分布 我国分布于东海和南海。舟山海域偶见。

杰氏内卷齿蚕

A：整体背面观；B：头部侧面观；C：第3刚节疣足；D：体中部疣足

58 叶须内卷齿蚕
Aglaophamus lobatus Imajima & Takeda, 1985

分类地位 多毛纲Polychaeta，游走亚纲Errantia，叶须虫目Phyllodocida，沙蚕亚目Nereidiformia，齿吻沙蚕科Nephtyidae

形态特征 体长30～40 mm，体宽（含疣足）2～3 mm，具55～80个刚节。

口前叶近四边形，陷入第1刚节，长大于宽，前缘较平直。无眼。2对触手，前对位于口前叶前缘，后对位于口前叶腹面前两侧。口前叶中央和后部有褐色色斑。1对前乳突状的项器位于口前叶后缘两边。翻吻末端具22个分叉的端乳突，亚末端具14纵排亚端乳突，具1个较小的中背乳突。

疣足双叶型。指状内须始于第3刚节，以后内卷。

具刚毛3种：横纹毛状刚毛位于前足刺叶上，小刺毛状刚毛和竖琴状刚毛位于后足刺叶上。

生态习性 多栖息于底质为细沙、软泥的潮间带或浅海。

地理分布 我国分布于东海和南海。标本采自舟山定海海域。舟山海域偶见。

叶须内卷齿蚕

A：体前部背面观；B：吻前面观；C：体中部疣足

吻沙蚕亚目 Glyceriformia

口前叶末端具2对触手，无触角和触须。部分具长吻，有4个大颚或颚环，第1疣足位于吻侧。

在舟山海域采获或收集整理吻沙蚕亚目8种，分属3科。

（二十五）角吻沙蚕科 Goniadidae Kinberg, 1866

体细长，两端略尖细。口前叶圆锥形，前端具4个小头触手。翻吻长圆柱形，前端具1圈软乳突和1对大颚，以及若干背、腹小颚；吻表面覆有各种各样的吻器，吻基部两侧常具"V"形齿片。体前部疣足单叶型，体后部疣足双叶型。背刚毛简单型，腹刚毛复型。角吻沙蚕科与吻沙蚕科形态相似，但吻沙蚕科的疣足全为单叶型或全为双叶型，吻前端不具端乳突，大颚有4个而非2个，吻基部皆不具"V"形齿片。

59 寡节甘吻沙蚕
Glycinde bonhourei Gravier, 1904

同物异名 *Glycinde gurjanovae* Uschakov & Wu, 1962; *Glycinde nipponica* Imajima, 1967

分类地位 多毛纲 Polychaeta，游走亚纲 Errantia，叶须虫目 Phyllodocida，吻沙蚕亚目 Glyceriformia，角吻沙蚕科 Goniadidae

形态特征 体节数目一般超过90个。最大标本体长28 mm，宽（含疣足）1 mm。酒精标本的体色为灰褐或浅灰褐色，在背面具深色斑。

口前叶尖锥形，具8~9个环轮，末端具4个小的头触手。口前叶基部有1对小眼，前端部无眼。吻长柱状，前端具软乳突，2个位于腹面的大颚，在每个大颚的内缘各具5个小齿。小颚齿4~14个，位于吻的背面，排成半圆形。

体前端有19~22个具单叶疣足的体节，体后部的疣足均为双叶型。前部体节单叶型疣足的前后刚叶末端窄细，后刚叶又比前刚叶稍大及长；后部体节上疣足的腹叶具2个很大的唇瓣，其中前唇瓣具一窄的（指状）末端部分。

背刚毛数目少（2~3个），呈瘤刺状；腹刚毛复型，具一长的端节。

生态习性 多栖息于底质为沙的潮间带至水深60 m以内海域。

地理分布 我国各海区均有分布。标本采自舟山嵊泗近海。舟山海域偶见。

寡节甘吻沙蚕

A：整体侧面观；B：口前叶与吻；C：体前部疣足；D：体后部疣足

60 日本角吻沙蚕
Goniada japonica Izuka, 1912

分类地位 多毛纲Polychaeta，游走亚纲Errantia，叶须虫目Phyllodocida，吻沙蚕亚目Glyceriformia，角吻沙蚕科Goniadidae

形态特征 最大标本体长178 mm，宽（含疣足）3 mm，约200刚节。体黄褐色或深棕色具珠光。口前叶圆锥形，具9个环轮和4个小触手（腹触手稍短于背触手）。吻基部两侧具13~22个"V"形齿片，吻前端具16~18个软乳突、2个大颚（具2个大齿和2个小齿）、16个背小颚和11个腹小颚（皆两齿形）。吻器心形。

体前部76~80个刚节具单叶型疣足；体后部疣足双叶型，具三角形背须，腹须指状。具2~3根粗刺状背刚毛和1束复刺状腹刚毛。

生态习性 多栖息于底质为沙泥的潮间带与浅海。

地理分布 我国分布于渤海、黄海和东海。标本采自舟山沈家门与六横岛附近海域。舟山海域偶见。

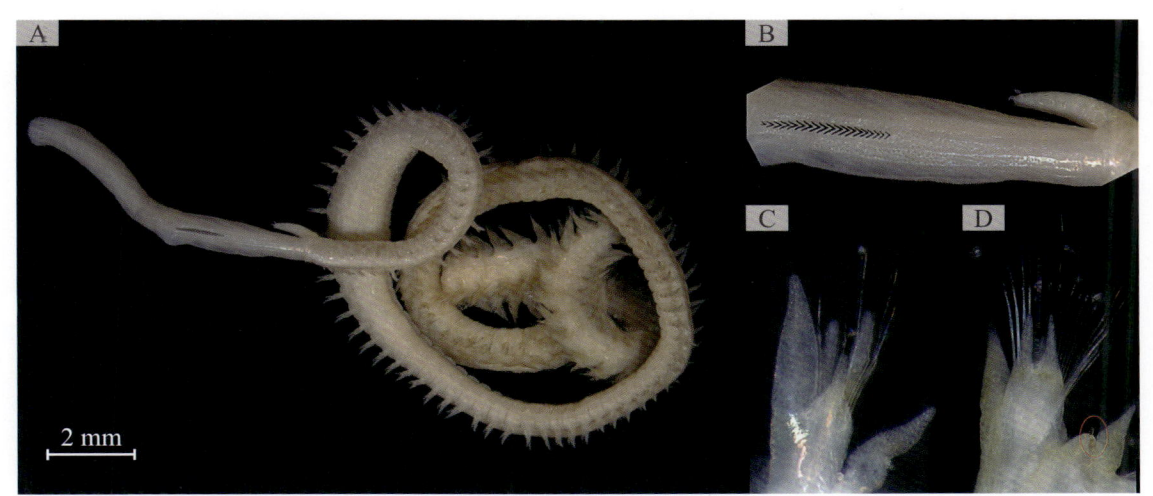

日本角吻沙蚕

A：整体侧面观；B：口前叶与吻上的齿片；C：体前部疣足；D：体后部疣足（背刚毛足刺状）

61 色斑角吻沙蚕
Goniada maculata Örsted, 1843

同物异名 *Glycera viridescens* Stimpson, 1853；*Goniada alcockiana* Carrington, 1865；*Goniada felicissima* Kinberg, 1866

分类地位 多毛纲 Polychaeta，游走亚纲 Errantia，叶须虫目 Phyllodocida，吻沙蚕亚目 Glyceriformia，角吻沙蚕科 Goniadidae

形态特征 体长 21～30 mm，宽（含疣足）1～1.8 mm。

口前叶锥形约具 10 个环轮。吻基部两侧各具 9～12 个 "V" 形小齿片，吻前端侧面具 2 个大颚（4～8 侧齿）、4 个背小颚和 3 个腹小颚。吻器矮小、心形。

体前部具 41～43 个单叶型疣足节，背须叶片状，腹须指状；体后部双叶型疣足扁平，其腹叶具 2 个指状前刚叶和 1 个宽大稍短的后刚叶，腹须指状，背须与上背叶舌之间具 1 束毛状刚毛，腹刚毛复刺状。

生态习性 多栖息于软泥和沙质泥底质的潮间带与潮下带。

地理分布 我国各海区均有分布。标本采自舟山秀山岛海域。舟山海域少见。

色斑角吻沙蚕

A：整体侧面观；B：体后部毛状背刚毛；C：体前部疣足；D：体后部疣足

（二十六）吻沙蚕科 Glyceridae Grube, 1850

体细长，背腹略扁，两端尖细。口前叶圆锥形，具多个环轮，前端有4个小触手，无触角和触须。翻吻大而长，为圆柱状或圆棒状，末端具4个大颚，颚基部具副颚。体不明显分区，每个体节具2～3个环轮。疣足双叶型或单叶型，鳃有或无，简单或分枝，能伸缩或不能伸缩。

62 长突半足沙蚕
Hemipodia yenourensis (Izuka, 1912)

同物异名 *Hemipodus australiensis* Knox & Cameron, 1971; *Hemipodus yenourensis* Izuka, 1912

分类地位 多毛纲 Polychaeta，游走亚纲 Errantia，叶须虫目 Phyllodocida，吻沙蚕亚目 Glyceriformia，吻沙蚕科 Glyceridae

形态特征 虫体小，体长约50 mm，宽（含疣足）约3.5 mm，体节140～150个。体色浅，常具橄榄色斑点。

头部具4个较长的头触手。吻为柱状或桶形，其上覆满细长的乳突。颚发达，侧面带有1个长杆。

每个体节具2个环轮。疣足单枝型，无鳃，仅有前、后唇瓣各1个。前唇具一长指状的末端部分；后唇较短，为半圆形。背、腹须为椭圆形。刚毛复型，具节。

生态习性 栖息于软泥、沙泥底质的潮间带与潮下带。

地理分布 我国主要记录于黄海沿岸。标本采自舟山秀山岛海域。舟山海域少见。

长突半足沙蚕

A：整体侧面观；B：体前部疣足；C：体中部疣足；D：体后部疣足

63 方格吻沙蚕
Glycera tesselata Grube, 1863

同物异名 *Glycera koehleri* Roule, 1896；*Glycera minor* La Greca, 1946；
Glycera sagittariae Fauvel, 1932；*Glycera tesselata minor* La Greca, 1946

分类地位 多毛纲Polychaeta，游走亚纲Errantia，叶须虫目Phyllodocida，吻沙蚕亚目Glyceriformia，吻沙蚕科Glyceridae

形态特征 体长约80 mm，宽（含疣足）3～5 mm。体节约140个，每个体节均具双环轮。
口前叶长，圆锥状，约有15个环轮。吻上密集地覆有细长而尖的乳突。
疣足具2个较长且几乎相等的前叶和2个较短且为等长圆形的后叶。背须圆形，位于疣足背面基部。腹须稍长，末端尖。无鳃。

生态习性 栖息范围较广，水深5～500 m均有分布。

地理分布 我国分布于东海与南海。舟山海域偶见。

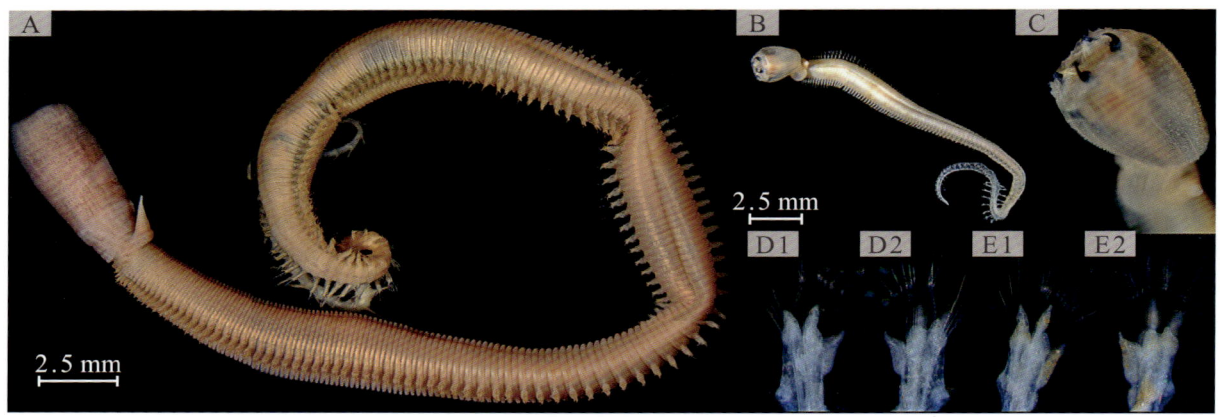

方格吻沙蚕

A：整体侧面观；B：幼体；C：翻吻侧面观；D1：体前部疣足前面观；D2：体前部疣足后面观；
E1：体后部疣足前面观；E2：体后部疣足后面观

64 长吻沙蚕
Glycera chirori Izuka, 1912

分类地位 多毛纲 Polychaeta，游走亚纲 Errantia，叶须虫目 Phyllodocida，吻沙蚕亚目 Glyceriformia，吻沙蚕科 Glyceridae

形态特征 体大而粗，最大标本长达 350 mm 以上，体节约 200 个，每一体节具 2 个环轮。

口前叶短，呈圆锥形，具 10 个环轮，末端有 4 个短而小的触手。吻部短而粗，上具稀疏的叶状和圆锥状乳突。

疣足的 2 个前唇等长，末端具一特别尖细的部分，此二部分界限明显，这是同中锐吻沙蚕的主要区别。后唇比前唇短，尤以后下唇特别短而钝，末端圆。鳃细长，位于疣足前唇的前壁中部，能伸缩。

生态习性 栖息于软泥底质的潮间带中低潮区至浅海，栖息环境中常具贝壳碎屑。

地理分布 我国各海区均有分布。标本采自舟山沈家门海域。舟山海域常见。

长吻沙蚕

A：整体背面观；B：体中部疣足（部分鳃收缩）；C1：体前部疣足前面观；C2：体前部疣足后面观；D1：体后部疣足前面观；D2：体后部疣足后面观

65 绻旋吻沙蚕
Glycera tridactyla Schmarda, 1861

同物异名 *Glycera convoluta* Keferstein, 1862; *Glycera retractilis* Quatrefages, 1866;
Glycera convoluta sevastopolica Czerniavsky, 1881;
Glycera convoluta suchumica Czerniavsky, 1881;
Glycera convoluta uncinata Rioja, 1918;
Rhynchobolus convolutus (Keferstein, 1862)

分类地位 多毛纲 Polychaeta，游走亚纲 Errantia，叶须虫目 Phyllodocida，吻沙蚕亚目 Glyceriformia，吻沙蚕科 Glyceridae

形态特征 个体较小，通常长度不超过 35 mm，每个体节上具 2 个环轮。
吻上密集地披有大量具指甲状附属物的乳突和少量卵形乳突。
疣足的 2 个前唇特别长，大小几乎相等，末端尖。疣足的 2 个后唇大小不等，上方的较长，末端尖；下方的短，末端钝圆。鳃开始于第 18～25 体节，为指状，不能伸缩，常超出疣足叶瓣之外。

生态习性 栖息于水深为 8～108 m 的沙泥质海底。

地理分布 我国分布于渤海、黄海、东海和南海。标本采自舟山六横岛海域。舟山海域偶见。

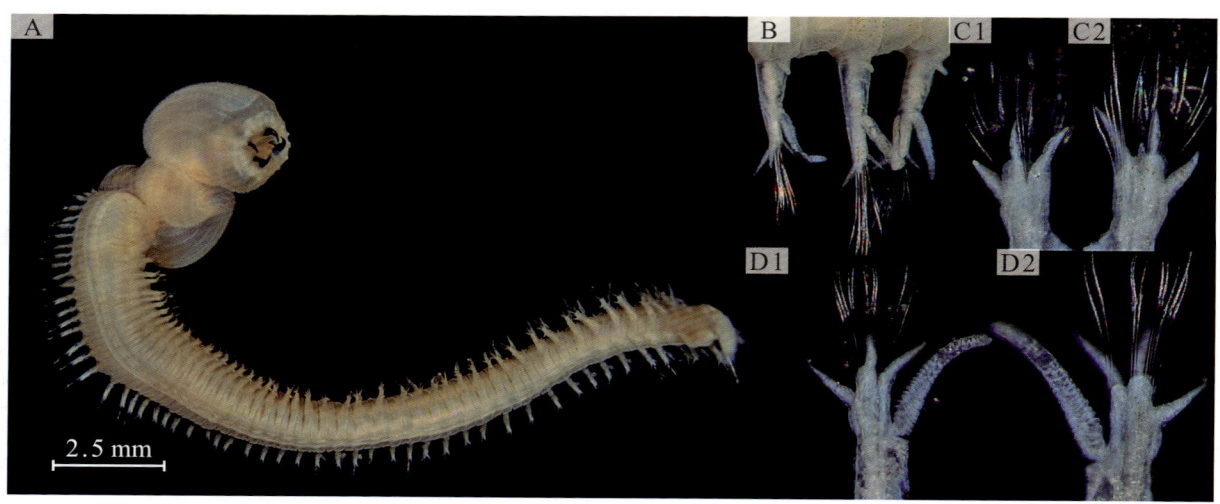

绻旋吻沙蚕

A：整体背面观；B：体中部疣足（示鳃不收缩）；C1：体前部疣足前面观；C2：体前部疣足后面观；
D1：体后部疣足前面观；D2：体后部疣足后面观

（二十七）拟特须虫科 Paralacydoniidae Pettibone, 1963

《中国动物志·环节动物门·多毛纲·Ⅰ·叶须虫目》中将拟特须虫属并入特须虫科中。Pettibone 认为该属物种在形态上与特须虫科的其他属物种区别较大，更为接近齿吻沙蚕科，并将其列为独立的一个科，即拟特须虫科。WoRMS采纳了这一看法。本书编写过程中也依据WoRMS将拟特须虫属单独列为一科。

66 拟特须虫
Paralacydonia paradoxa Fauvel, 1913

分类地位 多毛纲 Polychaeta，游走亚纲 Errantia，叶须虫目 Phyllodocida，吻沙蚕亚目 Glyceriformia，拟特须虫科 Paralacydoniidae

形态特征 口前叶椭圆形，长为宽的2倍。口前叶背面有2条纵沟，无眼。

吻短，光滑，无乳突；末端有2片厚唇，外缘有4个长的侧乳突，厚唇前后各有1个短乳突。头触手分为柄部和端片两部分。

第1体节无疣足；第2体节疣足单叶型，具1束刚毛；其余疣足皆为双叶型，背、腹须间距宽。背、腹前刚叶椭圆形，足刺位于缺刻内；背、腹后刚叶圆形。背刚毛为短的简单型刚毛；腹刚毛复型，其下方有1~2根简单型刚毛。尾部呈樏状，具1对肛须。

生态习性 多栖息于浅海。

地理分布 我分布于黄海、东海和南海。标本采自舟山六横岛海域潮间带。舟山海域偶见。

拟特须虫
A：整体侧面观；B：头部侧面观；
C：疣足后面观（仿吴宝玲，吴启泉，丘建文，等，1997）

十二、矶沙蚕目 Eunicida

身体较长，有分节，头部特征明显，具有单独的围口节和口前叶。大部分种类生活在栖管中。栖管具有黏液壳体、坚硬的角质壳体等多种形态。触须0～7个，大部分光滑，少部分愈合，形态多样，从球状到圆柱状。具有1个肌肉质的咽，背侧具有1对下颚骨，腹侧有1套具齿的上颚板。中部体节疣足具鳃。

该目下的所有种都有不分枝的疣足，有些种具有背须、腹须、鳃、刚毛。吻腹侧具有复杂的颚器，仅几种间质种和寄生种没有颚器。

在舟山海域采获或收集整理矶沙蚕目5种，分属3科。

（二十八）索沙蚕科 Lumbrineridae Schmarda, 1861

体细长，多环节。口前叶圆形或圆锥形，无触手和触角。围口节2节组成，无触须。在口前叶和围口节交界处有时具项触手。除无颚索沙蚕属外，皆具颚器。躯干部不分区。疣足单叶型，具刚毛前、后叶，背须无或短须状，但无足刺。具翅（翼）毛状简单型刚毛、简单或复型巾钩状刚毛、简单或复型刺状刚毛。

索沙蚕多自由生活，穴居于泥、沙或海洋植物丛中，多数为浅海泥沙滩的习见种类，少数生活于深海中。

67 中国索沙蚕
Lumbrineris sinensis Cai & Li, 2011

分类地位 多毛纲 Polychaeta，游走亚纲 Errantia，矶沙蚕目 Eunicida，索沙蚕科 Lumbrineridae

形态特征 口前叶圆锥形，长大于宽，背面侧向具1对项器，腹面具发达的颚唇。围口节短于口前叶，前一体节稍长于后一体节。围口节前一节腹面不完整，第2节腹面向前形成1个肌质唇。尾部具2对指状肛须。

所有疣足发达，前4体节疣足稍小于后面的疣足。简单多齿巾钩刚毛始于第24刚节。腹翅毛状刚毛分布于第1～16刚节，背翅毛状刚毛分布于第1～36刚节。足刺黄色，刺状，前部疣足2根，后部疣足2根。

| 生态习性 | 多栖息于水深2.6~78 m的沙泥底质。
| 地理分布 | 我国各海区均有分布。标本采自舟山定海海域潮间带。舟山海域常见。

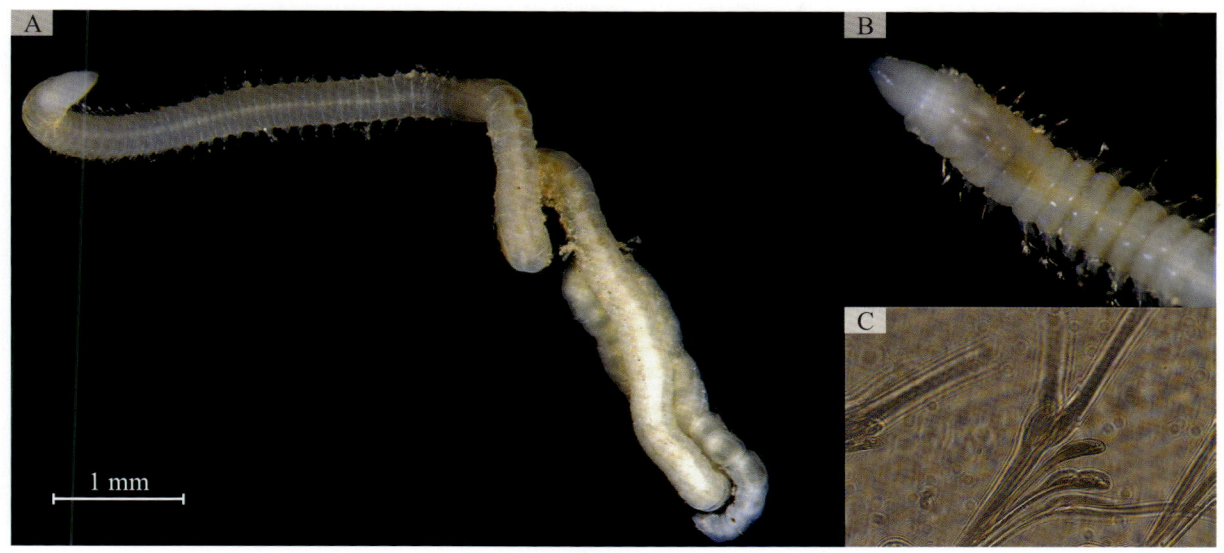

中国索沙蚕
A：整体侧面观；B：体前部腹面观；C：体中部刚毛

68 异足科索沙蚕
Kuwaita heteropoda (Marenzeller, 1879)

| 同物异名 | *Lumbriconereis heteropoda* Marenzeller, 1879; *Lumbrineris heteropoda* (Marenzeller, 1879); *Lumbrineris heteropoda heteropoda* (Marenzeller, 1879)
| 分类地位 | 多毛纲Polychaeta，游走亚纲Errantia，矶沙蚕目Eunicida，索沙蚕科Lumbrineridae
| 形态特征 | 口前叶圆锥形，稍稍圆，长与宽几乎等长。围口节短于口前叶，腹部具一浅唇，围口节的第1节长大约是第2节的2倍。口前叶具3个不明显的项触手，易分离，深藏于项器窝中。

所有疣足发达，前部疣足前刚叶不明显，后刚叶指状。中后部刚节具肾状小乳突，背面腹向具1个小鳃叶。所有疣足的后刚叶均长于前刚叶。疣足具2根黄褐色足刺。体前部刚毛翅毛状，复刺毛状刚毛消失于约第56刚节，背翅毛状刚毛消失刚节不

祥。巾钩刚毛始于体中后部。疣足背足叶钮状，具背足刺。

生态习性 栖居底质广泛，分布于潮间带至潮下带深水区。

地理分布 我国各海区均有分布。标本采自舟山普陀海域潮间带。舟山海域偶见。

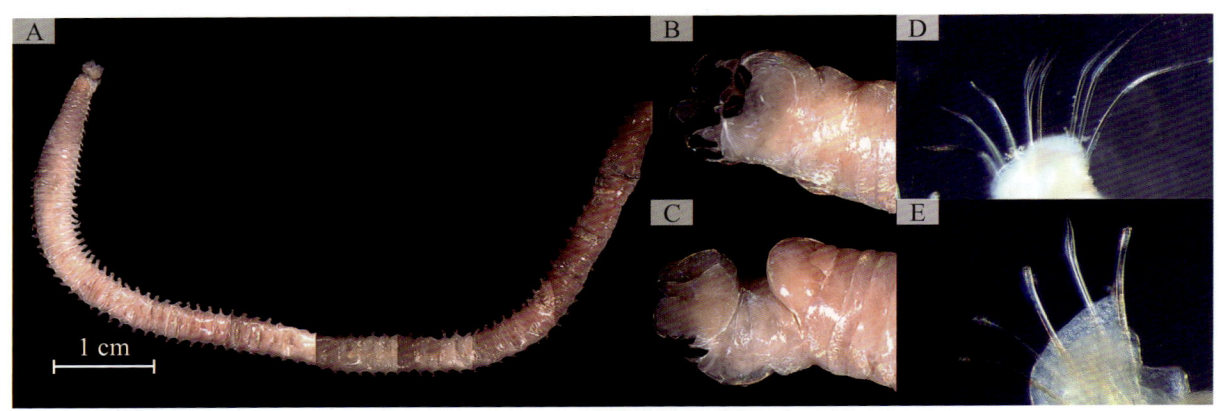

异足科索沙蚕

A：整体侧面观（体后部缺失）；B：头部腹面观；C：头部背面观（具3个项触手）；
D：体前部刚毛；E：体中部疣足

（二十九）矶沙蚕科 Eunicidae Berthold, 1827

口前叶通常为双叶型，前端具中央沟，中后端具5个附肢，其中最外侧2个为触角，其他3个均为触手。少数种只有1个（微蚕属）或3个触手（襟松虫属）。口前叶附肢形状多样，表面光滑或具环轮。眼1对或无，位于口前叶后部。围口节2节，第2围口节背面有触须1对或无触须。

腹侧有肌肉质吻，吻内有坚硬复杂的颚器。颚器部分露出，包括上颚和下颚。下颚具2个伸长的柄和与柄相连的切割板。上颚包括1对颚基和4～6对颚片，右侧第3颚片缺失。

疣足包括背须、腹刚叶和腹须。背须基部和腹刚叶均有足刺支持。刚毛包括复型镰刀状刚毛、复型刺状刚毛、简单毛状刚毛、亚足刺钩状刚毛和梳状刚毛等。鳃着生于背须的基部，仅具1根鳃丝，或多根鳃丝排列成梳状或掌状。尾部具1对或2对肛须。

69 岩虫
Marphysa sanguinea (Montagu, 1813)

同物异名 *Marphysa iwamushi* Izuka, 1907; *Nereis sanguinea* Montagu, 1813; *Leodice opalina* Savigny in Lamarck, 1818

分类地位 多毛纲 Polychaeta，游走亚纲 Errantia，矶沙蚕目 Eunicida，矶沙蚕科 Eunicidae

形态特征 围口节和体前几刚节为圆柱形，随后背腹面逐渐扁平，横截面为卵圆形。体表颜色多样，具明显的虹彩。口前叶双叶型，前端圆，中央沟明显。口前叶附肢指状、光滑，末端较细，向前可伸出口前叶。相邻附肢间隔不等，触角和侧触手相距较近。触角基部通常具1对眼。2个围口节分界明显，第2围口节长为第1围口节的2～3倍。

鳃分布较广，始于第14～27体节，止于体后端；鳃丝带状，2～6根，远长于背须。背须圆锥形，基部较粗。腹须在体前部为锥形，其后基部膨大为卵圆形，端部明显较细。体后部的背、腹须皆缩小为突指状。

足刺黑色，稍钝。足刺上方是1束细长的翅毛状刚毛，下方为致密的复型刺状刚毛。

生态习性 栖息于泥、沙泥底质的潮间带与潮下带。

地理分布 我国各海区均有分布。标本采自舟山定海海域。舟山海域常见。

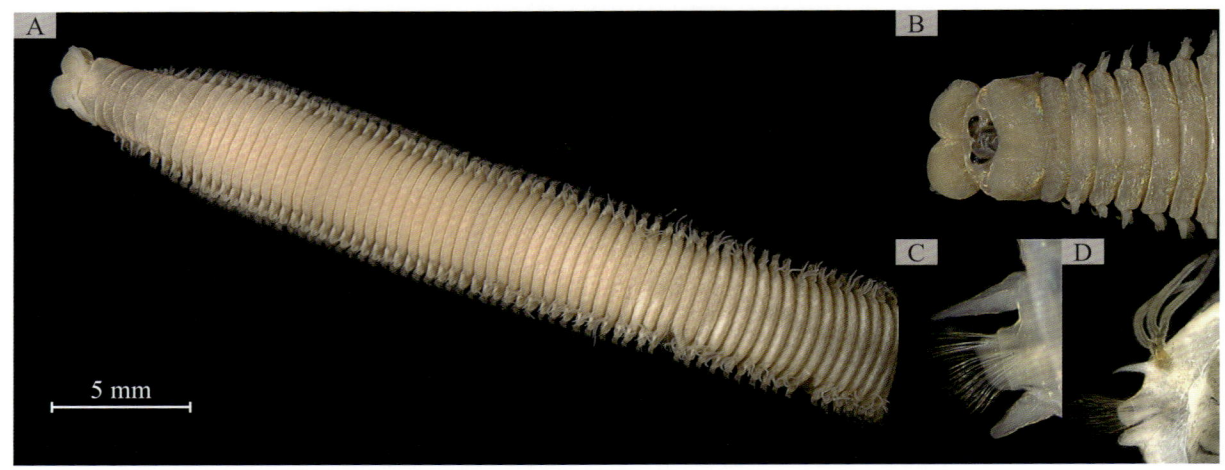

岩虫

A：体前部背面观；B：体前部腹面观；C：体前部疣足（无鳃）；D：体前部疣足（具鳃）

(三十) 欧努菲虫科 Onuphidae Kinberg, 1865

个体多营管栖生活。口前叶卵圆形,前端有1对短的前唇,中后部具5个附肢,其中最外侧为2个触角,其余均为触手。口前叶附肢的基节通常具明显的环轮,端节光滑、末端尖细。口前叶后缘具1对项器。口前叶的腹面具1对卵圆形或四边形的上唇。围口节仅1节,位于口前叶后,其背面有1对触须或无触须,其腹面有1对半月形或三角形的下唇。

鳃生于疣足背须的基部,仅具1根或2根鳃丝,或具多根鳃丝呈梳状或螺旋状排列。颚器包括背侧的上颚和腹侧的下颚。上颚包括1对颚基和4~6对颚片,右侧第3对颚片缺失。

前1~8刚节具变形疣足。腹须在变形疣足中为指状或锥状,经过短的过渡区后,退化为腺垫状。背须在所有的刚节中出现或在体后端退化或消失。疣足亚双叶型。变形疣足具特殊的简单或伪复型的钩状刚毛,可能有梳状刚毛、翅毛状刚毛。非变形疣足具梳状刚毛、翅毛状刚毛、亚足刺钩状刚毛,可能具复型刺状刚毛和复型镰刀状刚毛。背须基部和腹刚叶均有足刺支持。尾部具1对或2对肛须。

70 福建欧努菲虫
Onuphis fukianensis Uschakov & Wu, 1962

分类地位 多毛纲 Polychaeta,游走亚纲 Errantia,矶沙蚕目 Eunicida,欧努菲虫科 Onuphidae

形态特征 口前叶近三角形,前唇锥形。未发现眼点。侧触手多达40个环轮,向后可伸至第10刚节;中央触手可伸至第6刚节。围口节短于第1刚节。1对触须位于围口节前缘,稍长于围口节。下颚柄部细长,切割板钙质化。

前3刚节为变形疣足,伸向前方,稍大于其后疣足。腹须在前7刚节为须状,从第8刚节始为腺垫状。背须在体前部为须状,较后刚叶长;其后逐渐变细,至体后部为丝状。疣足后刚叶在体前12刚节明显较长、须状,其后逐渐缩短为短锥形。

鳃始于第1刚节,前46刚节具简单鳃丝,其后鳃出现分枝,分枝增多并排列成梳状,最大鳃丝数为5。伪复型钩状刚毛具双齿和三齿,巾末端钝,分布于前3刚节。亚足刺钩状刚毛双齿、具巾,始于第10刚节。

生态习性 多栖息于热带、亚热带潮间带与浅水区(水深一般不超过50 m)。标本采自舟山定海海域潮间带中低潮区。

地理分布 我国记录于南海及福建沿海。本次为舟山海域首次记录。舟山海域偶见。

福建欧努菲虫

A：整体侧面观；B：体前部背面观；C：双齿伪复型钩状刚毛；D：三齿伪复型钩状刚毛

71 日本巢沙蚕
Diopatra sugokai Izuka, 1907

同物异名 *Diopatra neapolitana* Okuda, 1938; *Diopatra bilobata* Imajima, 1967; *Diopatra chiliensis* Yang & Sun, 1988

分类地位 多毛纲 Polychaeta，游走亚纲 Errantia，矶沙蚕目 Eunicida，欧努菲虫科 Onuphidae

形态特征 口前叶前端圆，前唇锥形。触手和触角的基节具89个近端环轮和1个较长的远端环轮。端节具20～22列不规则纵向排列的感觉乳突；触角端节较短，向后可伸至第3体节；触手端节约等长，向后可伸至第6或第7体节。项器呈3/4圆形。围口节触须长为围口节的1.7倍。上颚和下颚均钙化明显；下颚切割板末端中央各具一凹痕。体前部疣足的前刚叶分裂为双叶型。前5对疣足为变形疣足；非变形疣足始于第6

体节，具翅毛状刚毛和梳状刚毛。其腹侧刚毛从第18体节始被双齿具巾的亚足刺钩状刚毛取代。

鳃始于第4~8体节，在体前部较发达；鳃丝围绕鳃茎排列成螺旋状，第5~8刚节鳃多达12个螺纹，第8~10体节始鳃丝减少，第47~77体节始仅具1根鳃丝，体后部无。腹须在前5~6体节为触须状。背须锥形，在体后部细长。

生态习性 栖息于泥、沙泥底质的潮间带至潮下带（水深不超过300 m）。潮间带中低潮区常见其栖管部分裸露在外，栖管伸出底质的部分通常覆盖有海藻、碎贝壳或砾石等较大的颗粒，埋在底质中的部分管壁较薄，由羊皮纸状的内层和沙泥颗粒组成的外层组成。

地理分布 我国各海区均有分布。标本在舟山本岛、六横岛等多个岛屿潮间带均有采获。舟山海域常见。

日本巢沙蚕
A：体前部侧面观；B：体前部背面观；C：体前部腹面观（示体前部疣足具2后刚叶）

隐居亚纲 Sedentaria

　　隐居亚纲通常栖居在栖管中，身体分为头、胸、腹3个部分，这3个部分分别特化，且口前叶和附肢多退化。主要包括头节虫目、缨鳃虫目、海稚虫目与蛰龙介目。

十三、头节虫目 Scolecida

吻囊状或无吻；无触角，口前叶明显，头部没有附属物和触须。该目种类主要分布在软相海底，少数栖息于岩相海底。

在舟山海域采获或收集整理头节虫目9种，分属7科。

（三十一）单指虫科 Cossuridae Day, 1963

虫体细长两端尖。口前叶圆锥形，无附肢，常无眼。具1~2个无附肢的围口节。吻仅具1个腹垫。体前刚节背中线具1根长（近体长）的鳃丝（或称触手）。除前几节疣足可能为单叶型外，其余疣足皆为双叶型，但疣足叶退化。所有刚毛简单，包括双翅刚毛、粗足刺刚毛和毛状刚毛。单指虫类常穴居潮间带至深海的泥沙中，以翻吻摄食。

72　双形单指虫
Cossura dimorpha (Hartman, 1976)

同物异名　*Cossurella dimorpha* Hartman, 1976
分类地位　多毛纲 Polychaeta，隐居亚纲 Sedentaria，头节虫目 Scolecida，单指虫科 Cossuridae
形态特征　口前叶钝圆锥形，无眼点。围口节2节，无附肢。1根细长的鳃丝（触手）自第3刚节背前缘伸出。

疣足叶退化，仅具刚毛。体前区仅具1束或2束简单毛状刚毛，有的毛状刚毛具侧齿；体中后区（约自第22刚节后）仅具2根粗足刺状刚毛。
生态习性　栖息于潮间带与浅海的泥、沙泥底质。
地理分布　我国各海区均有分布。标本采自舟山定海海域。舟山海域常见。

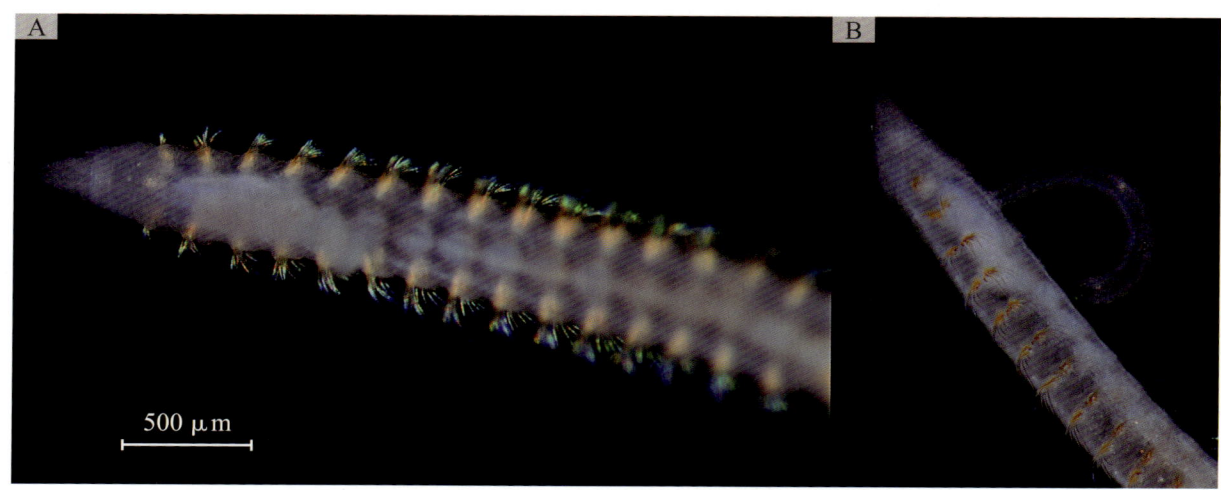

双形单指虫

A：体前部背面观；B：体前部侧面观

（三十二）竹节虫科 Maldanidae Malmgren, 1867

体形为圆柱状，体节数目较少，体节较长。身体前后不分区。体节相似。口前叶脊状，和围口节愈合。项器（项沟）表面具细纤毛或小突起。无触手、触角等头部附肢。

身体分节明显，疣足双叶型。疣足位于体节的前端或者后端。背足叶的疣足枕不明显，为短的圆锥形；腹足叶的疣足枕为隆起的枕状。背、腹刚毛皆为简单刚毛。背刚毛为简单的毛状刚毛，边缘常带有刺毛等其他修饰结构；腹刚毛为鸟嘴状刚毛或为其退化形成的针刺状刚毛（身体前部几个刚节）。

体后部常具有无刚毛的肛前节。尾部形态多变，肛门位于身体纵轴末端或者背部。尾部常形成扁平的肛板或者是形成漏斗状的结构。

具栖管，栖管较脆弱，由软泥或沙泥形成。

73 相拟节虫
Praxillella affinis (M. Sars in G.O. Sars, 1872)

同物异名 *Clymene lophoseta* Orlandi, 1898; *Clymene affinis* M. Sars in G.O. Sars, 1872; *Clymene* (*Praxillella*) *affinis* (M. Sars in G.O. Sars, 1872); *Euclymene affinis* (M. Sars in G.O. Sars, 1872)

分类地位 多毛纲 Polychaeta，隐居亚纲 Sedentaria，头节虫目 Scolecida，竹节虫科 Maldanidae

形态特征 18个刚节，3个肛前节。头部斜截。头板长椭圆形，头缘膜宽大，具2个侧裂和1个背中部的缺刻。头脊较长，约等于头板长。两侧具长直的项器。项器表面密布细纤毛。口前叶前突钝圆，前突下面散布有棕色小眼点。翻吻表面具小乳突。

前3个刚节较长，表面无明显腺体，第4~8刚节变短，但表面覆盖厚的白色腺体，因此第4~8刚节比前3个刚节要粗。前3个刚节各具钩状的针刺刚毛1~2根，无喙下毛，顶端具小齿3个。后面的刚节的腹刚毛为鸟嘴状齿片刚毛，具喙下毛，顶部具34个小齿，排成1列。背刚毛通常排列成前后2排，分为较粗的简单毛状刚毛和较细的羽毛状刚毛。

虫体后部具肛前节3个，可见疣足枕残基。肛漏斗较浅，肛锥突出肛漏斗之外，肛门位于肛锥末端，具有1个小的腹瓣。肛漏斗边缘具肛须14~16根，腹中线处的一根肛须最长，约为其他肛须长度的3倍。

栖管为沙质，由虫体分泌的黏液胶结细沙粒形成，薄而易碎。

生态习性 多栖息于沙、沙泥底质的潮间带与浅海。

地理分布 我国分布于黄海、东海与南海。标本采自舟山六横岛海域。舟山海域少见。

相拟节虫

A：体前部侧面观；B：体后部侧面观

（三十三）锥头虫科 Orbiniidae Hartman, 1942

个体较大，分为胸区和腹区两部分，胸区疣足侧生，至腹区转移至背侧。口前叶钝圆形或尖锥状，具项器。具1~2个围口节环，眼点有或无。背、腹疣足后刚叶简单或分枝成多叶。具二叉刚毛。通常具鳃，简单或分枝状，常具2排纤毛。尾节具数条肛须，或无。

74 简锥虫未定种
Leitoscoloplos sp.

分类地位 多毛纲 Polychaeta，隐居亚纲 Sedentaria，头节虫目 Scolecida，锥头虫科 Orbiniidae

形态特征 口前叶圆锥状，围口节1节，前缘具1对项器，狭缝状。胸区具13体节。鳃始于第12体节。

胸区背、腹疣足均仅具成束细齿毛状刚毛。腹区背刚毛具1束细齿毛状刚毛和2根二叉刚毛，背足刺3~4根，包被。腹区腹疣足具6~9根毛状刚毛，腹足刺1~2根。

生态习性 不明。标本采自潮间带中低潮区泥沙质底。

地理分布 不明。标本采自舟山定海海域。舟山海域偶见。

简锥虫未定种

A：整体侧面观；B：体前部侧面观；C：体中部（腹区）疣足

75 尖锥虫
Scoloplos armiger (Müller, 1776)

同物异名 *Aricia arctica* Hansen, 1878; *Aricia muelleri* Rathke, 1843;
Lumbricus armiger Müller, 1776; *Scoloplos (Scoloplos) armiger* (Müller, 1776);
Scoloplos canadensis McIntosh, 1901; *Scoloplos elongatus* Quatrefages, 1866;
Scoloplos jeffreysii McIntosh, 1905

分类地位 多毛纲Polychaeta，隐居亚纲Sedentaria，头节虫目Scolecida，锥头虫科Orbiniidae

形态特征 虫体细长，近圆柱状。胸区具16体节。口前叶圆锥状，末端较尖，无眼点，围口节前缘背侧缘具1对项器，狭缝状。鳃始于第13体节，较小，乳突状，后渐大，舌状，腹区鳃较背疣足叶长，近基部具致密缘须。

胸区背疣足后刚叶细指状，始于第1体节；腹区背疣足窄叶片状，具狭窄的基部。胸区腹疣足退化成低的扁平脊，在前11～13体节具一中央乳突，后3～5胸节另具一乳突，稍小于中央乳突，位于中央乳突腹侧。

腹区腹疣足末端分为两叶，内叶较外叶粗且长，腹叶腹侧具凸缘。腹须乳突状，仅位于第15～20体节。腹区体节背侧中央具背器。

胸区背疣足具成束细齿毛状刚毛，腹区背刚毛具细齿毛状刚毛和1～2根二叉刚毛，前腹区体节具3～4根背足刺，包被，其后多为2根。胸区腹疣足具4～5排钩状刚毛和无数细齿毛状刚毛，后排钩状刚毛（1/2）仅位于中乳突腹侧。钩状刚毛末端稍弯，具数排明显锯齿。细齿毛状刚毛位于钩状刚毛后。腹区腹疣足具锯齿毛状刚毛和2～3根包被的足刺。

生态习性 栖息于细沙、沙泥底质的潮间带与浅海。

地理分布 我国分布于黄海、东海、南海。标本采自舟山定海海域。舟山海域偶见。

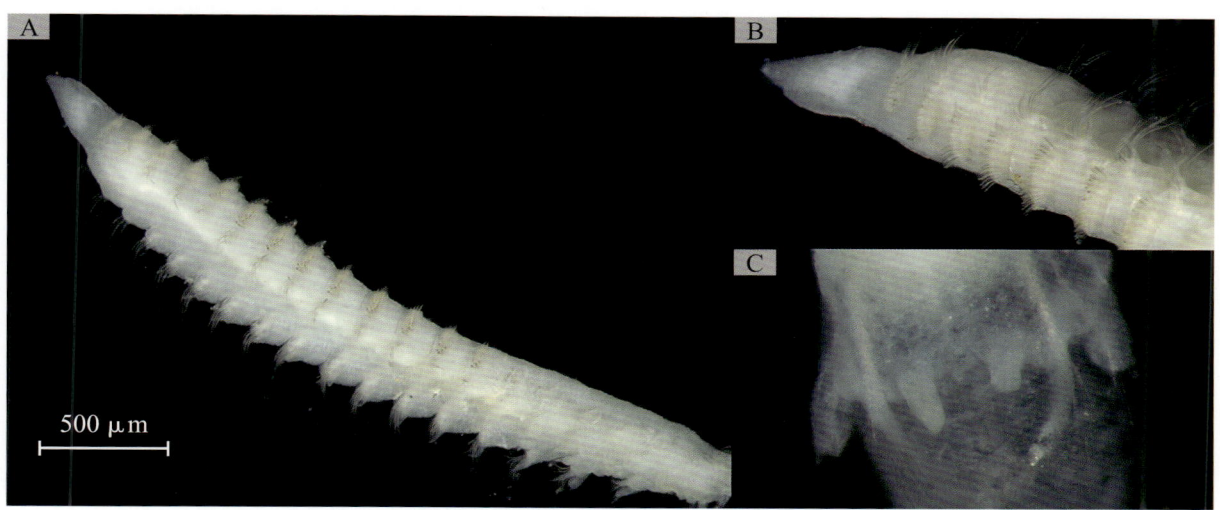

尖锥虫

A：体前部背面观；B：体前部侧面观；C：体中部（腹区）疣足

（三十四）小头虫科 Capitellidae Grube, 1862

虫体圆柱形，似红色的细蚯蚓，口前叶短、圆锥状或截形，吻可翻出、无附属器官。躯干部可分为两部分：胸部（包括第1体节与围口节）较短且膨大，具毛状刚毛；腹部较细长，具鸟头状巾钩刚毛。常具不明显的鳃。疣足双叶型，但极退化，至少部分体节的腹足叶仅为横长的脊。

小头虫科物种栖息于泥沙间隙中，是常见的多毛动物。其中，小头虫多见于河口区黑色污泥中，耐受低氧，是环境污染的指标生物；背蚓虫和丝异蚓虫则生活于较清洁的沙岸，是背浪坝和疏浚处常见种。

76 中国中蚓虫
Mediomastus chinensis Lin, Wang & Zheng, 2018

分类地位 多毛纲Polychaeta，隐居亚纲Sedentaria，头节虫目Scolecida，小头虫科Capitellidae

形态特征 口前叶短，圆锥形，具圆尖的触须。前10刚节的棕色较深，往后10节颜色逐渐变浅。表皮光滑。吻可外翻，表面具许多微小的乳突。围口节无刚毛，宽约为长的2倍，稍长于第1刚节。

第1~9刚节表皮双环型，刚毛束位于体节中间位置，而后的刚节多环型，刚毛束位于体节后半部。前4个胸刚节仅具双羽型翅毛状刚毛，其后部其他体节仅具巾钩刚毛。第6~9刚节要长于其余胸刚节，第10刚节过渡型，短且后部变窄，多环，刚毛束位于刚节中后部，胸部和腹部之间的过渡，以收缩和增加节段长度为特征。

所有腹部体节均具多环，仅具巾钩刚毛。

舟山海域记录的加洲中蚓虫可能为该种的误定。

生态习性 栖息于泥、沙泥底质的潮间带与浅海。

地理分布 我国广泛分布于东南沿海。标本在舟山定海、普陀等多地潮间带与浅海均有采获。舟山海域常见。

中国中蚓虫

A：整体侧面观；B：体前部侧面观；C：体前部侧面观（仿Lin, Wang, Zheng, 2018）

77 丝异蚓虫
Heteromastus filiformis (Claparède, 1864)

同物异名 *Ancistria capillaris* Verrill, 1874; *Ancistria minima* Quatrefages, 1866; *Areniella filiformis* Verrill, 1874; *Capitella costana* Claparède, 1869; *Capitella filiformis* Claparède, 1864; *Capitella fimbriata* Van Beneden, 1857; *Notomastus filiformis* Verrill, 1873; *Notomastus laevis* Webster, 1886

分类地位 多毛纲Polychaeta，隐居亚纲Sedentaria，头节虫目Scolecida，小头虫科Capitellidae

形态特征 体细长线状。胸部和腹部区分不明显，第1体节无刚毛。一般胸部有11刚节（第2~12体节），前5刚节背、腹足叶具毛状刚毛，第6~11刚节的背、腹足叶仅具巾钩状刚毛。腹部从第12体节后背、腹足叶均具巾钩刚毛。鳃始于第70~80体节以后，位于腹足叶上方，不很明显。生殖孔位于第9~12胸部体节（有时不易看到）。巾钩刚毛的巾长为宽的2倍多，在主齿上有3~6个小齿。采集到的标本常无体后部。

生态习性 栖息于潮间带泥沙滩，常见于河口区。

地理分布 我国各海区均有分布。标本采自舟山定海海域。舟山海域常见。

丝异蚓虫

A：整体侧面观；B：体前部侧面观；C：体前部侧面观（仿杨德渐，孙瑞平，1988）

(三十五)海蛹科 Opheliidae Malmgren, 1867

海蛹科在潮间带到深海的沙质底和泥质底中十分常见。它们是掘穴、底内、沉积食性的多毛类，出现在各种底质生境中。海蛹科物种虫体细长，通常圆柱形，外表光滑（如角海蛹属和阿曼吉虫属的物种），酷似文昌鱼，口前叶尖，因此它们可以快速掘穴。体长5～70 mm，通常体节数固定。具各种感官适应，包括口前叶眼点、体节侧眼、项器、乳突。疣足双叶型，具简单毛状刚毛。

78 华丽角海蛹
Ophelina grandis (Pillai, 1961)

同物异名 *Ammotrypane grandis* Pillai, 1961

分类地位 多毛纲 Polychaeta，隐居亚纲 Sedentaria，头节虫目 Scolecida，海蛹科 Opheliidae

形态特征 体长3～55 mm，具65～67刚节。虫体具深的腹侧沟，从口向后贯穿整个虫体。口前叶圆锥状，端部具口前叶前突，前突与口前叶分界有时不明显，前突稍膨大，口前叶后缘具项器，项器前后两侧具侧叶。

吻具乳突，在口环具7～8个须状乳突。鳃起始于第2刚节，一直延伸到肛部，可达虫体背面最顶端，须状；鳃背面具浓密的纤毛，腹面微弱或无。第1刚节无鳃，其前刚叶较随后刚节的前刚叶长。疣足具前刚叶和腹须，刚毛2束，刚毛简单毛状。肛部钩状，开口向下，侧面扁平，边缘有许多小乳突，每侧约有30个，具1根长的中腹须和2根较短的腹侧须。

生态习性 多栖息于沙泥底质的潮间带与浅海。

地理分布 我国分布于东海、南海。标本采自舟山虾峙岛海域。舟山海域少见。

华丽角海蛹

A：整体侧面观；B：头部侧面观；C：尾部侧面观

（三十六）臭海蛹科 Travisiidae Hartmann-Schröder, 1971

身体肥硕，两端尖，纺锤状或蛆状，体表常具乳突。无明显的腹沟和侧沟，即使出现腹沟也非常浅，不明显，不同于海蛹科的腹沟和侧沟。口前叶有圆形、锥形、截形等形状，口前叶无其他突起物。项器出现。第1刚节位于口的前方。疣足退化或完全消失。鳃有或无，如果出现，一般始于第2或第3刚节，通常单根须状或具环轮，有时具分叉。疣足间具侧器官，刚毛简单毛状或麦芒状。体节具环轮，有些物种的疣足背肢上缘和腹肢下缘具肉质侧叶，侧叶性状多变，有圆形、锥形、圆柱形等。疣足无侧眼。该科很多物种具有难闻的气味，因此中文将其翻译为臭海蛹，英文中俗名叫"stink worm"，译为臭虫。

79 日本臭海蛹
Travisia japonica Fujiwara, 1933

分类地位 多毛纲Polychaeta，隐居亚纲Sedentaria，头节虫目Scolecida，臭海蛹科Travisiidae

形态特征 体长46～52 mm，常具39刚节，有时具40刚节。体形纺锤形。背部凸，腹面无腹沟。口前叶小，前端尖。前14刚节具明显3环轮，第21～29刚节具2环轮，第30刚节开始具单环轮。疣足退化，双叶型，具背、腹刚毛。鳃出现于第2～26刚节。侧叶起始于第15刚节，开始即具非常明显的侧叶（体前部疣足背、腹两侧常因体表乳突聚集，伸出体表，形成"侧叶"，这样的侧叶与第15刚节以后形成的侧叶明显不同，很多研究可能忽视这一特征，导致侧叶起始位置出现在非常靠前的体前部区域）。

侧器官出现于第1～29刚节，体后最后10刚节消失。尾部具6个肛须。

生态习性 多栖息于潮间带沙滩。

地理分布 我国分布于黄海与东海。舟山海域少见。

日本臭海蛹

（三十七）梯额虫科 Scalibregmatidae Malmgren, 1867

体沙蠋型（前端膨胀、后部细长）或短蛆型（两端尖、中间凸，似橄榄球形）；体节少，不超过60个。口前叶常具缺刻，呈两叶或具2个明显的前角（前触手）。眼有或无。吻软无附属物。围口节除 Scalibregmella 属外无刚毛。疣足双叶型。体后部背、腹须有或无。刚毛简单型：毛状、叉状或足刺状。鳃有或无，若有则仅位于体前几节。肛须有或无。

80 梯额虫
Scalibregma inflatum Rathke 1843

同物异名 *Eumenia crassa arctica* Wirén, 1883; *Oligobranchus groenlandicus* Sars, 1846; *Oligobranchus roseus* Sars, 1846; *Scalibregma brevicauda* Verrill, 1873; *Scalibregma inflatum corethrurum* Michaelsen, 1898; *Scalibregma minutum* Webster & Benedict, 1887

分类地位 多毛纲 Polychaeta，隐居亚纲 Sedentaria，头节虫目 Scolecida，梯额虫科 Scalibregmatidae

形态特征 体沙蠋型。口前叶苍白色，呈"T"形。围口节无刚毛，体表有棋盘状方格。体前几节3环轮，其后为4环轮。鳃灌木丛状，位于第2～5刚节的背足上。前部体节的背、腹须为钝圆锥形，自第16～18刚节开始为圆锥状。刚毛简单型毛状和两臂不等长的叉状，无足刺状刚毛。具5根细长的肛须。

生态习性 穴居于泥、沙泥底质的潮间带与深海。

地理分布 我国各海区均有分布。标本采自舟山虾峙岛海域。舟山海域常见。

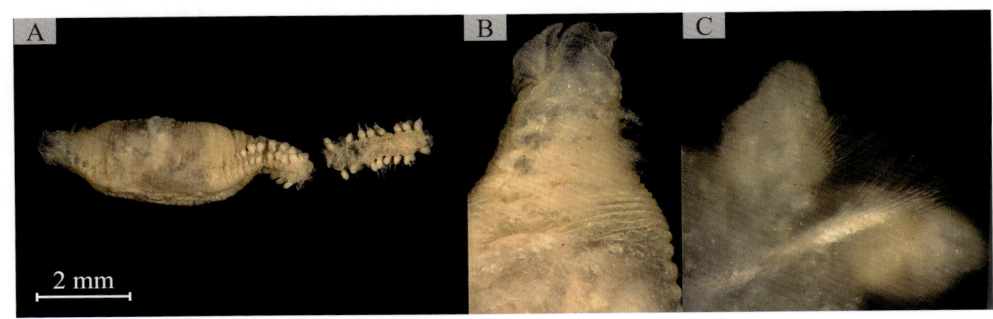

梯额虫

A：整体侧面观；B：体前部侧面观；C：体后部疣足

十四、缨鳃虫目 Sabellida

缨鳃虫目是以鳃冠（触手冠、放射丝冠）为呼吸和滤食器官的海洋管栖动物。虫管形态多样，为泥沙质、革质、胶质或钙质。多具鳃冠（触手冠）、鳃叶、鳃丝或鳃羽枝。口前叶退化且部分与围口节愈合。触角具纵行的纤毛沟。疣足无背须、腹须、鳃和足刺。胸区具毛状背刚毛和腹齿片。腹区具背齿片和毛状腹刚毛。该目是最具多样性的多毛动物之一。

在舟山海域采获或收集整理缨鳃虫目7种，分属4科。

（三十八）龙介虫科 Serpulidae Rafinesque, 1815

虫体或两侧对称，分为头部、躯干部和尾部，或分为鳃冠、胸区、腹区和尾区。

鳃冠的鳃叶具放射状或螺旋状排列的鳃丝。鳃丝具鳃羽枝，或具鳃膜。壳盖有或无。若有，则为肉质、几丁质或钙质，单层，或下层为壳盖漏斗、上层为具几丁质棘刺的壳盖冠。壳盖柄圆柱状或扁缎带状，平滑或具鳃羽枝、翼等。

躯干部依疣足和刚毛的反转分为胸区和腹区。疣足皆无背须、腹须、鳃和足刺。胸区，具3～12个胸刚节。多具胸膜。第1胸刚节多具领，除少数种类外均具翅毛状、枪刺状或鳍-叶片状领刚毛。其余胸区背刚毛为毛状或翅毛状、膝状、刺刀状或枪刺状、鳍-叶片状、旋鳃虫型、镰刀状。胸区腹刚毛为锯状、锯-锉状、锉状，前端齿1个或平截凿状或二叉的齿片。腹区，较胸区长，具许多腹刚节，或腹区前无刚毛带和腹区后具后腺垫。腹区背齿片与胸区的腹齿片近同形但较小。腹区腹刚毛为毛状或翅毛状、膝状、扁喇叭状无侧刺、扁喇叭状具侧刺、"T"形或镰刀状（弯刀状）等。无背须、腹须和鳃。

在尾区近肛节，腹刚毛常变长，为毛状或长毛状刚毛。排粪沟始于肛门的腹面，沿腹区腹中线前行，绕过体侧，在胸区背中线达围口节的后缘。

虫管钙质圆柱形，通常为白色，有的全部或部分是粉红色，带有蓝色、橘黄色或紫色、黄褐色。除角管虫属的游离外，虫管多固着或至少部分固着，呈不正规弯曲或仅基部螺旋或为螺旋状。

龙介虫科生物常以污损生物的形象进入人类视线，常与藤壶、牡蛎、贻贝等污损生物一起附着于海洋仪器与设施表面，使得船舶航行阻力增加、海管道系统堵塞、金属腐蚀过程改变、海洋声学仪器正常工作受干扰，是影响海洋设施安全与使用寿命的重要因素之一。

81 克氏旋鳃虫
Spirobranchus kraussii (Baird, 1865)

同物异名 *Pomatoleios crosslandi* Pixell, 1913; *Pomatoleios kraussii* (Baird, 1864);
Placostegus cariniferus kraussii Baird, 1864; *Placostegus latiligulatus* Baird, 1864;
Pomatoceros (*Pomatoleios*) *caerulescens* Augener, 1922;
Pomatoleios caerulescens Augener, 1922

分类地位 多毛纲 Polychaeta, 隐居亚纲 Sedentaria, 缨鳃虫目 Sabellida, 龙介虫科 Serpulidae

形态特征 体长（含冠）5~24 mm, 体宽（胸区最宽处）1.0~2.5 mm。具60~90个刚节。鳃冠的鳃叶呈2个圆形，各具12~18根鳃丝，鳃丝上具蓝灰色相间的色斑。壳盖具扁圆形或稍凹的钙质板。壳盖柄背腹宽扁，具光滑而较宽的翼，翼的末端具指状突起。胸区具7个体节。具胸膜。领3叶，领缘平滑，具1个舌状的腹叶和2个半圆形的背侧叶，均具蓝褐色色斑。无领刚毛（据报道仅幼体具翅毛状领刚毛）。胸膜达最后1胸刚节，并形成腹裙。胸区背刚毛细翅毛状。胸区腹齿片锯状，约具10个单排的齿，以前齿最大。腹区刚节数多于胸区。腹区背齿片似胸区腹齿片，但较小，具10~12个齿。腹区毛状腹刚毛斜三角形，有很多小齿。

虫管灰白色或浅蓝白色，管壁薄，具2条纵脊和很多细横纹，虫管管口背面具1个似棒球帽状的齿突。

生态习性 常固着于潮间带、潮下带的岩石或生物表壳上。

地理分布 我国分布于东海、南海。标本采自舟山桃花岛海域潮间带。舟山海域偶见。

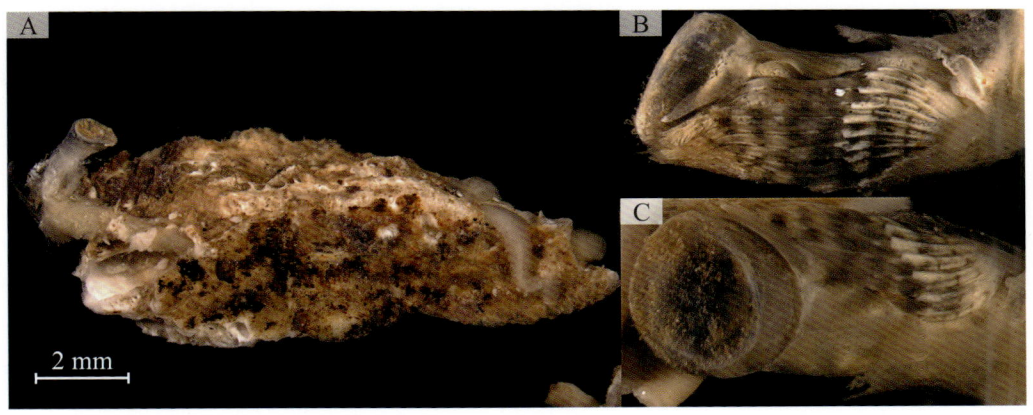

克氏旋鳃虫

A: 整体侧面观；B: 鳃冠腹面观；C: 鳃冠侧面观

82. 华美盘管虫
Hydroides elegans (Haswell, 1883)

同物异名 *Eupomatus elegans* Haswell, 1883; *Hydroides incrustans* Monro, 1938; *Hydroides pacificus* Hartman, 1969; *Hydroides pectinata dioperculata* Iroso, 1921; Hydroides abbreviata Krøyer [in] Mörch, 1863; *Hydroides spinalateralis* Straughan, 1967; *Protohydroides elegans* (Haswell, 1883); *Serpula* (*Hydroides*) *elegans* Haswell, 1883; *Vermilia abbreviata* (Krøyer [in] Mörch, 1863)

分类地位 多毛纲 Polychaeta，隐居亚纲 Sedentaria，缨鳃虫目 Sabellida，龙介虫科 Serpulidae

形态特征 体长（包括冠）8~20 mm，体宽（胸区最宽处）1.0~1.5 mm。具60~85个刚节。鳃冠为无色斑的2个半圆形鳃叶，鳃叶上各具8~19根鳃丝，鳃丝羽枝较长，鳃丝裸露的末端为鳃丝全长的1/5。具壳盖，两层。壳盖柄光滑、圆柱状，与壳盖漏斗间不具收缩部。壳盖漏斗具30~42（香港标本具22~27）根放射状辐，缘齿尖锥形。壳盖冠（端轮生体）具14~17（香港标本具9~16）根等大且同形的棘刺，每根棘刺具2~5对侧小刺和1~4个内小刺，无外小刺。壳盖冠（端轮生体）无中央齿或仅呈小突起状（香港14个标本具中央齿、8个标本无中央齿）。

胸区具7个胸刚节。胸膜达最后1胸刚节。领刚节（第1胸刚节）具领3叶，2个领背叶较小，1个腹叶较宽扁。具细长的毛状领，刚毛及数排小刺、基部具2~4个大齿和很多小刺形成齿带的枪刺状领刚毛。胸区的其余6个胸刚节，毛状背刚毛有翅或无翅，锯状腹齿片近三角形且具6~8个齿。腹区的刚节数多于胸区，腹区的锯状背齿片与胸区的锯状腹齿片相似，但较小，具5~7个齿。腹区的喇叭状腹刚毛具20多个齿。

虫管白色、圆柱状，管壁较薄，管口近圆形，管表面具很多宽窄不等的生长横纹和2条明显或不明显的纵脊。虫管常多缠绕在一起。

生态习性 固着于潮间带低潮区或浅海的石块、死珊瑚、贝壳、船体、缆绳及建筑材料上。

地理分布 我国分布于渤海、黄海、东海与南海。标本采自舟山东极与嵊泗海域。舟山海域偶见。

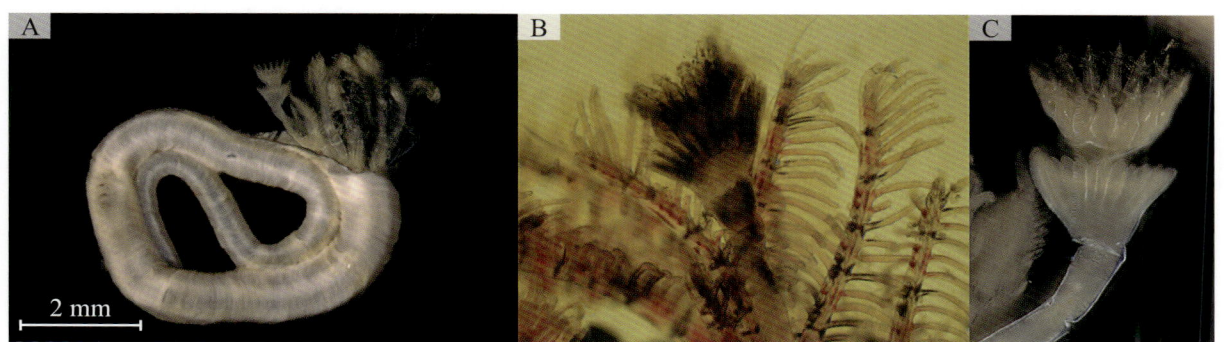

华美盘管虫

A：整体上面观；B：壳盖与鳃丝；C：壳盖

83 根管虫未定种
Ficopomatus sp.

分类地位 多毛纲 Polychaeta，隐居亚纲 Sedentaria，缨鳃虫目 Sabellida，龙介虫科 Serpulidae

形态特征 虫管橙色，虫体长（包括冠）10～12 mm，体宽（胸区最宽处）0.6～0.8 mm。

鳃冠的鳃叶呈2个半圆形，各具9根鳃丝。壳盖柄光滑、细长棒状，上大下小，无收缩部。壳盖单层，表面具2轮黑色、末端尖细的细缘齿：外圈具12枚齿，内圈具10枚齿。

胸区具7个胸刚节。领不分叶，领缘平滑，具翅毛状领刚毛。

生态习性 不明。

地理分布 不明。标本采自舟山定海海域，附着于缨鳃虫虫管上。舟山海域少见。

根管虫未定种

A：虫管侧面观；B：虫体侧面观；C：壳盖上面观；D：壳盖侧面观

（三十九）欧文虫科 Oweniidae Rioja, 1917

管栖蠕虫，栖于坚硬的沙管中。体长圆柱形，体节数较少。体前端多无附肢，常具聚集食物的分枝叶状漏斗。躯干部前区体节长，后区体节短。疣足不发达，背刚毛锯齿毛状，腹刚毛多排成1横排，为双齿或三齿钩状刚毛。

84 欧文虫
Owenia fusiformis Delle Chiaje, 1844

同物异名 *Ammochares aedificator* Andrews, 1891; *Ammochares occidentalis* Johnson, 1901; *Ammochares orientalis* Grube, 1878; *Ammochares ottonis* Grube, 1846; *Ammochares tenuis* Haswell, 1883; *Ops digitata* Carrington, 1865; *Owenia brachycera* Marion, 1876; *Owenia filiformis* Claparède, 1870

分类地位 多毛纲 Polychaeta，隐居亚纲 Sedentaria，缨鳃虫目 Sabellida，欧文虫科 Oweniidae

形态特征 体长30～60 mm。体前端具聚集食物的叶状漏斗，叶状漏斗约具6个双叉分枝且围绕着口，口呈三叶状，具1个背唇和2个腹唇。2个眼点不明显，位于漏斗腹面。

躯干部前3刚节较短，仅具毛状背刚毛，后为5个长的体节，再后体节逐渐变短，为17～25节，具侧锯齿的毛状背刚毛和长柄双齿钩状刚毛，腹刚毛在横的腹枕上排成1横排。

虫体黄绿色，叶状漏斗红色。栖管为棕黑色、两端稍细的长纺锤状，外面黏有粗沙粒和碎贝壳并有规则地排列成屋瓦状。

生态习性 具坚硬的沙管，栖息于沙泥底质的潮间带与浅海，常见于海藻根部。

地理分布 我国分布于黄海、东海、南海。标本采自舟山东极海域。舟山海域少见。

欧文虫

A：整体侧面观；B、C：头部侧面观

（四十）缨鳃虫科 Sabellidae Latreille, 1825

虫体两侧对称。可分为头部、躯干部和尾部，或鳃冠、胸区、腹区和尾区（节）。

鳃冠（触手冠、放射丝冠）的两鳃叶分离或背部愈合呈2个半圆形或螺旋状，鳃叶具放射状排列的鳃丝（触手丝、放射丝、头丝）。鳃丝或具鳃羽枝（鳃小枝）、鳃膜（掌膜、鳃间膜、鳃蹼）、鳃丝镶边（鳃丝突缘）、外突起（外肋骨）、简单眼点、成对与不成对复眼、亚端复眼、色斑、骨轴细胞和鳃心等。

围口节可分为前围口节环和后围口节环，分别具前围口节前环领和后围口节后环领。前围口节前环领套于鳃冠基部。具背唇和腹唇，或具背、腹丝附属丝，平行叶或平衡囊等。无壳盖。

胸区无胸膜。常具8个胸刚节（伪缨虫属有的种具4个胸刚节，缨鳃虫属常可超过10个胸刚节）。排粪沟位于胸区的背面。或具腹腺盾、第2刚节腺带。胸区和腹区或具内肢眼点（疣足基部的眼点）。胸区第1刚节为具领的领刚节，背部常具翅毛状、翼毛状或针刺状的领刚毛。其余胸刚节疣足双叶型，背足叶或具翅毛状、稃片状、亚稃片状、匙状、亚匙状、压舌片状等的背刚毛。胸区腹足叶齿片枕上具柄长不等的腹齿片，或具1排掘斧状、滴水状、三角旗状、球茎状的伴随刚毛。腹区具几个或很多个体节。刚毛的分布与胸区相反。腹区背足叶齿片枕上的齿片常与胸区的腹齿片相似但较小，无伴随刚毛。腹区腹刚毛为毛状、翅毛状、膝状或亚稃片状等。

缨鳃虫科的多数种尾区（节）为半球形叶。排粪沟始于肛门的腹面，沿腹区腹中线前行，绕过腹胸区交界的体侧，于胸区背中线达围口节的后缘。

缨鳃虫科虫管为沙泥质、革质或胶质而非石灰质，少数不具栖管。

85 缨鳃虫未定种
Sabella sp.

分类地位 多毛纲 Polychaeta，隐居亚纲 Sedentaria，缨鳃虫目 Sabellida，缨鳃虫科 Sabellidae

形态特征 体长约12 cm（不含鳃冠），鳃冠长约5 cm。具33对鳃，鳃丝具鳃膜，无鳃丝镶边、外突起和眼点，常具分散的色斑。疣足具内肢眼点。

生态习性 不明。

地理分布 不明。标本采自舟山东极海域。舟山海域偶见。

缨鳃虫未定种

A：整体侧面观（尾部缺失）；B：鳃丝；C：胸区疣足；D：胸区鸟头状腹齿片

86 白带石缨虫
Laonome albicingillum Hsieh, 1995

分类地位 多毛纲 Polychaeta，隐居亚纲 Sedentaria，缨鳃虫目 Sabellida，缨鳃虫科 Sabellidae

形态特征 体长（含鳃冠，长 2～6 mm）13～57 mm，体宽（胸区最宽处）0.45～1.60 mm。具 54～79 个刚节。

鳃冠的两鳃叶背面愈合，排列成 2 个半圆形，具 5～12 对鳃丝。鳃丝表面光滑，具 1/10 鳃丝长的鳃膜（薄而透明）。鳃丝无外突起、鳃丝镶边、眼点。鳃丝横切面近四边形，具 2 个骨轴细胞。

胸区具 8 个胸刚节，具不明显的腹腺盾。第 1 胸刚节（领刚节）具 1 条窄的白色腺带（在背中部为排粪沟断开）。领具 2 个背叶和 2 个三角形的腹叶，腹叶的高约为背叶的 1/2。领刚毛稍斜排，为双翅和单翅毛状。其余胸刚节，疣足背足叶上部除具单翅毛状背刚毛外，还具光滑的毛状背刚毛，疣足背足叶下部具 14～17 根宽短而尖顶的秤片状背刚毛。腹足叶腹齿片枕上具 2 排腹刚毛，一排具 38～79 根无柄、主齿稍长于基部、主齿上具 4～6 横排小齿的"C"形鸟头状齿片，另一排具 34～54 根末端尖细的水滴状伴随腹刚毛。腹区的刚节多。腹区的背齿片与胸区的腹齿片相似，但较小。无伴随腹刚毛。前腹区的腹刚毛排为2横排，后腹区的腹刚毛排为1横排，为稍弯曲的双翅和单翅毛状（膝状）。尾节无刚毛圆锥状，肛门位于腹面。虫管常由黏液、沙泥和碎屑形成。

生态习性 多栖息于沙泥底质的潮间带与浅海。

地理分布 我国分布于东海、南海。标本采自舟山东极海域。舟山海域少见。

白带石缨虫

A：整体腹面观（尾部缺失）；B：体前部背面观；C：鳃丝；D：体前部疣足

（四十一）帚毛虫科 Sabellariidae Johnston, 1865

虫体具致密而坚硬的沙管。体前端密集有1～3排金黄色释刚毛的壳冠（壳盖）。口前叶不明显，隐藏在背面常愈合、腹面分离的壳冠叶之间。围口节触须（触手）排在两侧，1个须状叶和1对有沟的触角位于口前的壳冠裂口中。躯干部分胸、腹两区。胸区又分为前胸和后（副）胸两区：前胸有2个短的单叶型疣足体节，常仅具毛状腹刚毛；后胸有3～4个双叶型疣足体节，具须状背鳃、粗浆状（刷状）背刚毛和腹刚毛（有的毛状）。腹区有许多双叶型疣足体节，具须状或羽状背鳃、椭圆形背齿片和毛状腹刚毛。尾部为光滑弯向腹面的体后无刚毛节。

帚毛虫类为定居摄食者，多数生活在岩岸，部分栖于软体动物贝壳或海滩上。

87 锥毛似帚毛虫
Lygdamis giardi (McIntosh, 1885)

同物异名 *Pallasia giardi*(McIntosh, 1885); *Tetreres intoshi* Caullery, 1913;
Sabellaria (*Pallasia*) *australiensis* McIntosh, 1885;
Sabellaria (*Pallasia*) *giardi* McIntosh, 1885

分类地位 多毛纲 Polychaeta，隐居亚纲 Sedentaria，缨鳃虫目 Sabellida，帚毛虫科 Sabellariidae

形态特征 壳冠柄长。释刚毛排成2排，金黄色。外排光滑尖锥状，37～55对；内排光滑但末端钝，16～19对。外释刚毛基部有1圈乳突，25～30对。围口节触手密集成纵排。1对棕黄色粗钩刚毛位于背面外释刚毛基部。

前胸具2个单叶型疣足节，第1节无刚毛，第2节腹面仅有1束毛状刚毛，背面具光滑的鳃；后胸区具4个后胸刚节，每节有8～10根粗浆状（刷状）背刚毛、毛状腹刚毛，背面具光滑的鳃。腹区前5个刚节背面具羽状鳃，常为橄榄色（酒精标本），具背齿片和有齿毛状腹刚毛。

尾部光滑无疣足和刚毛，色深、弯向腹面。

生态习性 多栖息于底质为沙泥、粗沙的潮间带与浅海。

地理分布 我国分布于渤海、黄海、东海。舟山海域少见。

锥毛似帚毛虫

A：整体侧面观；B：头部侧面观；C：壳冠

十五、海稚虫目 Spionida

具1对灵活且有摄食功能的触角。该触角有沟，直接从口前叶产生。口无颚，咽部可部分外翻。形态多样，一些种类具小眼点，一些种类具1个中央感觉叶，一些种类前部体节双侧具鳃。疣足或外侧叶具有大的薄片。刚毛为无分叉的毛状、刺状和钩状。

在舟山海域采获或收集整理海稚虫目9种，分属3科。

（四十二）长手沙蚕科 Magelonidae Cunningham & Ramage, 1888

体细线状，达150多个体节。口前叶大，扁平卵圆形或近三角形，有时腹侧面具侧突起，无附肢和眼，其后部常与围口节愈合。围口节具1对密生乳突的长触手。翻吻囊状无附器。躯干部可明显分为两区：短的前区（胸区）和长的后区（腹区）。疣足双叶型，具尖叶状后叶。前区9刚节，前8刚节具翅毛状刚毛，第9刚节有时具特殊的刚毛；后区具长柄的巾钩刚毛。

长手沙蚕穴居于沙或沙泥底，广泛分布于浅海。

88 尖叶长手沙蚕
Magelona cincta Ehlers, 1908

分类地位 多毛纲 Polychaeta，隐居亚纲 Sedentaria，海稚虫目 Spionida，长手沙蚕科 Magelonidae

形态特征 口前叶扁平近三角形，具前侧角，长宽约相等。第5~8刚节具暗红色色斑。前区第1~9刚节的疣足具尖叶状背、腹刚叶，无背、腹须（有的学者称刚叶为背、腹须），均无前刚叶，具细翅毛状刚毛；第9刚节较短，与第8刚节相似，亦具翅毛状刚毛。后区背、腹两刚叶亦为尖叶状，等大或1个刚叶稍大，具6~12根双齿巾钩刚毛。

生态习性 栖息于软泥底质的潮间带与浅海。

地理分布 我国分布于黄海、东海。标本采自舟山定海海域。舟山海域常见。

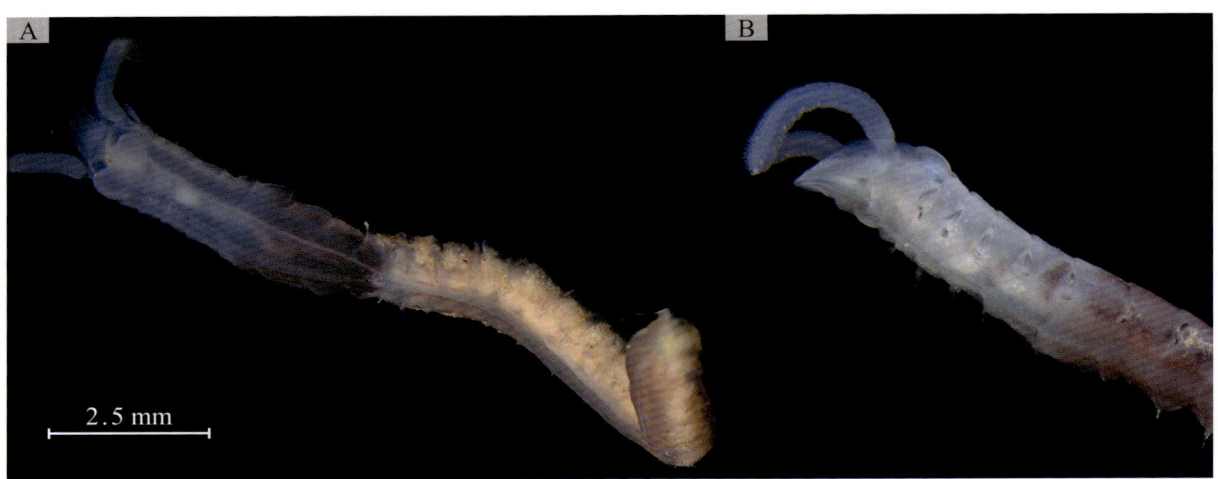

尖叶长手沙蚕

A：体前部背面观；B：体前部侧面观

（四十三）杂毛虫科 Poecilochaetidae Hannerz, 1956

体细长，后端尖，具许多体节（达100多节）。口前叶小，球形嵌入第1刚节，具1个前伸的突起（触手）、4个眼、1对长的有沟触角（固定标本常遗失）、指状的脑后项器（项脊）。第1刚节具刚毛，常前伸为头笼。疣足双叶型。根据不同形状的背、腹须，躯干部可分成不甚明显的前、中、后区。侧感觉器位于背、腹叶之间。刚毛皆简单型：弯足刺状、光滑毛状、刺状、羽状等。

杂毛虫幼虫习见于浮游生物样品中，比成虫易采到。成虫常穴居在泥沙中。虫体常具易碎、上附有孔虫壳的黏液管。

89 蛇杂毛虫
Poecilochaetus serpens Allen, 1904

分类地位 多毛纲 Polychaeta，隐居亚纲 Sedentaria，海稚虫目 Spionida，杂毛虫科 Poecilochaetidae

形态特征 口前叶圆，具前伸的指状触手和2对眼，3个指状项器后伸可达第3或第4刚节。第1刚节疣足的背须小，腹须须状，简单型毛状刚毛前伸形成头笼；第2~3刚节疣足背、腹须为圆锥状，具毛状背刚毛和稍向前伸的2~4根粗弯足刺刚毛；第4~6刚节疣足背、腹须仍为圆锥状，腹须常长于背须，乳突状的侧感觉器位于背、腹须之间；第7~13刚节疣足背、腹须瓶状；第14刚节后，背、腹须仍圆锥状。鳃出现于后区疣足背面，线头状2~4对。刚毛种类多样：光滑毛状、羽毛状、刺状、弯足刺状、具瘤锯齿状。

生态习性 多栖息于潮下带。

地理分布 我国分布于黄海、东海、南海。舟山海域少见。

蛇杂毛虫

A：体前部背面观；B：体前部侧面观；C：体中部疣足后面观

（四十四）海稚虫科 Spionidae Grube, 1850

身体蠕虫状，由许多较扁的体节组成。口前叶圆钝或具前突起或分叉状，1对有沟的触角位于口前叶与围口节之间。吻无颚器。疣足双叶型，疣足叶叶片状、无缺刻。全部刚毛简单，包括毛状，双齿或多齿、具巾或无巾的钩状刚毛。

90 马丁海稚虫
Spio martinensis Mesnil, 1896

分类地位 多毛纲Polychaeta，隐居亚纲Sedentaria，海稚虫目Spionida，海稚虫科Spionidae

形态特征 口前叶前端圆，无中间缺刻或小的突起，较宽；向后形成脑后脊，至第1刚节末。无眼。鳃始于第1刚节，简单带状，至体后。第1对鳃发达，近等大于第2对鳃。体中部鳃发达，彼此在体中部愈合。体前部疣足背后刚叶宽圆，基部和鳃有一定程度愈合；体后部疣足背叶刚毛后叶与鳃完全分离。体前部皆为毛状刚毛，有边缘，刚毛排列成2排，前排较粗短，后排较细长。巾钩刚毛始于第13～15刚节疣足腹叶，二齿，主齿上方小齿较大，有伴随的毛状刚毛；体后部疣足背叶上无巾钩刚毛。杂色刚毛始于第26刚节疣足腹叶。尾部具4根尾须，腹须较宽。

采获标本不完整，仅具体前段。

生态习性 栖息于底质为软泥、沙泥、粗沙的潮间带与潮下带。

地理分布 我国分布于黄海、渤海。标本采自舟山定海海域潮间带。舟山海域偶见。

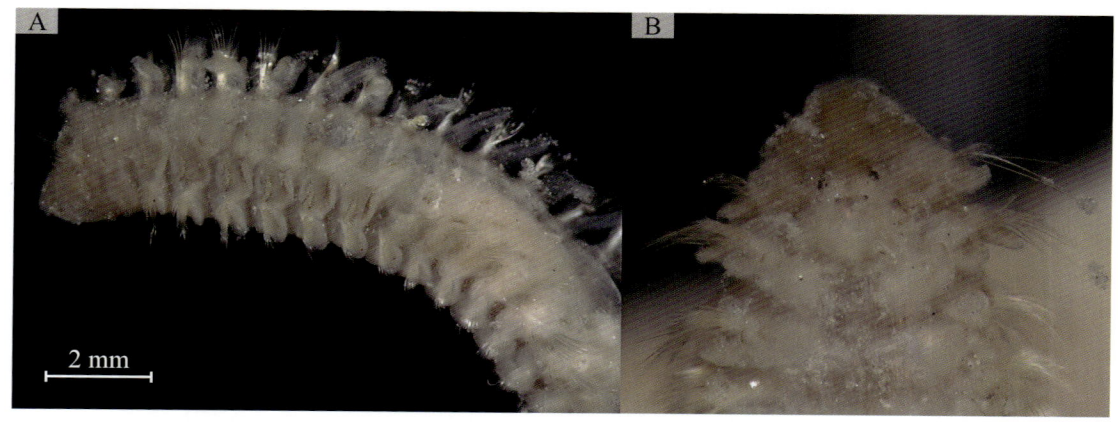

马丁海稚虫

A：体前部侧面观；B：体前部背面观（示第1刚节具鳃）

91 多齿微稚虫
Microspio multidentata Zhou, Ji & Li, 2009

分类地位 多毛纲Polychaeta，隐居亚纲Sedentaria，海稚虫目Spionida，海稚虫科Spionidae

形态特征 口前叶前端宽圆钝，向后形成明显脑后脊，至第2刚节中部。无眼。无中触手。围口节在两侧包围着口前叶，和第1刚节部分愈合。鳃指状，末端圆钝，始于第2刚节，分布至第22刚节。前部刚节上的鳃和同节疣足愈合，往后愈合部分减少，端部明显游离。

第1刚节疣足无背叶刚毛后叶和刚毛，腹叶刚毛后叶较发达。第2刚节疣足背叶刚毛后叶近三角形。体前部刚节上疣足背叶刚毛后叶近等大，体后部纤细。疣足背叶刚毛前叶不发达。疣足腹叶刚毛后叶在第12刚节前圆钝，第13～27刚节上矛形，体后部刚节上退化。疣足腹叶刚毛前叶不发达。体前部疣足叶皆有毛状刚毛，排列成2排，前排粗短，后排细长。体中后部疣足出现巾钩刚毛，始于第26刚节疣足腹叶，开始时有伴随的毛状刚毛，至第37刚节以后，无伴随的毛状刚毛，巾钩刚毛多齿，每束16～26根。体后部疣足腹叶无杂色刚毛，背叶无巾钩刚毛，尾部结构不详。

采获标本不完整，仅具体前段。

生态习性 标本采自浅海泥质海底，具体生态习性不明。

地理分布 我国分布于东海、南海。标本采自舟山定海海域。舟山海域少见。

多齿微稚虫

A：体前部侧面观；B：体前部背面观；C：第1刚节疣足（无鳃）

92. 日本后指虫
Laonice japonica (Moore, 1907)

同物异名 *Spionides japonicus* Moore, 1907

分类地位 多毛纲 Polychaeta，隐居亚纲 Sedentaria，海稚虫目 Spionida，海稚虫科 Spionidae

形态特征 口前叶前端宽圆，无中间缺刻或小突起，向后形成明显脑后脊，至第18刚节。2对眼，前对眼较小，圆点状，常深埋在表皮下，不特别明显，两眼之间距离较大；后对眼明显较前对大，弯月形或横棒状，两眼之间距离较小。口前叶背面有中触手，细长。围口节中等程度发达，在两侧包围着口前叶，两者在前端不愈合。具1对触手，向后至约第27刚节（固定标本中易脱落）。鳃指状，始于第2刚节，至体中后部消失。生殖囊始于第4~5刚节，直至体后。体前部疣足叶皆具毛状刚毛，排列成2排，体中后部疣足腹叶具巾钩刚毛。

舟山海域历史记录的后指虫属物种多为后指虫，本书编写过程中，所采获后指虫属样本均为日本后指虫。后指虫与日本后指虫在形态上较为相似，两者皆具前端宽圆的口前叶和指状中触手，且鳃的数目也大致相当。两者主要差异在于：①本种口前叶与围口节无愈合，后指虫口前叶与围口节在前端愈合；②本种项器较短，向后最长至第18刚节，后指虫向后至第25刚节；③本种生殖囊始于第4或第5刚节，后指虫生殖囊始于第10~33刚节。本种和中国后指虫也较为相似，两者生殖囊起始位置皆比较靠前，分别是第4或第5刚节和第4~7刚节，此外，后鳃区和鳃后区皆有发达的背褶。然而，后者脑后脊较短，向后至第10刚节，日本后指虫向后最长至第18刚节。

生态习性 栖息于潮间带至较深海域，底质主要为泥、沙泥。

地理分布 我国少有记录。标本采自舟山定海海域潮间带，为舟山海域首次记录。舟山海域少见。

日本后指虫

A：体前部侧面观；B：体前部侧面观（生殖囊始于第5刚节）；C：体前部疣足；D：体中部疣足

93　多鳃稚齿虫
Prionospio multibranchiata Berkeley, 1927

同物异名　*Minuspio multibranchiata* (Berkeley, 1927);
Prionospio (*Minuspio*) *multibranchiata* Berkeley, 1927

分类地位　多毛纲 Polychaeta，隐居亚纲 Sedentaria，海稚虫目 Spionida，海稚虫科 Spionidae

形态特征　口前叶近三角形，向后形成脑后脊，至第1刚节的末端。2对眼，前对小圆点状，之间间距较大；后对弯月形，有很多眼点组成，之间间距较小。围口节不发达，未形成侧翼状结构，和第1刚节愈合。鳃9~11对，始于第2刚节，皆须状，皆长于同体节疣足背叶，前面的鳃较长，长约为中间的1.3倍。

第1刚节疣足背叶刚毛后叶缺失，疣足背叶在鳃区最为发达，近三角形，有尖的顶端；第11~13刚节上较低，圆钝，基部向背面着生形成低的横裙。第2刚节疣足腹叶刚毛后叶较为发达，为不规则的四边形；体后刚节上较低，圆钝。

体前部刚毛毛状，有较窄的边缘，在疣足背、腹叶上排列成2排，前排刚毛粗短，后排细长。巾钩刚毛始于第16~17刚节疣足腹叶和第28~30刚节疣足背叶，有伴随的毛状刚毛；巾钩刚毛主齿上方有4~5小齿，腹叶上每束最多10根，背叶上每束最多5根。杂色刚毛始于第12~13刚节疣足腹叶，每束1~2根。

生态习性　多栖息于软泥、沙泥底质的潮下带。

地理分布　我国分布于黄海与长江口。标本采自舟山定海海域。舟山海域偶见。

多鳃稚齿虫

A：整体背面观；B：体前部侧面观；C：体前部背面观

94 日本稚齿虫
Prionospio japonica Okuda, 1935

同物异名 *Prionospio* (*Minuspio*) *japonica* Okuda, 1935; *Prionospio japonicus* Okuda, 1935; *Minuspio japonica* (Okuda, 1935)

分类地位 多毛纲 Polychaeta，隐居亚纲 Sedentaria，海稚虫目 Spionida，海稚虫科 Spionidae

形态特征 口前叶整体近三角形，前端平截形，上具数个小的突起，向后形成脑后脊至第1刚节。具2对眼，梯形排列，前对较大、之间间距较大，后对较小、之间间距较小。围口节形成中等侧翼包围着口前叶，和第1刚节部分愈合。鳃4对，始于第2刚节，皆须状，边缘有短纤毛；第1对鳃较大，长于后3对鳃。

第1刚节疣足背叶刚毛后叶退化；第2~6刚节上发达，近三角形；随后刚节上疣足背叶刚毛后叶较小，呈三角形。疣足背叶刚毛前叶退化，不可见。第1刚节疣足腹叶刚毛后叶锥形；第2~6刚节上最为发达，呈四方形；体后部退化呈三角形。体背部无横褶。疣足腹叶刚毛前叶退化，不可见。

体前部刚毛毛状，有较窄的边缘，在疣足背、腹叶上均排列成2排，前排的刚毛短，后排细长。巾钩刚毛始于第16~18刚节疣足腹叶和第28~35刚节疣足背叶，有伴随的毛状刚毛；巾钩刚毛主齿上方有4~5排小齿，腹叶上每束最多7根，背叶上每束最多2根。杂色刚毛始于第10刚节疣足腹叶，每束1~2根。尾部结构不详。

生态习性 多栖息于沙泥底质的潮下带。

地理分布 我国分布于渤海、东海。标本采自舟山定海海域。舟山海域偶见。

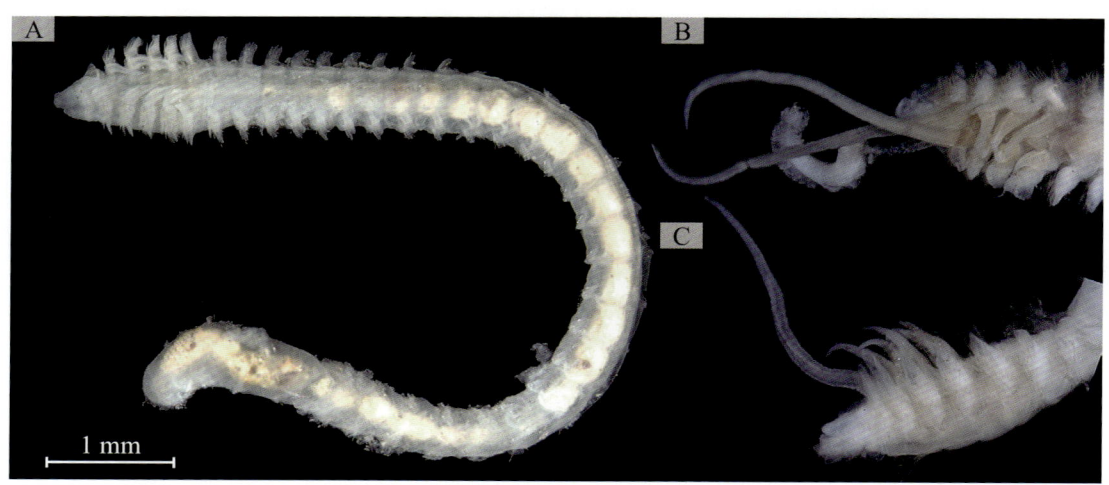

日本稚齿虫

A：整体背面观；B：体前部背面观；C：体前部侧面观

95 枫香树奇异稚齿虫
Paraprionospio coora Wilson, 1990

分类地位 多毛纲 Polychaeta，隐居亚纲 Sedentaria，海稚虫目 Spionida，海稚虫科 Spionidae

形态特征 口前叶前端圆钝，向后形成不明显的脑后脊至第1刚节。2对眼，等大，梯形排列，前对眼常被围口节遮盖，之间间距宽。围口节发达，在两侧侧翼状包围着口前叶，围口节两侧各有1块色斑，两侧后缘各有1个小乳突。

触手表面有沟槽，基部有鞘，常脱落。鳃3对，始于第1刚节，皆羽状。前2对鳃较长，向后至第6刚节；第3对鳃较短，向后至第6刚节。鳃表面有很多羽片，几乎覆盖整个鳃，鳃前侧和基部裸露，基部羽片为双叶型，中部、端部羽片为扇形。第1对鳃基部有2~9个三角形的附加羽片。

前4刚节上疣足背叶刚毛后叶发达，叶状，有尖的顶端；随后刚节上疣足背叶刚毛后叶变小，圆钝；第10刚节以后，疣足背叶刚毛后叶矛状。第1刚节疣足背叶刚毛后叶基部连接成横脊。第1~3刚节上疣足腹叶刚毛后叶矛形，第4~9刚节上逐渐宽圆，呈横脊状，后部退化。少数标本具生殖囊，位于第9~13刚节之间。第13~17刚节多具环带结构，每节3~4个。约从第20刚节起，体节背、腹部皆有透明或半透明的表皮。

体前部疣足背、腹刚毛皆为毛状，2排排列，前排细长，有较窄的边缘；后排粗短，有较宽的边缘。从第10刚节开始，疣足背叶有无边缘的毛状刚毛。杂色刚毛始于第9刚节疣足腹叶，每束1~2根。巾钩刚毛分别始于第9刚节腹叶和第37~39刚节背叶，有伴随的毛状刚毛，巾钩刚毛主齿上具2~4对小齿。

生态习性 多栖息于软泥、沙泥底质的潮下带。

地理分布 我国分布于黄海、东海。标本采自舟山长峙岛海域。舟山海域偶见。

枫香树奇异稚齿虫
A：体前部侧面观；B：头部与鳃侧面观

96 膜质伪才女虫
Pseudopolydora kempi (Southern, 1921)

同物异名 Polydora (Carazzia) kempi Southern, 1921; Polydora kempi Southern, 1921; Neopygospio laminifera Berkeley & Berkeley, 1954

分类地位 多毛纲 Polychaeta，隐居亚纲 Sedentaria，海稚虫目 Spionida，海稚虫科 Spionidae

形态特征 口前叶前端中央具缺刻，呈两叶状，向后延伸为脑后脊，至第3~4刚节。2对眼，梯形排列。口前叶背面眼后有中触手，须状。触角粗长有沟和皱褶，后伸可达第12刚节（常脱落）。第1刚节疣足背叶退化，无背刚毛；腹叶发达，有翅毛状刚毛。第3~6刚节上前排背刚毛变形，第5刚节上最为明显；后排背刚毛为数根无边毛状刚毛。体后部疣足背叶仅有毛状刚毛，无短刺刚毛。巾钩刚毛始于第8刚节腹叶，双齿，附属小齿紧靠主齿，柄上半部有收缩部，下半部具明显的向右弯曲；每束12~22根，无伴随的毛状刚毛。第5刚节变形，不明显大于相邻体节，有较为发达的背、腹叶，具变形刚毛，同时有背、腹刚毛。变形刚毛2种，呈"J"形排列，外排变形刚毛旗状，两侧具边缘，具尖顶端，无亚端部收缩，最多18根每束；内排变形刚毛钩状，最多16根每束。背刚毛毛状，每束8~10根。
鳃始于第7刚节，至体中后部；鳃和背叶分离，表面宽大，面向侧面。尾部盘状，中央具缺刻，缺刻两边各具1尾须。

生态习性 栖息于沙泥底质的潮间带、浅海和河口区。

地理分布 我国各海区均有分布。标本采自舟山定海海域。舟山海域偶见。

膜质伪才女虫

A：体前部侧面观；B：体前部背面观；C：第5刚节变形刚毛

十六、蜇龙介目 Terebellida

蜇龙介目通常被称作毛虫。蜇龙介目的所有种类栖息于海洋环境，大多个体较小，为固着的腐食性生物，居住于泥或类似基质的栖管中，或栖息于沙质洞穴中。

在舟山海域采获蜇龙介目12种，分属7科。

（四十五）笔帽虫科 Pectinariidae Quatrefages, 1866

体短，柱状。由头部和躯干部组成。头部的口前叶不明显，形成襟状的头膜（触手膜）。围口节（口节）背面为宽大的成肉质的壳盖板（其边缘为壳盖背脊），壳盖板中央生扇状排列的金黄色粗刚毛（稃刚毛、壳盖刚毛）。围口节腹面具许多口触手，围口节侧面具1对触须（第1对触须）。第2对触须位于短的第2围口节（体节）两侧。躯干部可分为3区：胸区，包括第3~4体节（各具1对叶片状书鳃）和第5~7体节（疣足单叶型，仅具毛状背刚毛和圆形腹垫）；腹区，位于第8~20体节，疣足双叶型，具毛状背刚毛和齿片（梳状）腹刚毛；尾区，为体最后几节，舟状或匙状，以粗而弯的钩刚毛与腹区为界。

笔帽虫科物种为管栖蠕虫。其栖管上粗下细，呈圆柱形，两端开口，由沙粒、海绵骨针、有孔虫壳或碎贝壳较有规则地建造而成。以细端外露沙面，以稃刚毛掘土，有沟的口触手选择沉积物。

97 笔帽虫未定种
Pectinaria sp.

分类地位 多毛纲 Polychaeta，隐居亚纲 Sedentaria，蜇龙介目 Terebellida，笔帽虫科 Pectinariidae

形态特征 体粗短，体长约16 mm，宽约4 mm。头膜与壳盖板分离。壳盖背脊边缘平滑，壳盖板中央每边具稃刚毛13根。2对触须分别位于头膜两侧与口触手两侧。具13个腹齿片刚节。舟状肛区卵圆形。

生态习性 不明。

地理分布 不明。标本采自舟山东极海域，水深约60 m。舟山海域少见。

笔帽虫未定种

（四十六）双栉虫科 Ampharetidae Malmgren, 1866

具栖管的管栖蠕虫，栖管泥或泥沙质、易碎，常附以沙粒、海藻、贝壳等。口前叶简单或发达，具侧褶或腺脊。触手能缩入口中，平滑或羽状。躯干部长锥形分成两区。胸区（胸部）具3~4对（少数2对）横排于背面、光滑或羽状的鳃。疣足多为双叶型，背刚毛翅毛状，腹齿片多无小齿冠。有些种第1刚节常有前伸的稃刚毛。腹区（腹部）背叶变小或退化，无背刚毛，具发达的腹叶，腹齿片与胸区的相同，但常有齿冠。

双栉虫科与蛰龙介科极相似，主要区别在于：①前者触手能缩入口中（口触手），后者不能；②前者的鳃为几根简单的棒状或羽片状，后者的鳃呈丛树枝状、有柄或无柄丝状；③前者胸区齿片常无齿冠，后者齿片具齿冠。

双栉虫科物种多栖于较深的水域，少数见于浅水。

98 中国副栉虫
Paramphicteis sinensis (Sui & Li, 2014)

同物异名 *Pseudoamphicteis sinensis* Sui & Li, 2014

分类地位 多毛纲 Polychaeta，隐居亚纲 Sedentaria，蛰龙介目 Terebellida，双栉虫科 Ampharetidae

形态特征 口前叶扇栉虫型，背面具1对纵向的竖脊和1对横向的腺脊。口触手具乳突，稃刚毛粗壮短小，位于第3体节，具尖端，两侧各5~10根。鳃4对，宽大凹槽状，顶端扁平逐渐变尖，呈2+2排列。

第4~6体节具背刚毛，无腹刚毛。第4体节疣足相对不发达，背刚毛较短小，以后的体节疣足发达，具发达的背刚毛。胸区共具有17个刚节，14个胸齿片刚节。腹区具15个腹齿片刚节，具小背足叶，腹齿片枕具小的背须。尾节具1对肛须。胸区齿片具单排齿，每排具5~6个小齿。腹区齿片与胸区相似，具单排齿，每排具5个小齿，齿片比胸区略小。

生态习性 多栖息于泥、沙或泥沙混合底质的浅海，水深10~103 m。

地理分布 我国分布于黄海、东海。标本采自舟山东极海域。舟山海域偶见。

中国副栉虫

A：整体背面观；B：整体腹面观；C：体前部疣足；D：尾部

（四十七）米列虫科 Melinnidae Chamberlin, 1919

口触手1或2种类型，通常光滑具侧沟；若有2种类型，则可能具小乳突。无秆刚毛。通常具1或2对鳃后钩刚毛。短小的刺状刚毛位于第3和第4体节，通常也位于第5和第6体节。腹齿片始于第7体节。胸齿片具单排小齿，腹齿片具一排或多排齿。腹部体节约20～90个。

99 泥米列虫
Melinna elisabethae McIntosh, 1885

分类地位 多毛纲 Polychaeta，隐居亚纲 Sedentaria，蜇龙介目 Terebellida，米列虫科 Melinnidae

形态特征 体长45～85 mm，宽4～5 mm。栖管细长泥土质，末端尖，通常上附碎贝壳。

口前叶具3裂瓣，无腺脊。鳃须状、光滑，共4对，分为2组，中间约有1个鳃粗的距离。

前3～6体节愈合，腹足刺刚毛深埋入表皮里。1对粗的鳃后钩刚毛位于鳃后面，其后为1个横脊，锯齿状，位于第6体节。

背刚毛始于第5体节，共16个胸部体节具疣足和背刚毛（第5和第6体节疣足非常小），后面的14个具腹齿片枕。约50个腹齿片刚节。胸部齿片单排排列，每排具4个小齿。

尾节无肛须，具不明显的乳突。

生态习性 多栖息于软泥、沙泥、粉沙底质的浅海、潮间带和河口区。

地理分布 我国分布于渤海、黄海和东海。标本采自舟山六横岛海域。舟山海域偶见。

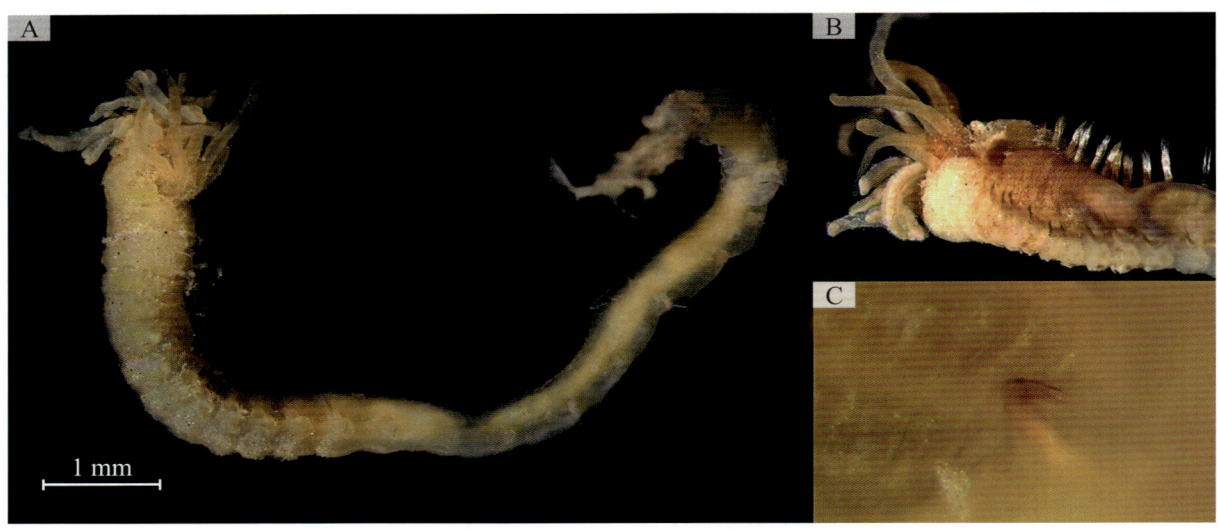

泥米列虫

A：整体侧面观；B：前胸部侧面观；C：鳃后钩刚毛

（四十八）丝鳃虫科 Cirratulidae Carus, 1863

体线状，两端尖，圆柱形，具许多体节（300余节）。口前叶圆钝或圆锥形，常无突起附肢，围口节至少2节愈合或具3环轮、无刚毛。咽无附属物且不外翻。除 *Raricirrus* 属外，均具1对有沟的粗触角或多对有沟的丝状触角，位于围口节后或延伸至体前部刚节背方。鳃丝细长圆柱形，位于体前部或其后体节的背侧。疣足双叶型，疣足叶不发达，2束刚毛直接位于体侧，刚毛简单型毛状、弯曲足刺状、足刺钩状、匙状或一侧有细齿的毛状。

丝鳃虫科物种是一类不喜动的蠕虫，虫体常掩藏于沉积物下，只伸出鲜红或粉红的鳃丝或触须。一些种类（例如须鳃虫）能耐受低的含氧量，是环境污染的指标生物。

丝鳃虫科物种生态照

100 须鳃虫
Cirriformia tentaculata (Montagu, 1808)

同物异名 *Audouinia norwegica* Quatrefages, 1866; *Audouinia tentaculata* (Montagu, 1808);
Cirratulus atrocollaris Grube, 1877; *Cirratulus comosus* Marenzeller, 1879;
Cirratulus pallidus Treadwell, 1931; *Cirratulus tentaculatus* (Montagu, 1808);
Terebella tentaculata Montagu, 1808; *Timarete tentaculata* (Montagu, 1808);
Audouinia crassa Quatrefages, 1866;

Audouinia lamarckii (Audouin & Milne Edwards, 1834);
Cirratulus lamarckii Audouin & Milne Edwards, 1834;
Cirrhatulus lamarckii Audouin & Milne Edwards, 1834

分类地位 多毛纲Polychaeta，隐居亚纲 Sedentaria，蜇龙介目 Terebellida，丝鳃虫科 Cirratulidae

形态特征 口前叶圆锥形，围口节具3环轮。有沟的细触角密集成2束位于第5或第6、第7刚节背面，且在背中线相遇。圆柱形的细长鳃丝始于第1刚节，一直延续到体后，鳃丝紧靠背刚叶，鳃丝与背刚叶的间距短于背、腹刚叶的间距。体节多窄细。毛状刚毛分布于所有刚节的背、腹刚叶上，4～5根背、腹足刺刚毛约始于第40～50刚节。尾部尖锥形，肛门位于背面。

生态习性 多栖息于潮间带。

地理分布 我国分布于黄海、东海与南海。标本采自舟山桃花岛海域潮间带。舟山海域常见。

须鳃虫

A：生态照；B：整体侧面观（体后部缺失）；C：体前部背面观；
D：体前部背面观（仿杨德渐，孙瑞平，1988）

101 刚鳃虫
Chaetozone setosa Malmgren, 1867

同物异名 *Chaetozone setosa canadensis* McIntosh, 1911; *Chaetozone setosa maculata* Zachs, 1933

分类地位 多毛纲Polychaeta，隐居亚纲 Sedentaria，蜇龙介目 Terebellida，丝鳃虫科Cirratulidae

形态特征 体长约15 mm,宽约2 mm,有70多刚节。固定标本呈黄褐色,身体常卷成一团。口前叶圆锥形,无眼,围口节3环轮。触角1对,粗长具纵沟,位于第1刚节前缘背侧面。鳃丝多对位于第1刚节至体中部,紧靠背刚毛。背毛状刚毛始于第1刚节至体中部,刚毛较长,为体节长的4倍。腹足刺刚毛始于第1刚节。背足刺刚毛始于第3刚节直至体后,且在体后部刚节向背面分布,呈弧形。

生态习性 多栖息于泥、沙泥底质的潮间带。

地理分布 我国分布于渤海、黄海、东海与南海。标本采自舟山定海海域潮间带。舟山海域常见。

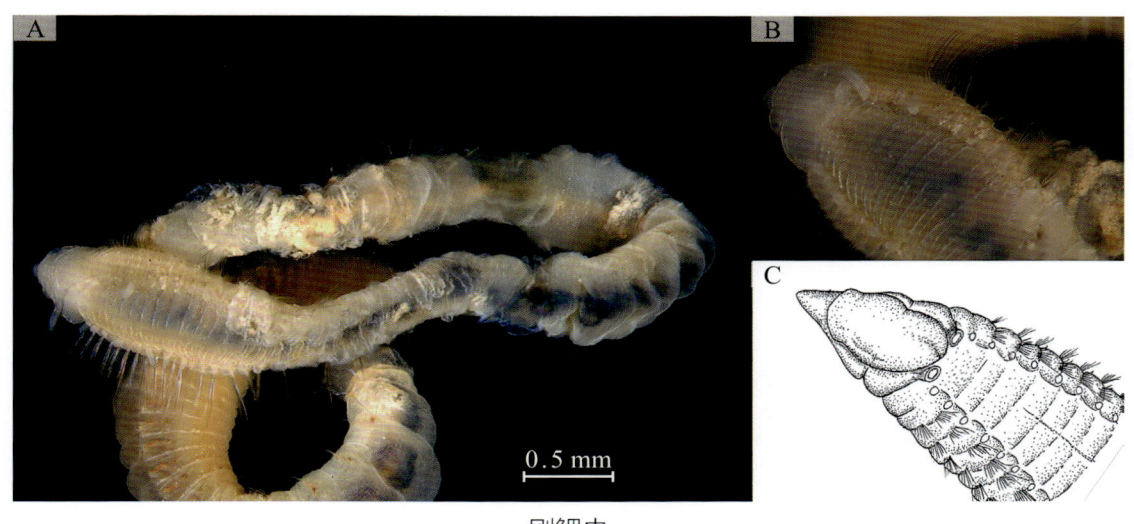

刚鳃虫

A:整体侧面观(尾部缺失);B:体前部背面观;C:体前部背面观(仿Blake J A, 2015)

（四十九）毛鳃虫科 Trichobranchidae Malmgren, 1866

体长，蛆状，前端宽扁，后端尖。口前叶与围口节愈合形成1个大的皱褶状的头罩。背唇、触手叶位于口上方，其上具许多不能收缩的丝状有沟触手。躯干部分为两区：胸区（前区）粗壮，腹面无腺垫，前背面最多具4对鳃，疣足双叶型，腹刚毛长柄钩状，背刚毛毛状；腹区（后区）细长，体节数多，疣足叶具腹叶和腹齿片，齿片主齿上方具密集的细齿。尾节无肛须。

毛鳃虫科和蛰龙介科极相似，但毛鳃虫科较纤细多肌肉，有褶皱起伏的口前叶，胸区腹刚毛长柄钩状（非齿片），腹面无腺垫。该科习见于冷水区软底质中。

102 梳鳃虫
Terebellides stroemii Sars, 1835

同物异名 *Aponobranchus perrieri* Gravier, 1905; *Corephorus elegans* Grube, 1846; *Terebella pecten* Dalyell, 1853; *Terebellides carnea* Bobretzky, 1868; *Terebellides stroemi* [auctt. misspelling]

分类地位 多毛纲 Polychaeta，隐居亚纲 Sedentaria，蛰龙介目 Terebellida，毛鳃虫科 Trichobranchidae

形态特征 体长18～40 mm，宽2～4 mm，具50～60刚节。固定标本肉黄色。

虫体为均匀的长锥状。头罩（触手叶）直立，具皱褶，其背面有很多须状触手，腹面愈合成颚状唇。无眼。1个粗柄的鳃位于第2～4体节间，柄上有4个梳状瓣鳃。

胸区具18刚节，第1刚节始于第3体节。背刚毛为翅毛状，腹刚毛单齿足刺状，末端弯曲，腹刚毛具长柄，主齿弯曲，其上有数个小齿。腹区齿片鸟嘴状，主齿上具多行小齿。

生态习性 多栖息于软泥、沙泥底质的浅海。

地理分布 我国各海区均有分布。标本采自舟山定海海域。舟山海域常见。

梳鳃虫

A:整体侧面观;B:头部侧面观

（五十）蛰龙介科 Terebellidae Johnston, 1846

管栖蠕虫，具粘有沙和泥的栖管。体前端具许多不能缩入口中的有沟触手，口背、腹面具触手叶。躯干部可分为两区：前区（胸区）较粗大，疣足双叶型，有时具腹面腺垫，鳃和侧叶常位于前3体节上，背刚毛翅毛状，腹刚毛齿片状，齿片具单排齿或主齿上方具密集的细齿；后区（腹区）体节多，无背足叶和背刚毛，或仅具不发达的小背足叶，但具腹足叶和腹齿片。尾节无肛须。

103 树蛰虫
Pista cristata (Müller, 1776)

同物异名 *Amphiro cristata* (Müller, 1776); *Amphitrite cristata* Müller, 1776; *Axionice cristata* (O.F. Müller, 1776); *Idalia cristata* (Müller, 1776); *Idalia vermiculus* Quatrefages, 1866; *Terebella turrita* Grube, 1860

分类地位 多毛纲 Polychaeta，隐居亚纲 Sedentaria，蛰龙介目 Terebellida，蛰龙介科 Terebellidae

形态特征 标本长可达160 mm，宽8 mm，栖管泥沙质。

口前叶边缘卷曲，在腹面形成一"V"形结构。口触手叶具大量口触手。无眼点。2对鳃位于第2、第3体节，每个鳃都大小不同，最大的鳃位于第2体节，次大的鳃位于第3体节，最小的鳃位于第2体节。鳃具柄，椭球型。侧瓣位于第2～4体节，第3体节侧瓣最发达。

背刚毛末端光滑，始于第4体节，共17个胸刚节。腹齿片始于第5体节。体前部齿片枕单排排列，从第7齿片枕节开始双排排列直至胸部末端，腹部齿片枕单排排列。齿片鸟嘴状，体前部齿片具长柄，后胸和腹部齿片无柄。肾乳突位于第6～12体节。最大体节超过100节。

生态习性 多栖息于软泥、沙泥底质的潮间带、潮下带至半深海，常见于河口与海湾。

地理分布 我国分布于渤海、黄海、东海。标本采自舟山东极与嵊泗海域。舟山海域偶见。

树蛰虫

A：整体侧面观；B：头部侧面观；C：齿片

104 侧口蛰龙介
Terebella plagiostoma Schmarda, 1861

同物异名 *Neottis rugosa* Ehlers, 1897; *Terebella heterobranchia* Schmarda, 1861; *Thelepus rugosus* (Ehlers, 1897); *Thelepus plagiostoma* (Schmarda, 1861); *Thelepus setosus africana* Day, 1951

分类地位 多毛纲 Polychaeta，隐居亚纲 Sedentaria，蛰龙介目 Terebellida，蛰龙介科 Terebellidae

形态特征 触手叶短小，在腹面形成1个颚状结构；具大量细长的口触手。围口节上具数排眼点。3对无主柄的丝状鳃，位于第2~4体节。第1对鳃鳃丝最多，约20根；第2对约15根；第3对约10根。无侧瓣。

背刚毛始于第3体节，几乎贯穿整个身体；背刚毛末端光滑，具尖端。腹齿片始于第5体节，一直到体后部。齿片枕单排排列。齿片鸟嘴状，基部似船底，1个大的主齿上具2个小齿。

生态习性 多栖息于泥、沙泥底质的潮间带或潮下带。

地理分布 我国分布于东海。标本采自舟山东极海域。舟山海域偶见。

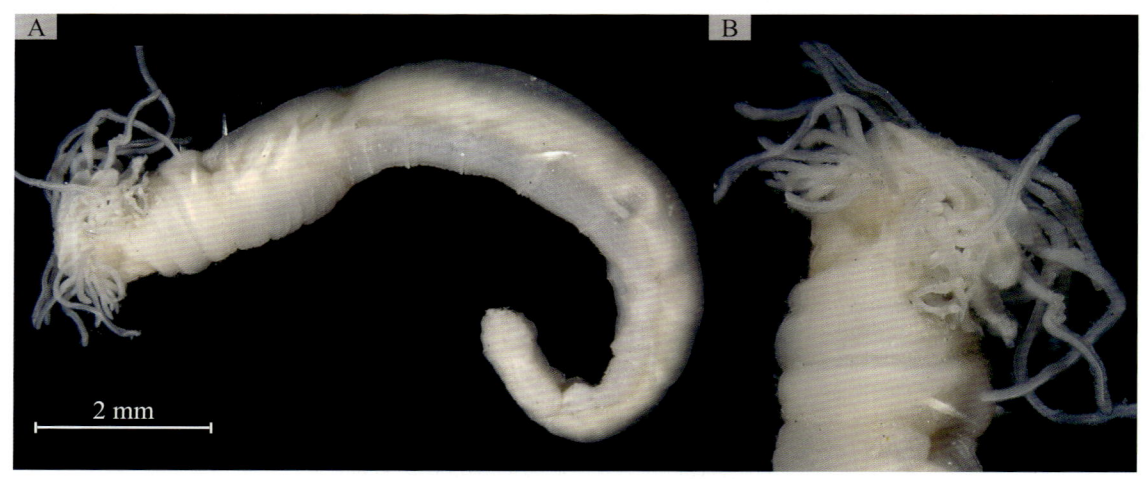

侧口蛰龙介
A：整体侧面观；B：头部侧面观

105 似蛰虫
Amaeana trilobata (Sars, 1863)

分类地位 多毛纲 Polychaeta，隐居亚纲 Sedentaria，蛰龙介目 Terebellida，蛰龙介科 Terebellidae

形态特征 最大标本体长 52 mm，栖管不详。

身体背面隆起，腹面具1个纵向的深沟。触手脊明显叠起，形成2个侧叶；中间叶边缘较薄，平展。具大量口触手，分两种类型：一种较细长，末端稍稍变粗；另一种明显粗大，末端具大的膨大端，顶端具尖。背刚毛始于第2体节，共10个胸刚节。疣足圆柱状，前3对疣足较短，后面的非常长。胸部无腹刚毛，腹部前5~6刚节无刚毛。腹部后面的体节具很小的疣足。背刚毛末端具小刺，腹刚毛针状。肾乳突位于第3~12体节。尾节末端光滑。

生态习性 栖息于泥、沙泥底质的海湾或河口，常见于海草丰富的浅水区。

地理分布 我国分布于渤海、黄海和东海。标本采自舟山东极海域。舟山海域常见。

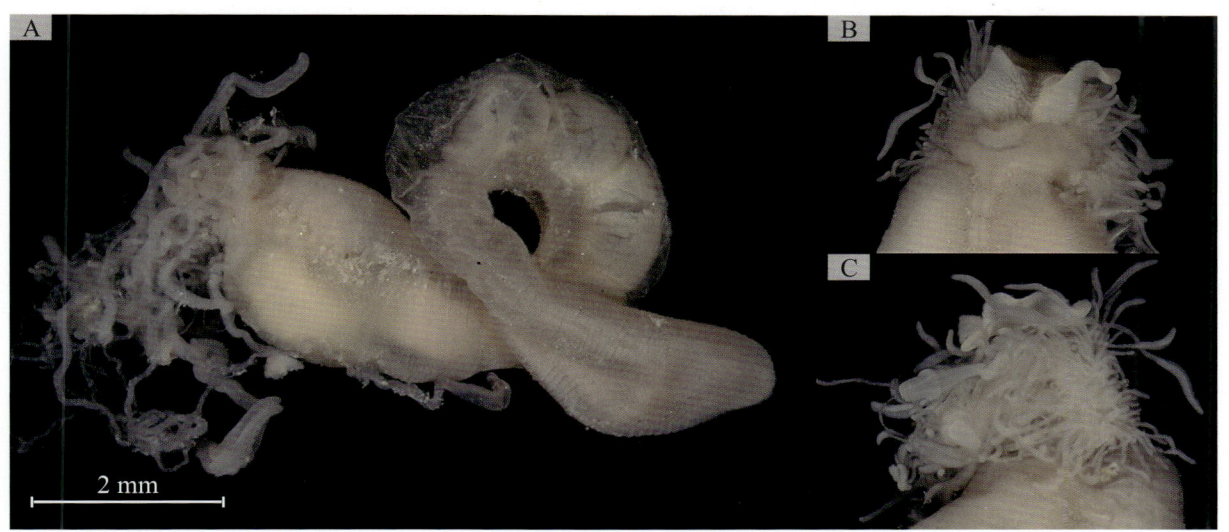

似蛰虫

A：整体侧面观；B：头部腹面观；C：头部侧背面观

（五十一）不倒翁虫科 Sternaspidae Carus, 1863

体短，呈不倒翁形。口前叶内陷。不倒翁虫的身体分为3个部分，从口前叶到第5或第6刚节为头胸部，该部分体节可以收缩，体前3节具成排的内弯钩刚毛；体中部第7~8刚节常收缩，生殖乳突在这2个体节间，腹部膨大，成年个体前腹部刚节有或无刚毛，后腹部具几丁质盾板，盾板前腹部具7或8个体节。盾板的两侧和后边缘生有刚毛，盾板背侧具2簇鳃丝，鳃丝连结在1个离散的鳃盘上。

不倒翁虫科开始被认为只有不倒翁虫1个种，自从不倒翁虫的盾板特征被提出作为其重要的分类特征后，至今已发现的不倒翁虫科物种有近50种，分属4个属。

106 刺不倒翁虫
Sternaspis spinosa Sluiter, 1882

分类地位 多毛纲 Polychaeta，隐居亚纲 Sedentaria，蜇龙介目 Terebellida，不倒翁虫科 Sternaspidae

形态特征 最大标本长达43.3 mm，宽16.9 mm；左盾板长5.58 mm，宽7.46 mm。躯体灰白或淡黄色。

未见明显眼点。口前叶侧面和背面的边界明显。口圆形，突出，被细小的乳突覆盖。前3刚节，每侧各有18~25个内钩刚毛。钩尖向外逐渐变细，近端较暗。生殖乳突圆锥形，远端截断，从第7体节和第8体节之间槽腹侧突出。盾板前腹部7节，乳突微小，均匀分布。腹-尾侧盾板暗红色，中部较深；宽约为长的2倍。同心线明显。前缘棱角较明显，前凹陷较深，前龙骨被半透明的被层所覆盖。侧缘圆润，光滑，侧面扩张，后方缩小。扇叶稍具肋，截形，不超出后外侧角；边缘具圆齿，中间缺刻不明显。边缘刚毛束包括10个侧束和5个后束，侧束从前到后逐渐变长，最后3束紧靠在一起，刚毛浅弯曲；后束长度相近，同束刚毛线状排列，并逐渐变长。鳃丝纤细，螺旋状或卷曲，鳃间乳头长，卷曲，具细沉积物颗粒。鳃板长，宽发散，远端部窄。

生态习性 常栖息于潮间带与浅海的泥、沙泥底质。

地理分布 标本采自舟山东极海域，为我国首次记录。舟山海域偶见。

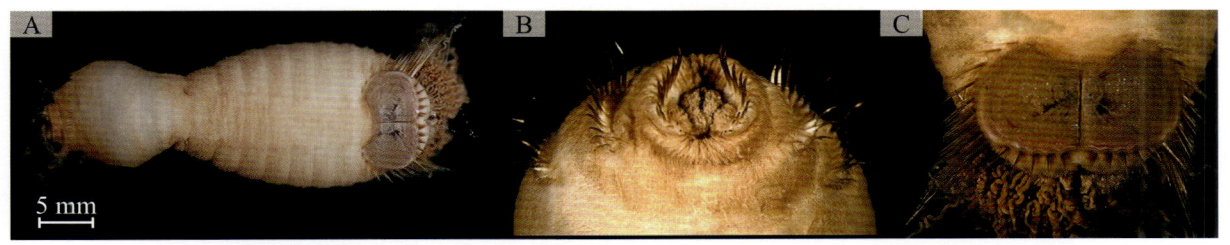

刺不倒翁虫

A：整体腹面观；B：体前部上面观；C：盾板

107 刘氏不倒翁虫

Sternaspis liui Wu, Salazar-Vallejo & Xu, 2015

分类地位 多毛纲 Polychaeta，隐居亚纲 Sedentaria，蜇龙介目 Terebellida，不倒翁虫科 Sternaspidae

形态特征 口前叶是1个半透明的半球状突起，口前叶后边界明显，具侧圆脊。围口节颜色泛白，扁平，向侧面和腹面几乎延伸至第1刚节，围口节上有细小乳突。口圆形、突起，比口前叶更宽，覆盖有细小乳突。前3刚节每节有14～17根镰刀状内钩刚毛，内钩刚毛从背侧到腹面越来越小，刚毛末端没有黑色区域。

腹部盾板稍软，表面覆盖厚厚的一层沉积物颗粒，很难刷洗干净。盾板呈黄色或橙色，有肋条和同心线。盾板前边缘有角或微圆，前端凹陷深；侧边缘光滑，圆形或略直，在大个体中后侧角明显突出；左右2块盾板在后部聚合，缝仅存在于盾板的前部区域；主肋条明显突起，同心线在靠近边缘区域也明显突起；扇面后边缘达到或略微超过后侧角，扇面边缘光滑连续，没有明显的中央缺刻。大小不同的个体盾板形态存在差异：相较于大个体，小个体盾板靠近边缘区域的同心线模糊，没有明显突起；盾板的侧边缘在小个体中为圆形，侧向扩展，而较大个体的盾板侧边缘近乎平直；扇面通常是平直的，和后侧角在一条水平线上或略微扩展，大个体扇面边缘中央缺刻浅通常是不规则的，而小个体扇面边缘没有中央缺刻。每块盾板侧边缘有10束刚毛，后边缘有5束刚毛。

鳃丝生长在2个分开的鳃盘上，鳃丝细长卷曲，鳃间乳突长，比鳃丝更细。鳃盘短粗，末端扩展为圆形。

| 生态习性 | 常栖息于浅海的泥、沙泥底质。 |
| 地理分布 | 我国分布于黄海。标本采自舟山东极海域，为舟山海域首次记录。舟山海域少见。 |

刘氏不倒翁虫

108　*Caulleryaspis laevis* (Caullery, 1944)

同物异名	*Sternaspis laevis* Caullery, 1944
分类地位	多毛纲 Polychaeta，隐居亚纲 Sedentaria，蛰龙介目 Terebellida，不倒翁虫科 Sternaspidae
形态特征	个体相对较小，固定标本呈淡黄色。口前叶半球形，基部具乳突。前3体节两侧各具6~10根较粗及5根或更多较细的内钩刚毛，刚毛略镰刀形。生殖乳突从第7体节和第8体节之间槽腹侧突出。盾前腹部7节，盾板被沉积物颗粒牢牢覆盖，前缘圆；前凹陷浅或极浅，侧缘圆形，内侧扩张，后方变窄；扇不明显，边缘光滑，中间具1个浅缺刻。
生态习性	常栖息于潮间带与浅海的泥、沙泥底质。
地理分布	我国主要记录于南海。标本采自舟山六横岛海域，为舟山海域首次记录。舟山海域少见。

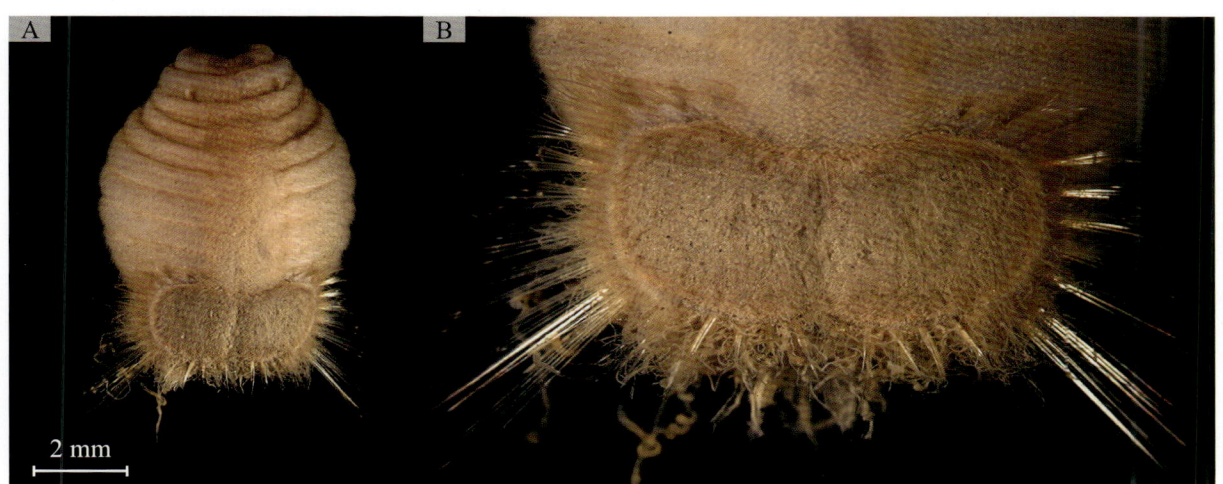

Caulleryaspis laevis
A：整体腹面观；B：盾板

节肢动物门 Arthropoda

节肢动物是动物界中种类最多，数量最大，分布最广的一门动物，包括我们熟知的虾、蟹、昆虫、蜘蛛以及蚊、蝇、螨等。据记载现存100多万种，占动物界的80%以上。有些种类个体的数目可多到足以惊人。它们的生活环境极其广泛，从几千米的深海到高山的峰尖，从陆地到空中，从淡水、海水至土、沙漠等各种环境，甚至动植物的体内都有它们的踪迹，但真正海生的种类则不多，仅占少数。

本门动物的最大特点是体外被一层几丁质的外壳，体分节（异律分节），体侧一般都有附肢，而且附肢也分节，故名节肢动物。

本书主要讲述舟山海域节肢动物门肢口纲、鞘甲纲与软甲纲物种。

肢口纲 Merostomata

大型的有螯动物。由前体部（头胸部）、腹部和尾部三部分组成，前体部被以头胸甲，并具6对附肢，围绕在口的周围，故名肢口纲。

全部生活于海洋中，通称鲎，因头胸甲形似马蹄，又名马蹄蟹。通常在浅海底栖生活，喜软底质，有钻入表层泥沙中生活的习性。在繁殖季节，常进入内湾或河口浅水区进行交配、产卵。初孵化幼体为三叶幼虫，形似三叶虫。

十七、剑尾目 Xiphosurida

由头胸部、腹部和尾部三部分组成。头胸甲和腹甲为圆弧形甲壳,外观似瓢形。头胸部与腹部的甲壳之间有关节可活动,尾部呈剑状露出甲壳外,故称剑尾目。腹部附肢5对或6对,特化为书页状,具呼吸功能,称为书鳃。消化器官有强大的嗉囊和肠盲囊。排泄器官为基节腺,共4对,位于第2～5步足的基节附近,其共同的排泄孔位于第5步足的基部。具1对中央单眼和1对侧复眼。雌雄异体,生殖腺单个。

在舟山海域采获剑尾目1种。

(五十二)鲎科 Limulidae Leach, 1819

鲎科主要形态特征同剑尾目。

109 中国鲎
Tachypleus tridentatus(Leach, 1819)

同物异名 *Limulus longispina* van der Hoeven, 1838;*Limulus tridentatus* Leach, 1819

分类地位 肢口纲 Merostomata,剑尾目 Xiphosurida,鲎科 Limulidae

形态特征 大型节肢动物,全长最长记录为92cm。体常呈黄褐色、褐色。头胸部和腹部似瓢形,尾部剑形。头胸甲雌雄异型,雄性头胸甲前缘两侧具对称的凹陷,雌性前缘平坦;头胸甲两侧末端突出成刺;头胸甲背面具3条脊,正中脊前方具2个单眼,侧脊中间稍前各有1个复眼;腹面、口的周围有6对大型附肢,雌性附肢末端均呈螯状,雄性第2、3对附肢末端呈抱握器状。腹甲侧缘各具6枚可活动的强棘,雄性均发达,雌性仅后3对正常。腹甲的腹面有6对书页状游泳肢(书鳃)。剑尾三棱形,边缘常具细刺。

生态习性 栖息于浅海,主要以小型无脊椎动物为食。繁殖季节,雌雄成体常成对出现在沙泥质潮间带,通常雄性小于雌性。自孵化后约13～14年后初次性成熟,此时雄性成体头胸甲宽约为24cm,雌性约为27cm。

地理分布 我国分布于东海、南海。标本采自舟山朱家尖岛海域。舟山海域常见。

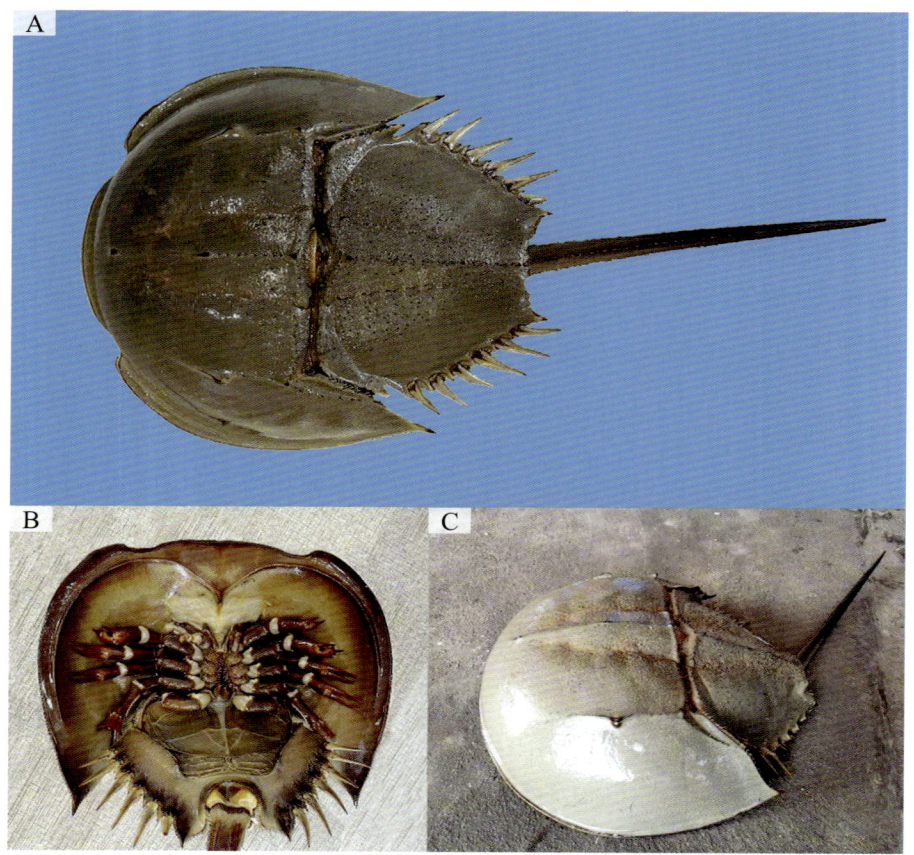

中国鲎

A：背面观（雄）；B：腹面观（雄）；C：侧面观（雌）

鞘甲纲 Thecostraca

全部为海洋动物,绝大多数成体营固着生活,固着于岩石、轮船、贝壳、珊瑚礁、浮木及其他物体上,有些种类共栖或寄生于海绵、蟹、鲸、龟、鱼等动物的身体上。

本书主要对舟山海域鞘甲纲中的蔓足亚纲进行介绍。

蔓足亚纲 Cirripedia

蔓足亚纲作为鞘甲纲中三个亚纲之一,是营固着生活的海洋甲壳动物。体具颚足类的模式,即头部5体节,胸部6体节并具胸肢,腹部5体节,最后一节具尾叉。幼体发育中有无节幼体和腺介幼体(也称金星幼体)两个阶段,幼体的第1触角为定着器官。外套膜质,包被整个体躯,常带有几丁质的刺,或不同程度地覆以钙质壳板。大多数种为非寄生类型,多节的蔓状胸肢能自由屈伸,形似瓜的藤蔓,故称蔓足类。它们以胸肢及其刚毛形成的网捕食;两性分离或雌雄同体,雄性生殖孔开口于第1腹节,当腹部退化时,则开口于最后的胸节;雌性生殖孔开口于第1胸节,位于第1蔓足的基部。卵产出后保存在雌性或两性个体的外套腔中,孵化为无节幼体后释放,行浮游生活。成体固着生活,动物体躯和附肢包被在由头胸甲两侧相折叠而形成的外套腔中,其外常有不同数目的钙质板加以保护。

蔓足亚纲包括尖胸总目、根头总目和围胸总目。其中,尖胸总目是钻孔的蔓足类,栖息于贝壳、死珊瑚和石灰石中;根头总目主要寄生于十足甲壳类动物,呈囊状,由似根系的结构自宿主体内吸取营养;围胸总目营自由生活或与其他海洋动物共栖,附着于生物体或无生命的基质(船底、浮标、其他水下构筑物)上。本书主要对舟山海域围胸总目进行叙述。

围胸总目 Thoracicalcarea

围胸总目是蔓足亚纲中最大的一目。根据体形的不同,围胸总目蔓足类可分为两类:有柄蔓足类与无柄蔓足类。

有柄蔓足类包括铠茗荷目、盔茗荷目和指茗荷目。有柄蔓足类为两侧对称的体制,整体可分为头状部和柄部,体躯着生于头状部的外套腔中。头状部通常侧扁或稍膨大,呈卵圆形或三角形,多数具有钙质板。壳板的数目、形态及排列方式,可作为区分科、属、种的依据。有柄蔓足类前头部延伸形成肌肉质的柄部,柄部呈圆筒形,柄内具有环肌和纵肌,有一定的伸缩性,遇外界刺激可收缩。以柄部末端附着在物体上,同一种的柄部长短与头部长度的比例大致相等。茗荷类成群生长时,柄部往往较长,而单独栖息时则变短。不同种的柄部外表结构有明显差异,有的光裸,有的覆盖有很多钙质或角质鳞。

无柄蔓足类包括藤壶目和花笼目。其中藤壶目柄部消失,体外围具壳板围成的壁(或称周壳),体躯包被于内部的外套腔中,向腹面弯曲。周壳上方为壳口,壳口盖板4块,即成对的背板和盾板,成对盖板之间形成1条缝,可与外界保持联系及伸出蔓足捕食。下方为钙质或膜质基底。藤壶目多数种的壳壁有8片主板,体前方有吻板1片,成为体的前端壁,与盾板相邻接,在相对方有1片峰板,成为体的后壁,与背板相邻接;侧板1对,位于吻板和峰板之间,成为体的左右侧壁,还有位于吻侧的1对吻侧板,位于峰侧的1对峰侧板。每片壁板通常分为三部分,中间三角形部分较大,为板部,其基缘接触基底,两侧缘常有窄的扩展部分,覆盖邻板之外者称为幅部,被邻板覆盖者为翼部。通常吻板和峰板有翼部,吻侧板两边有幅部,而侧板和峰侧板的吻侧有翼部,峰侧有幅部。壁板的数目因种而异,有1、4、6、8片不等。

十八、铠茗荷目 Scalpellomorpha

原为有柄目之下的铠茗荷亚目,最新的系统发育学研究支持将铠茗荷亚目提升为铠茗荷目。由于更多是基于分子证据所做的分类变动,而铠茗荷目的围胸蔓足类动物形态多样,故很难从形态概括铠茗荷目物种的共有特征。其主要的鉴别特征为:头状部含5片主板(峰板+成对的背板和盾板)+1吻板,且全部壳顶在基部。一般附着于漂浮的物体或游泳、底栖动物体表,世界各大洋均有分布。

舟山海域记录铠茗荷目的种类有10种,此处记录其中7种,分属2科。

(五十三)茗荷科 Lepadidae Darwin, 1852

头部壳板5片、2片或无,壳板大而紧紧相邻,或细小板间有宽的间隙;柄光裸;蔓足和口器发育正常;尾附肢细小(或完全缺乏),不分节,无刚毛;第1小颚有阶梯状的切缘;雌雄同体。一般附着于漂浮的物体或游泳、浮游动物体。

110 耳条茗荷
Conchoderma auritum (Linnaeus, 1767)

同物异名 *Conchoderma leporinum* Olfers, 1814; *Lepas aurita* Linnaeus, 1767; *Otion stimpsoni* Dall, 1872

分类地位 鞘甲纲 Thecostraca,蔓足亚纲 Cirripedia,围胸总目 Thoracicalcarea,铠茗荷目 Scalpellomorpha,茗荷科 Lepadidae

形态特征 头部卵圆球状,有2个管状的耳状突,位于顶端,朝向后背。体表呈乳白色,有褐紫色斑纹,背腹各呈纵条。盾板钙质,三角形,斜边凹,壳顶在板中间吻侧背板呈细针状,偶尔缺乏。峰板呈痕迹状或无。柄部圆柱状,色素较小。

生态习性 常附着于海水表层各种浮物上,如船底;也附着于鲸鱼体鲸藤壶上。

地理分布 广泛分布于世界各大洋。标本采自舟山沈家门船底。舟山海域少见。

耳条茗荷

111 细板条茗荷
Conchoderma hunteri (Oweni, 1830)

分类地位 鞘甲纲 Thecostraca，蔓足亚纲 Cirripedia，围胸总目 Thoracicalcarea，铠茗荷目 Scalpellomorpha，茗荷科 Lepadidae

形态特征 外形似烟斗状，稍侧扁，黑褐紫色，通常无清楚的纵条纹，头柄界限不明显。壳板狭窄，彼此远离，开闭缘顶端两背板之间内凹。盾板分三叉，略呈"Y"形，上下叶细长。背板窄长，前端向下弯折，后端远离峰板向下斜行，侧面观与头部峰缘分离较宽。峰板细长，拱弯，壳顶居中。柄部为头部的延伸，圆柱状，基部颜色较淡。

生态习性 主要栖息于热带和温带海域的海水表层、浅海，常附着于漂浮物或甲壳动物外壳上。

地理分布 我国分布于黄海、东海、南海。标本采自舟山沈家门海域，附着于三疣梭子蟹的蟹壳上。舟山海域少见。

细板条茗荷
A：附着生长的群体；B：整体侧面观

112 茗荷
Lepas (*Lepas*) *anatifera* Linnaeus, 1758

同物异名 *Lepas anatifera* Linnaeus, 1758

分类地位 鞘甲纲 Thecostraca，蔓足亚纲 Cirripedia，围胸总目 Thoracicalcarea，铠茗荷目 Scalpellomorpha，茗荷科 Lepadidae

形态特征 头部亚三角形，侧扁，顶端斜截。5片壳板坚厚，呈白色，不透明；各壳板间隙很窄，有黑褐或黄褐色膜，开闭缘膜橘黄色。盾板壳顶到背板壳顶常有1列小凹点组成的对角线，有时不明显。盾板宽阔，开闭缘微凸，从壳顶到板的顶端有一低脊，右盾板壳顶内面有一显著的壳顶齿，左盾板无齿。背板不规则四边形，放射条纹弱。峰板弓弯，基部分叉，埋置于膜内。柄部较粗壮，长度不固定，呈污黄褐色，头柄相接处颜色较深。

生态习性 多栖息于海水表层，通常附着于漂浮的物体，如木材、浮标等。

地理分布 我国分布于渤海、黄海、东海、南海。标本采自舟山枸杞岛，随漂浮物冲上岸。舟山海域偶见。

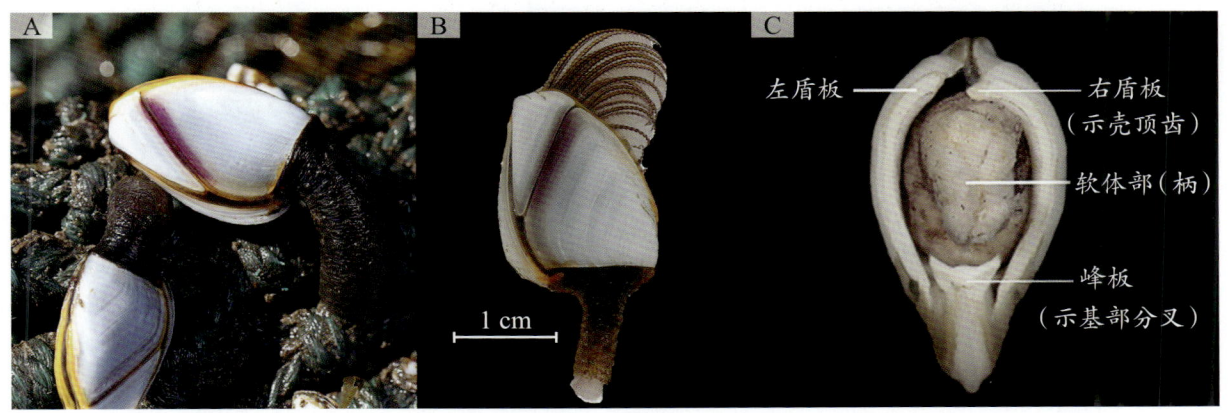

茗荷

A：随漂浮物冲上岸的茗荷；B：整体侧面观（示蔓足）；C：茗荷底部视图（去除膜）

113 鹅茗荷
Lepas (*Lepas*) *anserifera* Linnaeus, 1767

同物异名 *Lepas anserifera* Linnaeus, 1767

分类地位 鞘甲纲 Thecostraca，蔓足亚纲 Cirripedia，围胸总目 Thoracicalcarea，铠茗荷目 Scalpellomorpha，茗荷科 Lepadidae

形态特征 头部宽阔三角形，侧扁，开闭缘弯曲，峰缘拱。5片壳板坚厚，呈白色，间隙窄，有强放射沟纹和生长线，边缘常呈珠状齿。盾板不规则四边形，中间凸，两盾板都具壳顶齿，右侧显著大于左侧。背板四边形。峰板弓弯，上部末端尖。开闭缘膜橙色，板间隙膜为橙褐色，板内膜为紫褐色。柄部短于头部，圆柱状，暗橙色到紫褐色，软体部分污白色，蔓足、口器、尾附肢等常呈褐紫色。

生态习性 多栖息于海水表层，通常附着于漂浮的物体，如木材、浮船上。

地理分布 我国分布于渤海、黄海、东海、南海。标本采自舟山枸杞岛、桃花岛，随漂浮物冲上岸。舟山海域偶见。

鹅茗荷

A、B：漂浮物上的鹅茗荷；C：整体侧面观

（五十四）花茗荷科 Poecilasmatidae Annandale, 1909

雌雄同体。体小型，壳板5、3或2片，板间隙狭窄或宽；盾板多分2叶，壳顶在基吻角；背板有或无；外膜薄，头部有肌肉层；柄部裸露或覆盖有角质板；大颚4齿；鞭状突有或无，尾附肢多为单节。常附着于水螅、角珊瑚、海胆或甲壳类等底栖动物体上。

114 斧板茗荷
Octolasmis warwicki Gray, 1825

同物异名 *Dichelaspis warwicki* (Gray, 1825); *Octolasmis warwickii* Gray, 1825

分类地位 鞘甲纲 Thecostraca，蔓足亚纲 Cirripedia，围胸总目 Thoracicalcarea，铠茗荷目 Scalpellomorpha，花茗荷科 Poecilasmatidae

形态特征 头部呈不规则卵圆形，侧扁，淡黄色。壳板5片，白色，分离较远，包被有透明具细小颗粒的薄膜，开闭缘直，峰缘拱。盾板2叶，开闭叶上宽下窄。背板斧形，基缘有缺刻。峰板弓弯，四边稍凹，壳顶凸出。柄部圆柱状，短于头部，外膜有小颗粒和横褶皱。

生态习性 栖息于潮间带、浅海，主要附着于虾蟹类等甲壳动物头胸甲、附肢及口器上。

地理分布 我国分布于东海、南海。标本采自舟山沈家门海域，附着于须赤虾的壳上。舟山海域常见。

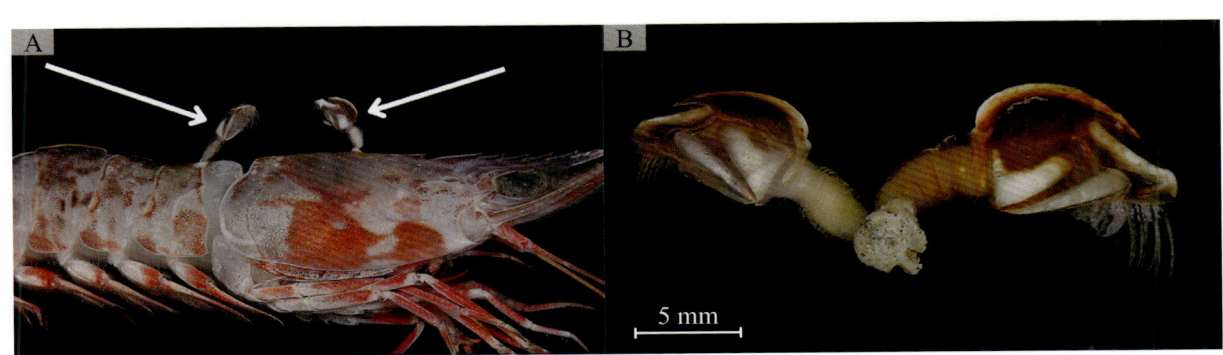

斧板茗荷

A：附着于须赤虾上的斧板茗荷；B：整体侧面观（示蔓足）

115 蟹板茗荷
Octolasmis neptuni (MacDonald, 1869)

同物异名 *Dichelaspis neptuni* Gruvel, 1905; *Dichelaspis vaillanti* Gruvel, 1900

分类地位 鞘甲纲 Thecostraca，蔓足亚纲 Cirripedia，围胸总目 Thoracicalcarea，铠茗荷目 Scalpellomorpha，花茗荷科 Poecilasmatidae

形态特征 头部卵圆形，侧扁，奶油色。5片壳板分离甚远，外膜坚韧，半透明，常分散有小颗粒。盾板"L"形，开闭叶略宽，基叶很窄，其末端钙化不完全，呈角质延伸，位于头柄接合处之上。背板小而不规则。峰板较短，上末端远离背板，基部分叉成尖角，末端角质。柄部圆柱状，白色或粉色，外膜有小齿和横褶皱。

生态习性 多栖息于潮间带、浅海，主要附着于十足甲壳类的颚足、眼窝、鳃等部位。

地理分布 我国各海区均有分布。标本采自舟山东极海域，附着于三疣梭子蟹的鳃上。舟山海域常见。

蟹板茗荷

A、B：附着于三疣梭子蟹鳃上的蟹板茗荷；C：整体侧面观

116 直板茗荷
Dichelaspis orthogonia Darwin, 1852

同物异名 *Dichelaspis versuluysi* Hoek, 1907; *Octolasmis orthogonia* (Darwin, 1851)

分类地位 鞘甲纲 Thecostraca，蔓足亚纲 Cirripedia，围胸总目 Thoracicalcarea，铠茗荷目

Scalpellomorpha，花茗荷科 Poecilasmatidae

形态特征 头部近三角形，卵圆侧扁。5片壳板橙黄色或白色，外膜淡黄色，半透明，彼此远离，板间隙很大。盾板细长，多弯成直角，开闭叶较宽。背板三角形，由壳顶向基缘突出3脊，第3脊最长，板的开闭缘直，峰缘直或稍凹。峰板弓弯，窄而长，背脊平坦，上顶缘半圆形，底部具肾形的圆盘。柄部圆柱状，几乎等长于头部，半透明，有横褶皱。

生态习性 多栖息于浅海、海水表层，常附着于水螅群体、角珊瑚及海藻上。

地理分布 我国分布于东海、南海。标本采自舟山沈家门海域，附着于塑料垃圾漂浮物上。舟山海域罕见。

直板茗荷

A：附着于塑料垃圾漂浮物上的直板茗荷群；B：整体侧面观（示蔓足）

十九、盔茗荷目 Calanticomorpha

壳板9～18片，彼此靠近。峰板壳顶在顶端，盾板壳顶在顶端或亚顶端。雌雄同体，常具补充雄体，雄性区分为头部和柄部。生活于热带、亚热带或温带的浅水或深水。

盔茗荷目原归属于铠茗荷目，最新的系统发育学基于分子生物学研究支持盔茗荷目独立，并提升为目级，现盔茗荷目下仅包括盔茗荷科1科。

在舟山海域采获盔茗荷目1种。

（五十五）盔茗荷科 Calanticidae Zevina, 1978

盔茗荷科特征同目。

117 棘刀茗荷
Smilium scorpio (Aurivillius, 1892)

同物异名 *Calantica pedunculostriata* Broch, 1931; *Calantica scorpio* (Aurivillius, 1892); *Scalpellum scorpio* Aurivillius, 1892; *Scalpellum sexcornutum* Pilsbry, 1897

分类地位 鞘甲纲 Thecostraca，蔓足亚纲 Cirripedia，围胸总目 Thoracicalcarea，盔茗荷目 Calanticomorpha，盔茗荷科 Calanticidae

形态特征 头部三角形或四边形，开闭缘直，峰缘拱。壳板13片，淡粉色，有白色或淡紫色的云斑，包被有牢固的黄褐色透明外膜，表面有细毛。壳板间隙较宽。盾板三角形。背板最大，窄三角形。峰板拱而窄长。上侧板新月形，盾缘内凹。吻板较大，近等边三角形，顶端内弯，吻侧板、峰侧板和亚峰板呈角状突出、下弯。柄部稍短于头部，表面有3～8排不规则的棘状鳞分散排列，包被的外膜有横褶，透明，肌肉部分常具褐紫色或蓝紫色的纵条纹。

生态习性 多栖息于潮下带水深31～103 m处，常附着于水螅群体基部。

地理分布 我国各海区均有分布。标本采自舟山沈家门海域。舟山海域少见。

棘刀茗荷

A: 活体照（示蔓足）; B: 整体侧面观

二十、指茗荷目 Pollicipedomorpha

壳板8片或更多，彼此靠近，柄部有小的钙化鳞，雌雄同体，补充雄体有或无。个体固着或钻孔穴居于石灰质岩石、贝壳或珊瑚礁内。一般出现在热带、亚热带和温带海域，主要栖息于潮间带。

根据最新系统发育学研究，指茗荷目下分指茗荷科、石茗荷科。

在舟山海域采获指茗荷目1种。

（五十六）指茗荷科 Pollicipedidae Leach, 1817

壳板多于18片，其中主要壳板有8～10片，基部侧板很多，排成1排或多排，各壳板壳顶在顶端，雌雄同体，补充雄体有或无。补充雄体分头部和柄部，具6～7片壳板。分布于热带、亚热带和温带海域，主要栖息于潮间带。

118 龟足
Capitulum mitella (Linnaeus, 1758)

同物异名 *Mitella mitella* (Linnaeus, 1758); *Pollicipes mitella* (Linnaeus, 1758); *Pollicipes sinensis* Chenu, 1843

分类地位 鞘甲纲 Thecostraca，蔓足亚纲 Cirripedia，围胸总目 Thoracicalcarea，指茗荷目 Pollicipedomorpha，指茗荷科 Pollicipedidae

形态特征 头部侧扁，壳室由盾板、背板、上侧板、峰板、吻板等8个大壳板形成，基部轮生有1排（21～31个）小的侧壳板。壳板白色，生长纹清楚，由牢固的黄褐色外皮包被，呈翼状外伸。盾板三角形，背缘上部覆盖背板，内面开闭缘较厚，闭壳肌窝宽阔而深。背板四边形，内面平坦。上侧板窄三角形，基缘稍拱。吻板和峰板形状相似，内凹。基部轮生有三角形的小侧板。柄部侧扁，略短于头部，完全被椭圆形小鳞片规则覆盖。内部肌肉发达，可伸缩。褐色或浅黄色。

生态习性 栖息于热带和亚热带海域的潮间带岩石缝中。

地理分布 我国长江口以南均有分布。标本在舟山桃花岛、东极岛、嵊泗列岛海域均有采获。舟山海域常见。

龟足

A：活体照；B：整体侧面观

二十一、藤壶目 Balanomorpha

无柄，壳双边对称，包括峰板、吻板和1~3对侧板，壳可不同程度地愈合或完全愈合。盖板存在时成对，每对分离、关节或愈合；雌雄同体，个别种有补充雄体。

根据最新的系统发育学研究，原无柄目分类地位存疑，支持将藤壶亚目提升为藤壶目。

在舟山海域采获藤壶目14种，分属4科。

（五十七）藤壶科 Balanidae Leach, 1817

壳壁板6片或4片；板有管，在内外薄片间为单独一排，有时板基部有附加管；内薄片复杂，树状；幅部坚实或有管；基底钙质，通常具管。

119 高峰条藤壶
Striatobalanus amaryllis (Darwin, 1854)

同物异名 *Balanus amaryllis* Darwin, 1854; *Chirona amaryllis* (Darwin, 1854); *Balanus amaryllis* var. *euamaryllis* Broch, 1922

分类地位 鞘甲纲 Thecostraca，蔓足亚纲 Cirripedia，围胸总目 Thoracicalcarea，藤壶目 Balanomorpha，藤壶科 Balanidae

形态特征 壳陡圆锥形，坚厚，表面光滑，白色或奶油色到粉红色，甚至污紫色。有粉红色或紫红色的纵条纹自顶端放射，顶端涂色常较深，年幼的个体常有明显的横生长纹环绕。幅部狭窄，有牢固的黄色外膜覆盖，顶缘很斜，侧缘上部光滑，下部有小密齿，无管。翼部较宽，顶缘斜而薄，侧缘下部也有小齿。壳口中等大小，菱形到五角形。盖板的内膜为污紫色，开闭缘膜白色，有2对对称的污紫色斑，板的上部粗糙，常有低纵肋。背板较狭长，顶端弯成喙状，背板内面上部也常染以淡粉红色，有小纵肋，末端钝圆，一般具有几个小齿突。

生态习性 多栖息于潮间带、潮下带、浅海，通常附着于浮标、船底、网架、岩石或贝壳上，壳形可随附着物形状发生变化。

地理分布 我国各海区均有分布。标本采自舟山沈家门海域，附着于贝壳上。舟山海域偶见。

高峰条藤壶
A：整体侧面观；B：盾板与背板

120 薄壳条藤壶
Striatobalanus tenuis (Hoek, 1883)

同物异名	*Chirona tenuis* (Hoek, 1883)
分类地位	鞘甲纲 Thecostraca，蔓足亚纲 Cirripedia，围胸总目 Thoracicalcarea，藤壶目 Balanomorpha，藤壶科 Balanidae
形态特征	壳圆锥形，白色，壁板光滑、有光泽，有半透明的纵条纹，年幼个体常有环形生长纹。幅部窄，白色，顶缘斜，侧缘下部有小齿。翼部较宽而薄，顶缘斜，侧缘基部也有小齿。壳口中等大，菱形或五角形，边缘呈深锯齿。盖板内膜污白色，开闭缘膜白色或淡黄色，具2对较大的褐紫色斑，其前后端各另有1个斑。盾板呈窄三角形。背板较宽阔，峰缘略拱，顶端略呈喙状，外表生长脊清楚。
生态习性	通常附着于潮下带、浅海的贝壳、石块上。
地理分布	我国东海、南海均有发现。标本采自舟山沈家门海域，附着于长手隆背蟹的头胸甲上。舟山海域偶见。

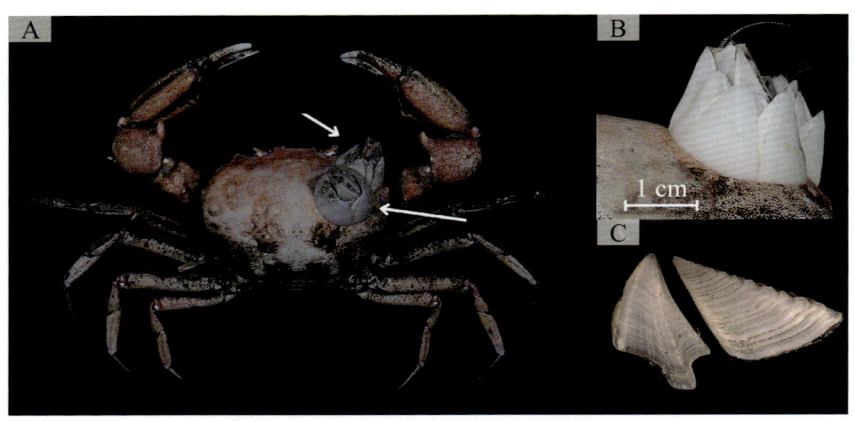

薄壳条藤壶

A：附于长手隆背蟹上的薄壳条藤壶；B：整体侧面观；C：盾板与背板

121 纹藤壶
Amphibalanus amphitrite (Darwin, 1854)

同物异名	*Balanus amphitrite* Darwin, 1854
分类地位	鞘甲纲 Thecostraca，蔓足亚纲 Cirripedia，围胸总目 Thoracicalcarea，藤壶目 Balanomorpha，藤壶科 Balanidae
形态特征	壳表面光滑，孤立时圆锥形或筒锥形，拥挤时壳形多呈筒状，壳口大而方形。底色呈白色或奶油色，有成束自顶端放射的紫色或灰褐色纵条纹，无横条纹。吻板和侧板条纹多为2束，每束2～5条，板的中央和边缘部分常形成较宽的白色纵带。幅部宽阔，覆盖相邻壳板翼部的大部分，上缘几乎平行于基底或略斜，有横细沟纹及散布的褐红色斑点构成的纵纹。翼部宽阔，顶缘不很斜。壁板染色较深，有横生长纹，盖板的内膜紫红色，开闭缘膜为白色，有3对对称的黑紫色斑，其前后端另各有1个大斑。盾板外面平坦，有紫色的放射纵带。背缘有白色带。板内面白色，多有淡紫色斑或全为紫色。背板宽阔，外面平坦。
生态习性	栖息于潮间带与潮下带，常成群聚集在沿海港湾。
地理分布	我国南北沿海均有分布。标本采自舟山长峙岛海域。舟山海域常见。

纹藤壶
A：群体生态照；B：盾板与背板

122 网纹纹藤壶
Amphibalanus reticulatus (Utinomi, 1967)

同物异名 *Balanus reticulatus* Utinomi, 1967

分类地位 鞘甲纲 Thecostraca，蔓足亚纲 Cirripedia，围胸总目 Thoracicalcarea，藤壶目 Balanomorpha，藤壶科 Balanidae

形态特征 壳圆锥形或筒锥形，表面光滑，有光泽，底白色、奶油色到淡粉红色，壳有紫色到猩红色或红褐色的放射纵条纹，与白色的横条纹交错成斑。峰板和峰侧板顶端常向外弯。吻板顶端多向内弯或直，侧缘有齿。翼部较宽，沿壁板侧缘处常有铅紫色带。壳口较大、菱形到五角形，壳顶呈齿状。盖板内膜淡紫红色，口缘膜乳白色，有2~3对紫红色对称斑，前后端另各有1大斑。盾板稍窄，外面平坦，覆盖一层牢固的黄色外膜，沿生长脊有1排短毛，内面白色，背板顶端不呈喙状，峰缘稍凸，外表也有淡黄色外膜覆盖，生长脊清楚，顶端有淡紫色或粉红色的放射斑。

生态习性 栖息于潮间带、潮下带，主要附着于浮标、船底、水下试板、木材和养殖架等物体上。

地理分布 我国分布于东海、南海。标本采自舟山东极海域，附着于厚壳贻贝的外壳上。舟山海域常见。

网纹纹藤壶

A：附于厚壳贻贝上的网纹纹藤壶（箭头所指）；B：整体正面观；C：盾板与背板

123 三角藤壶
Balanus trigonus Darwin, 1854

分类地位 鞘甲纲 Thecostraca，蔓足亚纲 Cirripedia，围胸总目 Thoracicalcarea，藤壶目 Balanomorpha，藤壶科 Balanidae

形态特征 壳圆锥形到筒锥形，壁板白色到粉红色，有紫红色的斑点。幼小个体的壳板几乎半透明。表面有细的白色纵肋，数目向基底增多。吻板和侧板顶端稍内弯，峰板顶端较高而直。幅部宽阔，顶线稍斜，白色，有粉红色或紫红色的斑点或纵纹，幅部隔片之间充满深色半透明的固体物质。翼部薄而宽，顶缘稍斜或几乎平行于基底，边缘光滑。壳口呈三角形或五角形。盖板有薄的外膜覆盖。盖板的内膜紫红色。盾板厚而窄，板面中部凹，两端高，外面有突出的生长脊。背板较宽阔，平坦而薄，生长脊明显，板顶端粉红色。

生态习性 栖息于潮下带、浅海，常见于浮标、浮球上，有时附着于贝壳上。数量大时会使贝类窒息，对贻贝养殖业有危害。

地理分布 我国沿海从舟山向南至西沙群岛海域均有分布。标本采自舟山东极贻贝养殖区，与刺巨藤壶、网纹纹藤壶共同附着于厚壳贻贝外壳上。舟山海域常见。

三角藤壶

A：附于厚壳贻贝上的三角藤壶（箭头所指）；B：整体侧面观；C：盾板与背板

124 白脊管藤壶
Fistulobalanus albicostatus (Pilsbry,1916)

同物异名 *Balanus albicostatus* Pilsbry, 1916

分类地位 鞘甲纲 Thecostraca，蔓足亚纲 Cirripedia，围胸总目 Thoracicalcarea，藤壶目 Balanomorpha，藤壶科 Balanidae

形态特征 壳圆锥形或圆筒形，外皮不牢固，外表有白色与暗紫红色或褐紫色相间的纵条纹，白色条纹凸出成肋，有时肋不明显，无横条纹，壁板常被腐蚀，呈灰白色。壳口大，呈菱形或五角形，壳口缘呈锯齿状。幅部宽阔，顶缘斜，白色或紫色，侧缘下部有齿。翼部宽阔，薄，顶缘斜。盖板内膜紫红色到淡褐紫色，开闭缘膜污紫色，有1～2对黑紫色对称斑，前后端另有1个较大的斑。盾板较宽阔，有紫色纵带，背缘具有一白色带，内面淡紫色或白色。背板略窄，外面生长脊清楚。

生态习性 栖息于潮间带，常附着在码头、岩石、木桩、贝壳、船底和红树上。能忍受长时间的周期性干燥。

地理分布 我国南北沿海均有分布。标本采自舟山桃花岛海域。舟山海域常见。

白脊管藤壶

A：附于岩石上的白脊管藤壶；B：整体正面观；C：整体侧面观；D：盾板与背板

125 泥管藤壶
Fistulobalanus kondakovi (Tarasov & Zevina, 1957)

同物异名 *Balanus kondakovi* Tarasov & Zevina, 1957; *Balanus uliginosis* Utinomi, 1967

分类地位 鞘甲纲 Thecostraca，蔓足亚纲 Cirripedia，围胸总目 Thoracicalcarea，藤壶目 Balanomorpha，藤壶科 Balanidae

形态特征 壳圆形或筒形，壁板表面光滑，有光泽，白色或污白色，有污紫色或淡紫色细纵条纹，自顶端向下放射，排列较密集，无横条纹。外膜薄而牢固。壁板顶部直或外弯，幅部与翼部都窄，顶缘斜。壳口大，菱形，边缘呈强齿。盖板内膜淡污紫色，开闭缘膜白色，有3对对称的紫色斑，其前后各另有1个大斑。盾板较窄，板面两端翘起，覆以淡黄色外膜。背板较宽阔。周壳易腐蚀，形态多变。

| 生态习性 | 栖息于潮间带、潮下带，常发现于低盐的河口港湾中，附着于船底、浮标、水下设施、木材、岩石及贝壳上。
| 地理分布 | 我国南北沿海均有分布，是我国沿海主要的固着藤壶之一。标本采自舟山桃花岛海域。舟山海域常见。

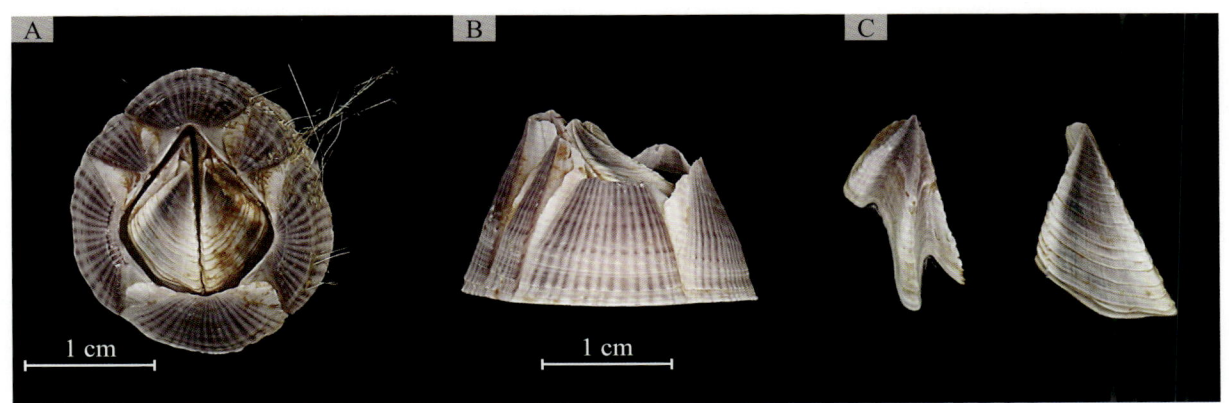

泥管藤壶

A：整体正面观；B：整体侧面观；C：盾板与背板

126 刺巨藤壶
Megabalanus volcano (Pilsbry, 1916)

| 同物异名 | *Balanus tintinnabulum volcano* Pilsbry, 1916
| 分类地位 | 鞘甲纲 Thecostraca，蔓足亚纲 Cirripedia，围胸总目 Thoracicalcarea，藤壶目 Balanomorpha，藤壶科 Balanidae
| 形态特征 | 壳筒锥形，壁板粗糙，散布有向下方或向上方突出的棘状刺，无刺个体也较常见。有时近基底部分有皱褶。表面粉红色到紫红色或紫灰色，有不明显的暗紫色细纵条纹或细纵肋。幅部宽阔，常为淡蓝白色到铅紫色，顶缘平行于基底。壳口大，钝三角形。盾板宽阔，表面平坦，有紫色斑。背板外表平坦、白色，顶端尖，呈喙状。盖板内面紫色，口缘膜后部紫红色，前部蓝绿色。在个体群聚拥挤时，基底可随筒形的壳延伸生活。个体形态有变化。

本种与舟山海域分布的其他巨藤壶的主要不同在于：壳外有紫红色纵条纹，有棘刺

（无刺者也较为常见）；盾板的生长脊与纵肋相交成屋瓦状排列的低突；背板顶端呈喙状，基缘与矩交成钝角，矩较窄。

生态习性 栖息于开阔海域的低潮带、潮下带，常固着于岩石、浮标和养殖架。

地理分布 我国分布于东海、南海。标本采自舟山枸杞岛、东极岛海域，和三角藤壶、网纹纹藤壶等附着于厚壳贻贝外壳上。舟山海域偶见。

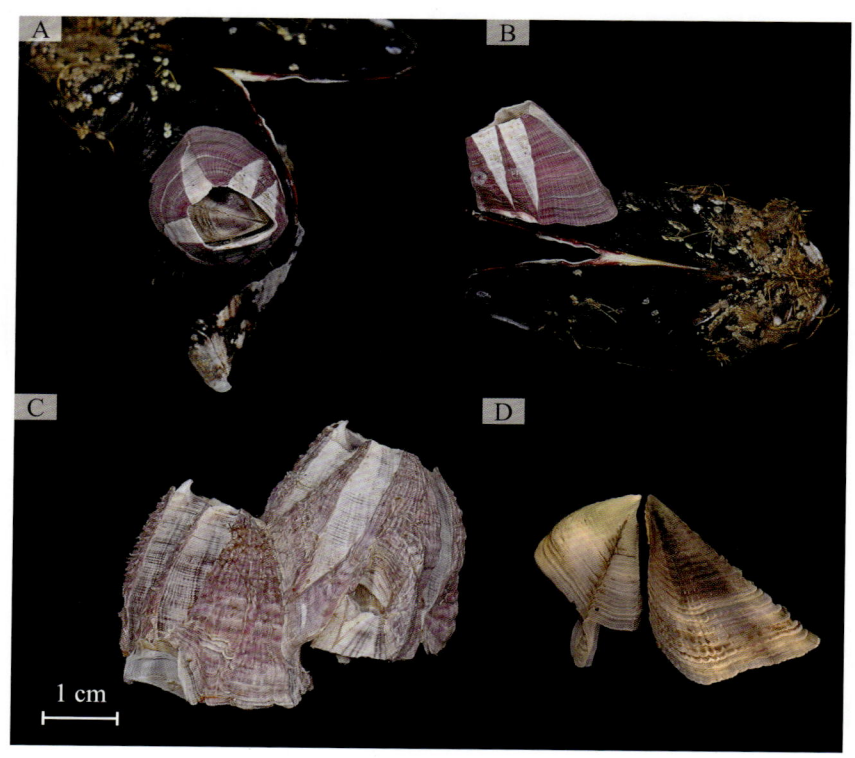

刺巨藤壶

A、B：附于厚壳贻贝上的无刺个体；C：整体侧面观（示棘状刺）；D：盾板与背板

127 红巨藤壶
Megabalanus rosa Pilsbry, 1916

分类地位 鞘甲纲 Thecostraca，蔓足亚纲 Cirripedia，围胸总目 Thoracicalcarea，藤壶目 Balanomorpha，藤壶科 Balanidae

形态特征 壳圆锥形到筒锥形，表面光滑，壳板由白色、粉红色到玫瑰色，有的个体带有较暗的玫瑰色细纵条纹，壁板上部和吻板及侧板色淡。幅部宽阔，顶缘平行于基底，深玫瑰紫色，有细的管道横贯。壳口大，圆三角形。盾板外面中部稍纵凹，呈半透明的玫瑰色。背板顶端尖，明显呈喙状，外表较平坦，生长脊清楚。

生态习性 栖息于开阔海域的低潮带、潮下带，常固着于岩石、浮标和养殖架。

地理分布 我国分布于东海、南海。标本采自舟山枸杞岛、东极岛海域，和刺巨藤壶、三角藤壶、网纹纹藤壶等附着于厚壳贻贝外壳上。舟山海域偶见。

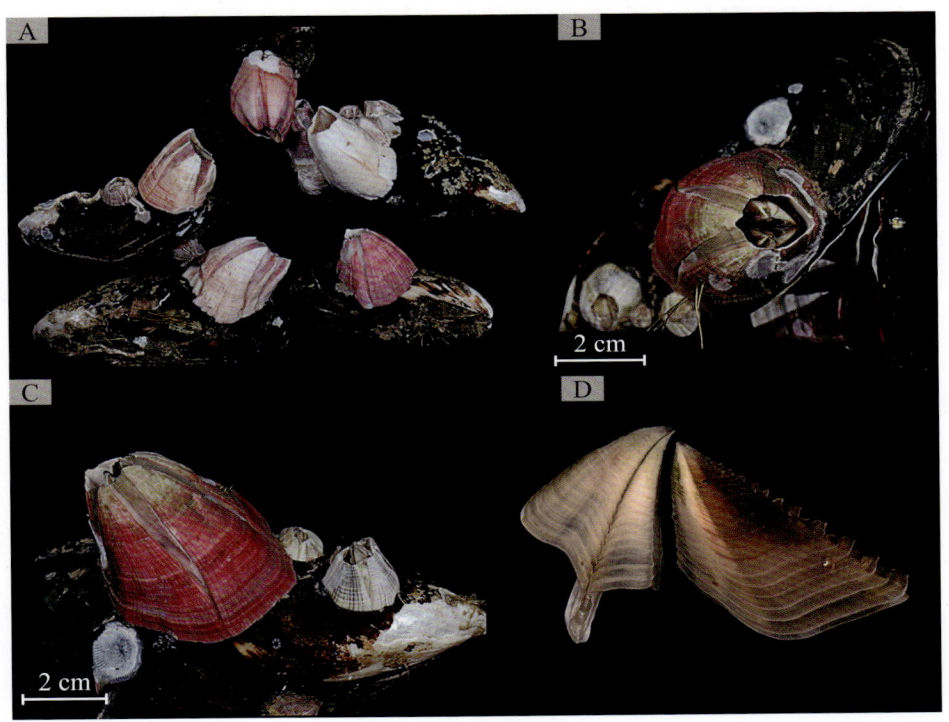

红巨藤壶

A：附于厚壳贻贝上不同颜色的红巨藤壶；B：整体背面观；C：整体侧面观；D：盾板与背板

（五十八）小藤壶科 Chthamalidae Darwin, 1854

壁板通常8或6片，基底无轮生副板，大颚3或4齿。

128 东方小藤壶
Chthamalus challengeri Hoek, 1883

分类地位 鞘甲纲 Thecostraca，蔓足亚纲 Cirripedia，围胸总目 Thoracicalcarea，藤壶目 Balanomorpha，小藤壶科 Chthamalidae

形态特征 壳灰白或褐白色，圆锥形，拥挤时呈筒状，表面光滑或不规则起肋，板缝清楚。壳口菱形。基底膜质。盾板三角形，开闭缘内面显著隆起，背板盾缘内面显著隆起，上部宽，下部窄。

生态习性 栖息于潮上带和潮间带岩石海岸，能耐受长时间的周期性干燥，为适应性甚强的附着生物。

地理分布 我国分布于渤海、黄海，舟山海域也有发现。标本采自舟山桃花岛海域。舟山海域常见。

东方小藤壶

A：非拥挤生长状态；B：拥挤生长状态；C：整体侧面观；D：盾板与背板

129 白条小地藤壶
Microeuraphia withersi (Pilsbry, 1916)

同物异名 *Chthamalus withersi* Pilsbry, 1916; *Euraphia withersi* (Pilsbry, 1916)

分类地位 鞘甲纲 Thecostraca，蔓足亚纲 Cirripedia，围胸总目 Thoracicalcarea，藤壶目 Balanomorpha，小藤壶科 Chthamalidae

形态特征 壳扁平、圆锥形，褐色，腐蚀后为灰白色，表面光滑或近基部有肋，板缝直而清楚。幅部窄，翼部宽。壳口大，呈菱形或五边形，基底膜质。盾板几乎呈直角三角形，棕褐色，背缘直，有1条白色纵条纹。背板上宽下窄，峰缘有1条白色纵条纹，上宽下窄，盾缘直。本种之前归属于地藤壶属。

生态习性 栖息于潮间带上部，主要栖息于小潮高潮线附近，通常附着于岩石、红树和其他动物壳上。

地理分布 我国分布于东海、南海。标本采自舟山朱家尖岛海域潮间带。舟山海域常见。

白条小地藤壶（红框内）与东方小藤壶

（五十九）龟藤壶科 Chelonibiidae Pilsbry, 1916

壳板8或6片，每板无中央纵沟或鳞片；鞘延伸到基底形成板的内薄片，连结吻板和吻侧板为复合吻板的缝通常可见；内外薄片间形成合流的壁管，常充满次级薄片；盖板小于壳口，角质关节，背板很好发育；基底膜质；外套膜没形成覆盖蔓足的罩。主要附着于海龟、甲壳动物等动物体躯。

130 龟藤壶
Chelonibia testudinaria (Linnaeus, 1758)

同物异名 *Chelonibia manati* Gruvel, 1903; *Chelonibia patula* (Ranzani, 1818)

分类地位 鞘甲纲 Thecostraca，蔓足亚纲 Cirripedia，围胸总目 Thoracicalcarea，藤壶目 Balanomorpha，龟藤壶科 Chelonibiidae

形态特征 壳形根据所固着宿主有区别，但固着后不再发生改变，壳表面光滑雪白，有细密透明的纵条纹。

发现于海龟背甲上的龟藤壶壳低扁，卵圆形，幅部较窄而凹下，顶缘几乎平行于基底，翼部薄。壁板厚，基部呈钝齿状。吻板由3片壳板结合构成，基底膜质。盖板小于卵圆形壳口。背、盾板间以角质关节相连。背板长方形，关节沟清楚。盾板呈钝角三角形，表面光滑。发现于甲壳类壳上的龟藤壶壳矮陡圆锥形，幅部宽阔，光滑，顶缘稍斜。壳口很大，通常超过基底之半，卵圆或六边形。壁板较薄，吻板由3片壳板连在一起。盾板狭窄，白色，外表生长脊不太显著；背板呈不等的四边形，生长脊可见，矩较明显，关节沟清楚。

生态习性 栖息于潮下带、浅海，通常附着于海龟背胸甲或底栖蟹类头胸甲上，也可发现于海边岩石、浮标上。

地理分布 我国分布于东海、南海。标本采自舟山沈家门海域及海关查获的走私海龟尸体上，分别附着于红星梭子蟹头胸甲及海龟背甲上。舟山海域少见。

龟藤壶

A：附于红星梭子蟹头胸甲上的龟藤壶；B：附于海龟背甲上的龟藤壶

（六十）笠藤壶科 Tetraclitidae Gruvel, 1903

壳壁板4片或6片，结合松散或钙化牢固；壁内有多排或1排纵管，或无管而只具长短不同的隔片或粗糙肋；幅部发达或退化，基底膜质或石灰质。大颚下角呈栉状或粗锯齿状。上唇不膨鼓。第2和第3蔓足有特化（羽状或其他形状）刚毛。无尾附肢。交接器无背突。第3蔓足两分枝或一分枝正常或为触角型。主要栖息于热带和亚热带潮间带和潮下带。

131 鳞笠藤壶
Tetraclita squamosa (Bruguière, 1789)

同物异名 *Tetraclita milleporosa* Pilsbry, 1916; *Tetraclita squamosa milleporosa* Pilsbry, 1916;
Tetraclita squamosa patellaris Darwin, 1854;
Tetraclita squamosa perfecta Nilsson-Cantell, 1931;
Tetraclita squamosa squamosa (Bruguière, 1789)

分类地位 鞘甲纲 Thecostraca，蔓足亚纲 Cirripedia，围胸总目 Thoracicalcarea，藤壶目 Balanomorpha，笠藤壶科 Tetraclitidae

形态特征 壳圆锥形或陡圆锥形，壳口较小，外表面暗灰紫色或灰褐色，有细纵肋，外膜生长线处有角质毛，膜常腐蚀，裸露细密的蓝绿色纵肋，肋一般带珠状突，整个壳板蓝绿色。幅部很窄或全无，关节缘有不规则蠕虫状的突起。翼部白色，窄而薄。壁板厚，接合牢固。盾板较窄，外表生长脊细密，在开闭缘形成1排（9~14个）斜的小齿，内面蓝绿色。背板较窄，顶端尖而弯，呈喙状。

生态习性 栖息于潮间带和潮下带，常附着于岩石、码头和浮标上。

地理分布 我国分布于东海、南海。标本采自舟山普陀莲花洋潮间带。舟山海域偶见。

鳞笠藤壶

A：附于岩石上的鳞笠藤壶；B：整体侧面观；C：盾板与背板

132 日本笠藤壶
Tetraclita japonica (Pilsbry, 1916)

分类地位 鞘甲纲 Thecostraca，蔓足亚纲 Cirripedia，围胸总目 Thoracicalcarea，藤壶目 Balanomorpha，笠藤壶科 Tetraclitidae

形态特征 壳陡圆锥形，壳口较大，圆三角形，表面鼠灰色到灰紫色，外膜被腐蚀后裸露灰紫色到青紫色梭形纵肋，肋较粗糙。外表除幼小个体可见很窄的幅部外，仅见4片壁板间细缝，幅部全无。壁板厚，多角形，壁板外壁内面无明显的网状低肋。盖板较宽阔，盾板外表生长脊不明显，开闭缘有大齿2~7个，内面蓝紫色到紫红色。背板外表有浅的中央沟，顶端呈喙状，内面顶端呈紫色带，下为白色，矩窄而尖。

日本笠藤壶常与鳞笠藤壶出现于同一地点，又相互附着混栖，只看周壳往往无法区分。

生态习性 栖息于潮间带和潮下带，常附着于岩石、码头和浮标上。

地理分布 我国分布于东海和南海。标本采自舟山桃花岛、东极岛海域。舟山海域常见。

日本笠藤壶

A、B：附于岩石上的日本笠藤壶；C：盾板与背板

软甲纲 Malacostraca

软甲纲是节肢动物门甲壳亚门中较大的一个纲，其物种数量约占已知甲壳动物的3/4，结构和机能较其他各纲更为发达，通常具发达的头胸甲（背甲）覆盖整个头胸部或头部与部分胸节。软甲纲动物通常头部6节，胸部8节，腹部6节，尾部1节。除尾节外，各节均有附肢。胸部前3对颚肢常形成颚足。通常具复眼，多雌雄异体，生殖孔位置一定，雌性生殖孔位于第6胸节，雄性生殖孔位于第8胸节。软甲纲动物身体平均大小也比其他甲壳动物大，我们所熟悉的虾、蟹等经济种类属于本纲。

本书主要对其中的小型软甲纲动物（等足目、端足目与涟虫目）进行描述。

二十二、等足目 Isopoda

通常背腹平扁，可分头、胸、腹3部分。头部与第1胸节愈合，称头胸部，无头胸甲。胸部为7个自由胸节。腹部正常为6节。末端为尾节，呈三角形或半月形，多数种类其尾节与前一腹节愈合，称腹尾节。

复眼无柄。第1触角很短小，触角柄4～6节，外肢多退化消失。胸部第1对为颚足，后7对均为步足，单枝型，缺外肢，其底节常有不同程度的扩大而呈板状，称底节板，用作为爬行。因胸肢（步足）的外形及长短均相似，故称等足类。

腹肢6对，均为双枝型，最后1对称尾肢，其前2或3对用作游泳，后2或3对用作呼吸，陆栖的种类其内肢形成伪气管。雄性第2对或前2对内肢常变形，称交接器。雌性个体在步足的基部内侧体壁生出4～5对复卵片，此片与胸部腹甲构成育卵囊，卵产出后藏于囊内。

等足目生物多生活于海洋中。通常以植食性为主，尤其是死的植物；也常见有杂食性，以藻类和动物的尸体为食；少数种类，如柱木水虱等，会吃食木材，毁坏码头、船坞等建筑设施。

在舟山海域采获等足目15种，根据其形态特征可分为4个亚目。

盖肢亚目 Valvifera

又称盖鳃亚目。多数有眼。体表光滑，或具突起或刺。第1触角通常短于体长且短于第2触角，第2触角短于或长于体长。大颚强壮，切齿钝，无触须。第1小颚双枝型，第2小颚有3个分枝。颚足内叶大，有1个或多个小钩；触须具3～5个宽扁的节。头部短，通常位于第1胸节前端，有时与第1胸节愈合；第2～7胸节独立，第4胸节较长。腹部具1个或2个独立的体节，有时无独立体节。第3～6腹节和尾节组成腹尾节。腹肢为双枝型，均隐藏于尾肢形成的鳃腔中。

多为海生，生活在岸边的海藻中或深海中。许多种以它们特殊的胸肢为摄食工具，摄取植物或静止的动物为食。

在舟山海域采获盖肢亚目2种，分属2科。

（六十一）全颚水虱科 Holognathidae Thomson, 1904

身体半圆柱形，底节板不向侧面展开；腹尾节两侧平行，顶端通常圆弧形；第4胸肢远短于其他胸肢，座节至掌节具刺。第1～4腹节侧面分节线明显（仅个别种类分节不明显，或仅在腹节背侧具分节线）。雄性附肢与第2腹肢内肢分离。第1、2腹肢末端具长刚毛。大颚触须第2、3节分节线可能不明显，但无不分节现象。

133 平尾拟棒鞭水虱
Cleantioides planicauda (Benedict, 1899)

同物异名 *Cleantis planicauda* Benedict, 1899

分类地位 软甲纲 Malacostraca，等足目 Isopoda，盖肢亚目 Valvifera，全颚水虱科 Holognathidae

形态特征 体圆柱形，两侧平行，体宽约为体长的1/6。头部近圆角形，头前缘中央为1个凹刻，两侧缘突出。复眼呈三角形。第1触角短，鞭部仅1节。大颚须5节。胸部7节，各节大小相似。第1胸节的前侧缘角较大，胸肢底节板狭小，背面不见。第5~7胸节的后侧缘角尖锐，第7节最强大，第3胸肢最长，第4胸肢特小。前3对胸肢稍似爪状，其掌节特别膨大，第4~7胸肢为步行足，掌节不膨大。指节较长。腹部长度约为体长的1/3。前4腹节较短。尾节特长，后缘钝圆。

生态习性 多栖息于沿海潮间带。

地理分布 我国分布于黄海、东海。标本采自舟山六横岛海域。舟山海域少见。

平尾拟棒鞭水虱
A：背面观；B：侧面观；C：腹面观

（六十二）盖鳃水虱科 Idoteidae Samouelle, 1819

身体背腹扁平，长条形至椭圆形，表面大多光滑。胸部7个游离节几乎等长。除第1胸节外，底节板与胸节间具1条横向愈合缝。腹节完全或部分与尾节愈合。第1触角短，柄3节，鞭1节。第2触角柄5节，鞭1节或多节。大颚无触须。颚足触须3~5节。后7对胸肢粗壮，由前向后依次变短，前3对通常为攀附足，略呈螯状。5对腹肢不游泳时，被尾肢所覆盖。雄性第2腹肢具雄性附肢。

134 凹腹盖鳃水虱
Idotea ochotensis Brandt, 1851

同物异名 *Idotea derjugini* Gurjanova, 1933; *Idotea japonica* Richardson, 1900

分类地位 软甲纲 Malacostraca，等足目 Isopoda，盖肢亚目 Valvifera，盖鳃水虱科 Idoteidae

形态特征 体长18~25 mm，宽约为长的1/5，褐绿色至红棕色。体背腹扁平，两侧略平行。头部呈四边形，前缘分3叶，各叶钝圆。复眼较小，位于头部侧缘的中部。第1触角短小，4节；第2触角很长，柄部5节粗大，鞭较细，10节左右。7胸节长度约等长。第1胸节前侧突膨大舌状，其肢上板狭小，隐藏在胸节之下；后各胸节的肢上板明显，背面可见；末节的肢上板发达。胸肢的基节至长节有刺列。腹节的两侧平行，但中腰略凹，后突钝圆，后缘有1个中突。腹肢呈叶片膜状，前2对腹肢边缘有羽状刚毛列，后3对的刚毛短而稀。尾肢细长，被盖在腹部的腹面。

生态习性 通常生活在潮间带、浅海或沿海潟湖中，栖息于藻类或海草中，并以此为食。

地理分布 我国分布于黄海、东海，在浙江海域的石砾、海藻间有采集记录。标本采自舟山枸杞岛海域潮间带。舟山海域偶见。

凹腹盖鳃水虱生态照

凹腹盖鳃水虱

A1：背面观（雄）；A2：侧面观（雄）；A3：腹面观（雄）；
B1：背面观（雌）；B2：侧面观（雌）；B3：腹面观（雌）

潮虫亚目 Oniscidea

潮虫亚目为等足目中唯一完全适应陆地生活的动物，多为陆生，分布范围广泛，可以从潮间带一直分布到海拔4700 m的高地。

一般体型较小。通常具眼，但也有许多种类无眼。背部光滑，或有突起和刺。第1触角小，3节；第2触角通常比身体短，鞭部2节到多节。大颚粗钝，具坚硬的切齿突起，无触须。第1小颚双枝型，第2小颚不分枝。颚足触须3～5节，不具弯曲的小钩。胸部各节明显，胸肢存在且为步行足。腹部具5个独立的体节和1个腹尾节。腹肢为双枝型，外肢较硬，内肢肉质。雄性个体的第1、2腹肢具刺，内肢（有时外肢）延长。许多种的部分腹肢外肢适于呼吸，为伪气管。尾肢为双枝型，其形状及位置也依种类不同而各异。

在舟山海域采获潮虫亚目1种。

（六十三）海蟑螂科 Ligiidae Leach, 1814

体呈长卵圆形。第1触角短小；第2触角长，鞭由多节组成。尾肢长。喜好在潮间带无水区域活动。

135 海蟑螂
Ligia (*Megaligia*) *exotica* Roux, 1828

同物异名 *Ligia exotica* Roux, 1828; *Ligia gaudichaudii* H. Milne Edwards, 1840; *Ligia grandis* Perty, 1834; *Ligia olfersii* Brandt, 1833; *Megaligia exotica* (Roux, 1816)

分类地位 软甲纲 Malacostraca，等足目 Isopoda，潮虫亚目 Oniscidea，海蟑螂科 Ligiidae

形态特征 身体呈长椭圆形，长约为宽的2倍，身体前部较宽，后部逐渐变细，背中央具1条黄色纵纹，贯穿整个背部。头部近半圆形，宽约为长的2倍。眼大而突起。第1触角不显眼，3节；第2触角发达，长鞭状，触角柄5节，鞭26～39节，长近于体长。第2小颚2叶。颚肢5节，每节内缘密生细刺。第1～7胸节后角渐次强而尖。雄性第1胸肢的掌节腹缘末端有1突起。第7胸肢细长，腕节和掌节的内缘列生细刺。雄性第

1腹肢外肢呈不规则四边形，内肢较小，交接器呈细长锥形；第2腹肢外肢近肾形。内肢呈柱状，第1～2腹节小；第3～5腹节后侧角尖。尾节后缘中央呈钝三角形，后侧缘为锐角状。尾肢细长，柄发达，长为宽的4倍，末端分内、外肢。

生态习性 多栖居于海岸的岩石边，喜欢集群栖息，爬行的速度很快。以海藻为饵，对紫菜的自然育苗危害较大，当潮退下时，就迅速地跑向水边觅食海藻，遇潮水上涨时，则很快地跑掉。每到冬季开始蛰伏，钻入海浪浸湿不到的石缝中，待次年水温上升到10℃以上时外出活动。

地理分布 我国各海区均有分布。标本采自舟山朱家尖岛海域潮间带。舟山海域常见。

海蟑螂

团水虱亚目 Sphaeromatidea

腹节不同程度愈合（罕见的第1～5节分离）。第1腹节较窄于其他腹节，腹尾节下边拱状，鳃室由沿侧边中缘的脊确定。第1触角无鳞片。大颚动颚片存在于左边，弱或愈合，在右边具刺排或缺乏。大颚臼齿呈柱状突，具研磨平坦末端。颚足末端达触须第2节的末缘，通常末端平截或粗糙。第3尾肢内肢近三角形（或内角尖于外角）。第7背底节板与其他底节板相似（罕见的短）。尾肢的分肢到腹尾节缘侧，关节沿纵轴折叠向下沿鳃隙边。

在舟山海域采获团水虱亚目4种，均属于团水虱科。

（六十四）团水虱科 Sphaeromatidae Latreille, 1825

身体分为头、胸、腹三部分。头部额角稍突起，复眼1对，位于头部侧后方。胸部7节，具有较硬的背甲，第2～7胸节具底节板。腹部2节，第1节具区分线，表明是由多节愈合而成；第2节为腹尾节，具1对双枝型的尾肢，尾肢内肢固定，外肢可动。胸肢7对，腹肢5对。前3对腹肢用来游泳，较硬，为膜状，具有长刚毛；第4和第5对腹肢营呼吸作用，只具有很短的刚毛而且常具有皱襞或折叠。尾肢形态变化较大，常是区分属、种的重要特征。

136 雕刻拟尖水虱
Paracerceis sculpta (Holmes, 1904)

同物异名 *Dynamene sculpta* Holmes, 1904; *Paracerceis angra* (Pires, 1980); *Paracerceis japonica* Nunomura, 1988; *Sergiella angra* Pires, 1980

分类地位 软甲纲 Malacostraca，等足目 Isopoda，团水虱亚目 Sphaeromatidea，团水虱科 Sphaeromatidae

形态特征 头部宽大于长，额角突起。第1触角柄部第1和第3节长，第2节短；鞭部11节，伸至第1胸节中部。第2触角鞭部14节，伸至第3胸节上缘。胸部7节，第1胸节比其余各节均长，胸节底节板明显。腹部具2排共6个突起，腹尾节近末端有1个突起，雄性个体腹尾节顶端具有齿状凹口。第1胸肢基节和座节背面均布有短刚毛；第7胸肢基节和座节背面有刚毛。第2～6胸肢与第7胸肢相似。第1腹肢基部长约为宽的3倍，外肢高和宽均显著大于内肢。雄性附肢自第2腹肢内肢近顶端发出。第3～5腹肢外肢不具横裂，第4和第5腹肢内、外肢均具皱襞。尾肢内肢宽且短，不超过腹尾节顶端；外肢细长，超过腹尾节末端的1/2，其上布有短小的细刚毛。

| 生态习性 | 常栖息于潮间带至浅海的海藻、苔藓虫等固着生物群落中。
| 地理分布 | 我国见于海南、香港及台湾沿海。标本采自舟山东极海域潮间带海藻丛中，为舟山海域首次记录。舟山海域少见。

雕刻拟尖水虱
A：背面观；B：腹面观；C：侧面观

137 日本凹尾水虱
Dynamenella nipponica (Nishimura, 1969)

| 同物异名 | *Cymodocella nipponica* Nishimura, 1969
| 分类地位 | 软甲纲 Malacostraca，等足目 Isopoda，团水虱亚目 Sphaeromatidea，团水虱科 Sphaeromatidae
| 形态特征 | 体卵圆形，背部突起，全身密布细毛。每个复眼具25～30单眼，第1触须基节膨大，略长于第2柄节的2倍，第2柄节中等粗壮，第3柄节纤细，长短于基节。第7胸节不窄于第6胸节，后缘亚双叶型。腹节与胸节不明显分离，第1腹节隐藏于第7胸

节之下，第3腹节不显于尾部轮廓，第4腹节具2个近中线的背突。腹尾节具16背突，中间6背突较大，侧缘向前弯曲，形成1个背侧具尖孔的管。雄性交接器细长，长约为宽的8倍，基部相连，近端2/3处具细刺。雄性第2腹肢指节延长。第1～3腹肢均薄且透明，第4和第5腹肢均肉质且不透明，具斜褶纹。第1～3腹肢外肢不分节，第4、5腹肢外肢不完全分成2节。第5腹肢外肢内缘与末端具鳞状突起。腹肢大，外肢薄片状末端尖，边缘具圆齿，长度与内肢相近，内肢片状末端圆。

| 生态习性 | 多栖息于潮间带与潮下带的岩石间。 |

| 地理分布 | 本种此前主要记录于我国南海。标本采自舟山朱家尖岛海域潮间带，为舟山海域首次记录。舟山海域罕见。 |

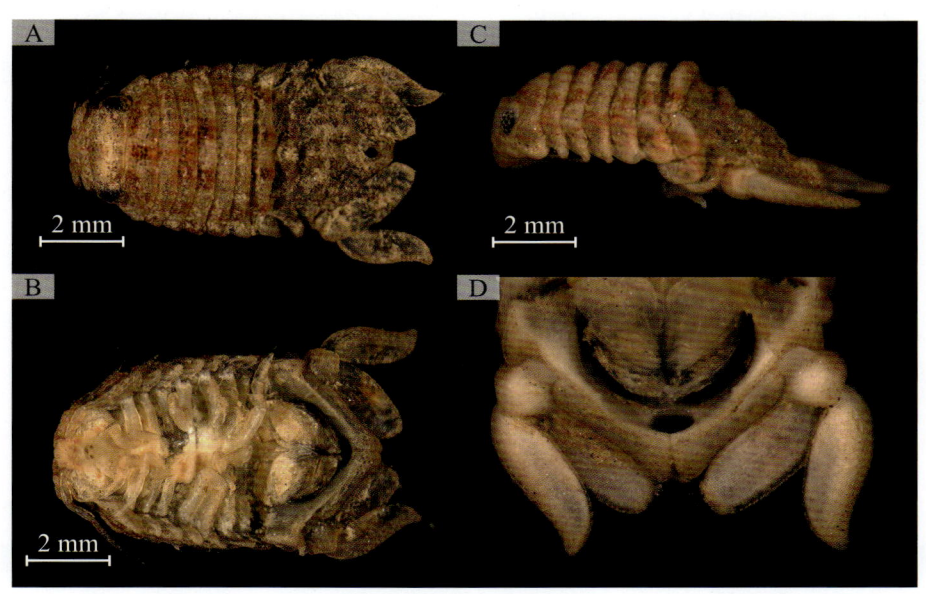

日本凹尾水虱

A：整体背面观；B：整体腹面观；C：整体侧面观；D：腹尾部腹面观

138 刺肢海底水虱
Dynoides spinipodus Kwon & Kim, 1986

| 分类地位 | 软甲纲Malacostraca，等足目Isopoda，团水虱亚目Sphaeromatidea，团水虱科Sphaeromatidae |

形态特征 体卵圆形，侧缘近平行。头部眼间具隆起与小吻突，眼小，底节板不明显，与胸节融合。第5和第6胸节底节板后方轻微突起，底节板边缘具密实刚毛。背侧面光滑，表面覆有细小刚毛。

雄性个体腹部具中央突起，其末端稍向下弯。腹部侧缘具纵向棱（突起），腹尾节双叶，表面覆有微小的突起。后缘细长形成闭合的管，管内缘向上无齿，腹尾节末端呈"A"形。第1触须基节膨大；第2柄节长约为基节的1/3；第3柄节变细，长近于第2柄节；鞭毛9节，收缩时可达第1胸节的后边缘。第2触须远长于第1触须，鞭毛17节。第1胸肢短，第2胸肢细长，长于第3胸肢，第3~7胸肢相似，长度逐渐变长。第1胸肢掌节腹侧具2根羽状刺，基节与座节背缘具很多小刺；第7胸肢掌节、腕节与长节腹缘具刚毛，基节与座节背缘具很多小刺。第1~3腹肢具2偶联刺，皆为薄片状；第2腹肢具雄性附肢，长约为内肢的2倍，自中部开始逐渐变细，并在近末端处翻折。第4和第5腹肢具肉质内肢，外肢片层状，部分或所有肢节外缘具细小刚毛。尾肢宽，片状，延伸至腹尾节之外，外肢短于内肢，外肢内缘不增厚，但轻微向上弯曲。

雌性基节与雄性类似，体型要小于雄性，腹部侧缘无纵脊，腹尾节表面覆有小突起，尾肢不达腹尾节边缘，内肢长于外肢，内肢末端截断，外肢末端圆滑。

生态习性 多栖息于潮间带。

地理分布 首次记录于韩国南部海岸，此次可能为我国首次记录。标本采自舟山东极岛、嵊泗列岛基岩潮间带，为舟山海域首次记录。舟山海域偶见。

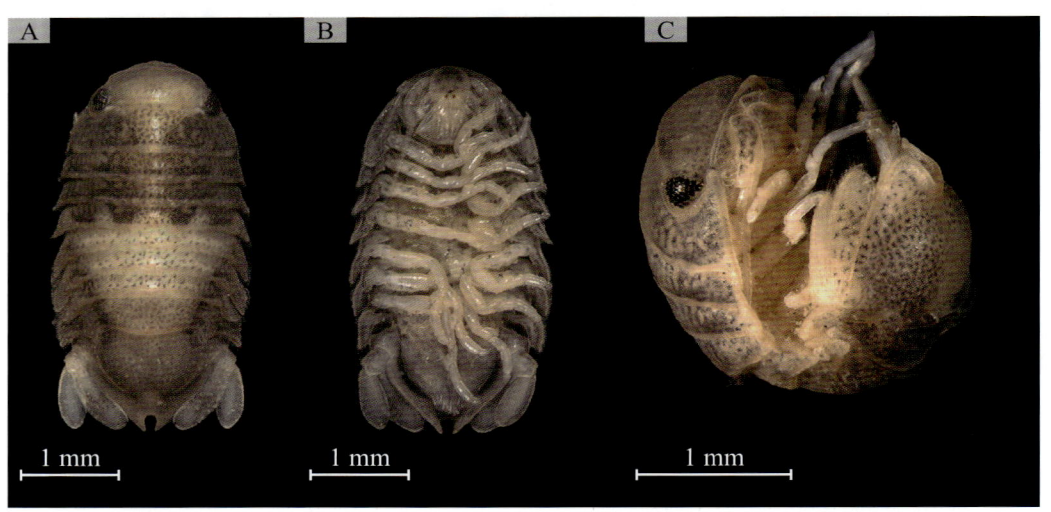

刺肢海底水虱（雌）

A：背面观；B：腹面观；C：团起侧面观

刺肢海底水虱（雄）
A：背面观；B：腹面观

刺肢海底水虱生态照

139 雷伊著名团水虱
Gnorimosphaeroma rayi Hoestlandt, 1969

同物异名 *Sphaeroma retrolaevis* Richardson, 1904
分类地位 软甲纲 Malacostraca，等足目 Isopoda，团水虱亚目 Sphaeromatidea，团水虱科

Sphaeromatidae

形态特征 体长7~10 mm，卵圆形，长约为宽的1.8倍；头部额角略突起，眼黑色，稍大；第2~7胸节具不明显的底节板；腹节侧部具2道短区分线；腹尾节光滑，无突起或刚毛。第1触角柄部第1节宽且长，第2节短，第3节细长；鞭部12节，伸至第1胸节中部。第2触角鞭部14节，伸至第2胸节下缘。

第1胸肢基节腹面前端具6根刚毛；座节背面3根刚毛，腹面3根刚毛；长节背面前角具1个刺及1根短刚毛，腹面2根刚毛；腕节短，腹面具1个刺及1根刚毛；掌节腹面具2个刺；座节腹缘至腕节腹缘均布有短小的刚毛。第2胸肢比第1胸肢长，基节腹面具很短的刚毛；座节光滑；长节背面前端具几根刚毛；腕节长，腕节与掌节几乎不具刚毛。第7胸肢基节、座节均无刚毛；长节背面前角有1个刺及1根刚毛；腕节前端分布1圈刚毛；掌节背面前角有2根刚毛，腹面前角有1个刺。第2腹肢基部宽约为长的3倍，内侧有3个弯曲的小钩；雄性附肢自第2腹肢内肢亚基端发出，约为内肢长的1.4倍。第4和第5腹肢内外肢均不具有皱襞。

尾肢内外两肢均不超过尾节末端，内肢长而宽，外肢短小。

生态习性 常栖息于潮间带石块下或海藻间。

地理分布 我国分布于渤海、黄海和东海。标本采自浙江海洋大学揽月湖。舟山海域常见。

雷伊著名团水虱

A：背面观（雄）；B：背面观（雌）；C：腹面观（体型小者为雄性）

雷伊著名团水虱生态照

缩头水虱亚目 Cymothoida

因其尾肢与腹尾节共同形成尾扇而又被称为扇肢亚目。体长变化很大,从3 mm到450 mm均有,大多为10~35 mm。眼存在或无。背部光滑或具突起。第1和第2触角通常不超过体长。大颚发达,触须通常3节;颚足通常大,触须5节,具1个或多个弯曲的小钩或不具小钩。寄生种类的颚足常有特化现象。胸部体节不愈合,第1~7胸肢通常为步足。不同种类胸肢形态多变,有些种类指节特化为易于攀附的爪型,有些种类胸肢具有长刚毛适于游泳。腹部通常具有5个体节外加腹尾节。腹肢双枝型,具有长刚毛。尾肢双枝型,与平扁的腹尾节共同形成尾扇。

缩头水虱亚目是海边最常见的等足类,大多自由生活,部分种类寄生生活。

在舟山海域采获缩头水虱亚目8种,分属4科。

(六十五)巨颚水虱科 Gnathiidae Leach, 1814

成体雌雄两性异型,雌体往往短于雄性个体:第1触角比第2触角短,且两者均短于体长。口器通常也雌雄异型。第1胸节与头部愈合,第1~6胸肢为步行足,第7胸节在背面可见,无附肢。腹部突然窄于胸部,具5个独立的体节及"T"形或三角形的腹尾节。腹肢基部具2个长卵圆形的分枝,雄性个体第2腹肢内肢具雄性附肢。尾肢双枝型,平扁,与腹尾节的后半部分一同形成尾扇。雄性个体头部比较宽,头部和第1~6胸节通常高钙质,背部具突起;颚足平扁成为口腔囊盖,幼体时为钩状。雌性个体的大颚和口器退化或缺失,育卵囊位于膨大的胸部,腹部突出像一个尾巴。雄性个体用大颚挖洞,通常一个雄体和多个雌体共同生活在管状洞或缝隙里。

140 巨颚水虱未定种
Gnathia sp.

分类地位 软甲纲 Malacostraca,等足目 Isopoda,缩头水虱亚目 Cymothoida,巨颚水虱科 Gnathiidae

形态特征 采获标本为雄性,额前缘平直,具细微额突。第1胸节与头部愈合,第1~6胸肢为步行足,第7胸节在背面可见。腹部突然窄于胸部,呈尾状,腹肢呈游泳型。

生态习性 不明。

地理分布 不明。标本采自舟山东极海域。舟山海域偶见。

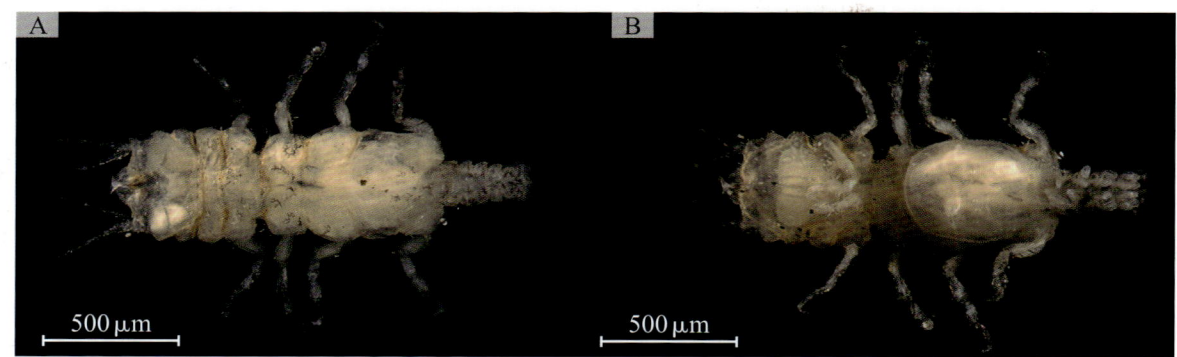

巨颚水虱未定种（雄）
A：背面观；B：腹面观

（六十六）拟背尾水虱科 Paranthuridae Menzies & Glynn, 1968

体长，近圆柱状。胸部7节。腹部小，6节，尾节长，常与末腹节愈合。第2触角柄5节或4节。口器常为刺吸式。大颚有触须，颚足多无内叶；触须常为4节或无。7对胸肢，底节板不横卧。第1对胸肢螯状，发达；第2和第3对胸肢半螯状；后4对为步足。第1对腹肢宽大，形成一盖，被覆于其余各对腹肢之上。尾肢着生于第6腹节的外侧角，与尾节共同组成尾扇。尾肢的外肢独特，垂直于原肢和内肢。尾节常具成对或不成对的平衡囊。

141 日本拟背尾水虱
Paranthura japonica Richardson, 1909

分类地位 软甲纲 Malacostraca，等足目 Isopoda，缩头水虱亚目 Cymothoida，拟背尾水虱科 Paranthuridae

形态特征 体长6～12 mm。淡黄褐色，带有不规则花纹。体长圆柱状。头部小，前缘凹，额角稍凸。眼较大，位于前侧角。第1～5胸节几乎同长，端筒形，第6胸节稍短，第7胸节稍长。第1～5腹节愈合，侧部分界，中央融合。尾节与末腹节愈合，长舌状。第1触角柄部3节，鞭短，愈合状。第2触角短小。前3胸节亚螯状。第1胸肢较大，掌节内缘凹，基部有1小齿。第2和第3胸肢，掌节具小齿。后4对为步足。尾肢柄节与腹尾节等长，着生在腹节外末角，内肢短，外肢在腹尾节之上，垂直于原肢和内肢，与尾节组成尾扇。

生态习性 常栖息于潮间带石块下或海藻间。

地理分布 我国见于黄海及舟山海域。标本采自舟山定海海域潮间带。舟山海域偶见。

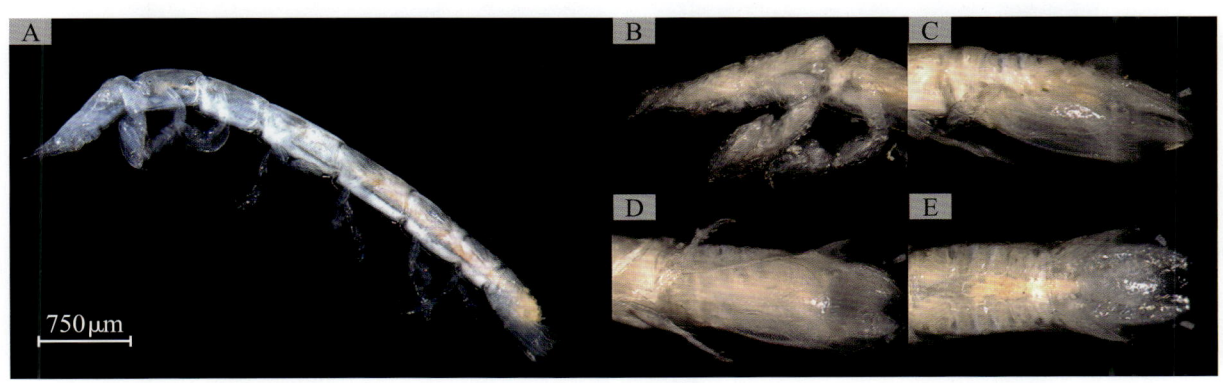

日本拟背尾水虱

A：整体背面观；B：头部侧面观；C：尾部侧面观；D：尾部腹面观；E：尾部背面观

（六十七）背尾水虱科 Anthuridae Leach, 1814

体长通常为宽的10～15倍，雌性通常更为细长（第7胸节宽大于长，远短于第6胸节）。第1～5腹节融合，其长不超过宽的2倍；第4和第5腹节的后侧缘或后缘无微小羽状刚毛。第2触角鞭少于10节，短于柄节。口部不向前突。上颚小，门齿具细弱齿。颚肢内叶末端可达触须第3节，部分种类颚肢内叶缺失或退化；颚足触须宽大（长约为宽的2倍），通常5节（部分种类其中的2节或更多节融合）。第2和第3胸肢腕节无或仅有微弱的后端突起，掌节仅后端具粗壮刚毛。第4～7胸肢掌节后端仅具粗壮的刚毛。第7胸肢掌节前端无锯齿状刚毛。第1腹肢外肢具单独囊盖。具成对平衡囊。

142　杯状水虱未定种
Cyathura sp.

分类地位　软甲纲 Malacostraca，等足目 Isopoda，缩头水虱亚目 Cymothoida，背尾水虱科 Anthuridae

形态特征　体呈长圆筒形，表面光滑无明显刚毛，酒精固定标本体表具斑点组成的不规则花纹。第1～5腹节融合，长略短于宽；腹尾节与第6腹节的后缘明显。第1和第2触角柄节粗大，长于触角鞭，第2触角鞭3节。第1胸肢掌节具突出的齿。

生态习性　不明。

地理分布　不明。标本采自舟山六横岛海域，为舟山海域首次记录。舟山海域偶见。

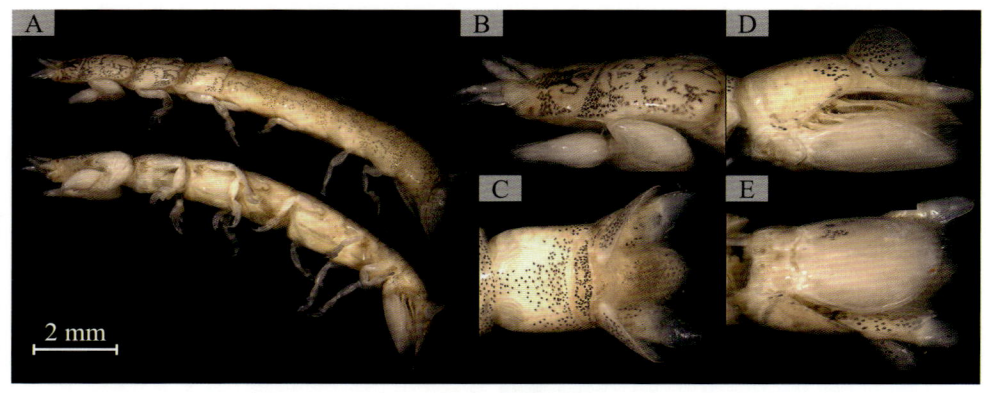

杯状水虱未定种

A：整体背面观（上）与腹侧面观（下）；B：头部侧面观；C：尾部背面观；D：尾部侧面观；E：尾部腹面观

(六十八)浪飘水虱科 Cirolanidae Dana, 1852

身体分为头、胸、腹三部分。成体胸部7节，腹部通常6节，最末节称为腹尾节。复眼1对、无柄、固着，有些深海种、洞穴生活的种及寄生种无眼。第1和第2触角为单枝型。大颚1对，发达，具坚硬的切齿突及臼齿突；小颚2对。胸肢7对，为单枝型，游泳的种类第1~3胸肢为步行足，第4~7胸肢为游泳足，海底或陆地爬行种类的胸肢则全为步行足。腹肢5对，均为双枝型，起游泳或呼吸作用。尾肢双枝型，形状变化较大。

143 *Eurylana* sp.

分类地位 软甲纲 Malacostraca，等足目 Isopoda，缩头水虱亚目 Cymothoida，浪飘水虱科 Cirolanidae

形态特征 体表光滑，密布鳞片状花纹，体长约为体宽的4倍。头部前缘略前突，眼发达；额叶突起，末端膨大，额板呈宽三角形，前端圆形。

第1触角柄节分3节，鞭毛细长；第2触角长于第1触角，第2触角柄节分5节，触角鞭具浓密的刚毛；第2~7胸节具明显的底节板，第1~3胸肢抓握型，第4~7胸肢行走型；腹节全部可见；腹尾节末端宽圆，具刺和羽状刚毛。

生态习性 不明。标本采自舟山桃花岛岩石潮间带低潮区，藏匿于海藻丛中。

地理分布 不明。本次为舟山海域首次记录。舟山海域偶见。

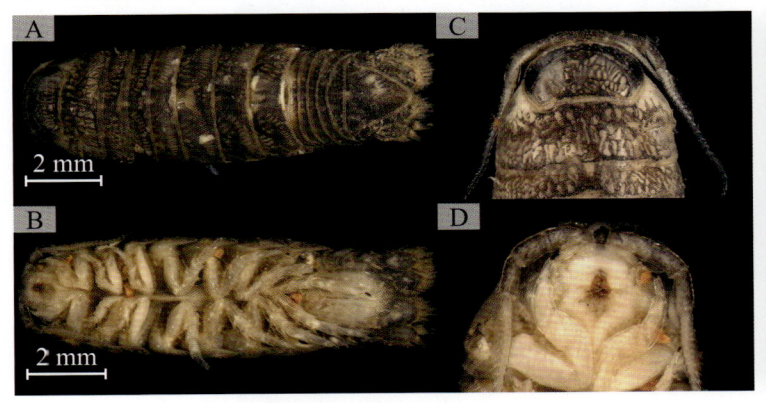

Eurylana sp.
A：整体背面观；B：整体腹面观；C：体前部背面观；D：体前部腹面观

Eurylana sp. 生态照

144 企氏外浪飘水虱
Excirolana chiltoni (Richardson, 1905)

同物异名 *Cirolana chiltoni* Richardson, 1905; *Cirolana chiltoni japonica* Thielemann, 1910

分类地位 软甲纲 Malacostraca，等足目 Isopoda，缩头水虱亚目 Cymothoida，浪飘水虱科 Cirolanidae

形态特征 体表光滑。额角突起明显，将第1触角基部分开，并与额叶连接。第2~7胸节底节板明显，其中第4~7胸节底节板后缘圆滑，略向后延伸；第4~7胸节侧缘具凹线，但底节板上无凹线。第1腹节大部分被第7胸节覆盖，第5腹节侧缘不被第4腹节覆盖，腹尾节具波浪状隆线，将尾节分为透明和不透明两部分。

第1触角柄部共3节，鞭部12节，伸至第3胸节后缘。第2触角柄部4节，鞭部16节，伸至第5胸节前缘。大颚触须2节。颚足触须5节。

第1~3胸肢短，第4~7胸肢长，为步行足。腹肢片状，基部外侧具叶状突起，雄性附肢自基端发出，短、宽且弯曲。第3~5腹肢内肢无刚毛，且具完全的横裂。尾肢内、外肢均超过腹尾节末端，外肢略长于内肢。

生态习性 多栖息于潮间带、潮下带，常于拖网或采泥时发现。

地理分布 我国分布于黄海南部和海南岛海域。标本采自舟山朱家尖岛海域潮间带，为舟山海域首次记录。舟山海域少见。

企氏外浪飘水虱

A：整体背面观；B：整体腹面观；C：整体侧面观；D：尾部背面观

145 道氏深水虱
Bathynomus doederleini Ortmann, 1894

同物异名 *Bathynomus doederleinii* Ortmann, 1894

分类地位 软甲纲 Malacostraca，等足目 Isopoda，缩头水虱亚目 Cymothoida，浪飘水虱科 Cirolanidae

形态特征 体长约为体宽的2倍，体表光滑。第1胸节最长，两侧各具1条侧线，第7胸节最短，第2~7胸节底节板具隆线。腹部5节均可见。腹尾节中部有1条纵向隆起的脊，末端具7个齿。第1触角短，刚超过头部；第2触角长，伸至第4胸节前端。颚足内叶具5个弯曲的小钩。第1胸肢基节前端具1簇刚毛；座节腹面6个刺，前端2个刺，背面略向外延伸；长节腹面9个刺，背面略拉伸，具5个刺；腕节短，腹面具2个刺；掌节腹面6个刺。第7胸肢基节背面具1排刚毛，腹面前端具大量刚毛；座节腹面具3个刺，前端具1圈刺；长节腹面具1个刺，前端具1圈刺；腕节与长节相似；掌节腹面具3组刺，每组各2个刺，背面前端具2个刺。

生态习性 多栖息于水深200~600 m的深海区。

地理分布 我国分布于东海、南海。标本采自舟山东极海域。舟山海域偶见。

道氏深水虱

A: 背面观；B: 腹面观；C: 侧面观；D: 前面观

146 哈氏浪飘水虱
Cirolana harfordi (Lockington, 1877)

同物异名 *Aega harfordii* Lockington, 1877; *Cirolana toyamaensis* Nunomura, 1982

分类地位 软甲纲 Malacostraca，等足目 Isopoda，缩头水虱亚目 Cymothoida，浪飘水虱科 Cirolanidae

形态特征 身体卵圆形，体长约为体宽的 2.5 倍，部分个体体表布有黑色或褐色的斑纹。头部前端圆，边缘有 1 条凹线，两眼之间也有 1 条凹线。第 1 胸节长约为第 2 胸节的 2 倍，两侧各有 1 条侧线，第 2~7 胸节底节板上具明显的隆线，第 4~7 胸节底节板后缘逐渐向后拉伸。第 1 腹节全部与第 2 腹节大部分被第 7 胸节覆盖，第 3 和第 4 腹节侧缘向后明显延伸，第 4 腹节侧缘超过第 5 腹节下缘，第 5 腹节侧缘被第 4 腹节覆盖。腹尾节具 2 个突起，末端具 25 个刺。

第 1 触角柄部 3 节，第 1 和第 2 节短，第 3 节长于第 1 与第 2 节的总和；鞭部 14 节，长度刚超过头部。第 2 触角柄部 5 节；鞭部 24 节，伸至第 4 胸节。额叶五边形，长与宽约相等。颚足内叶具 2 个小钩及 4 根羽状刚毛。

胸肢均为步行足。第 1~3 胸肢短，第 4~7 胸肢较长。雄性附肢自第 2 腹肢内肢基端发出，长于内肢约 1/3。第 3~5 腹肢外肢具完全的横裂，只有第 5 腹肢的内肢边缘无刚毛，其余各肢边缘均具刚毛。尾肢内、外肢均长于腹尾节末端，且各边均具浓密的刚毛，其中夹杂着刺，外肢宽约为内肢的 1/2。

生态习性 多栖息于潮间带的石块下或海藻丛中。

地理分布 我国分布于渤海、东海、南海。标本采自舟山五峙山岛和朱家尖岛海域潮间带。舟山海域常见。

哈氏浪飘水虱
A：背面观；B：腹面观；C：正面观（示头部、尾部）；
D：侧面观

147 日本游泳水虱
Natatolana japonensis (Richardson, 1904)

同物异名 *Cirolana japonensis* Richardson, 1904

分类地位 软甲纲 Malacostraca，等足目 Isopoda，缩头水虱亚目 Cymothoida，浪飘水虱科 Cirolanidae

形态特征 体表光滑。头部额角略突出，眼为浅黄色，两眼之间有凹线。第1胸节两侧各有1条侧线，第2~7胸节底节板上具隆线，第2~3胸节底节板后缘圆滑。第6~7胸节底节板的后侧角拉长，第7胸节底节板延伸至第3腹节。第1腹节部分被第7胸节覆盖，第2~4腹节侧缘均有1道侧线，第5腹节侧缘被第4腹节覆盖。腹尾节光滑，末端具10个刺及大量羽状刚毛。

第1触角柄部第1、2节短，第3节最长；鞭部短于柄部，10节，不伸过头部，各节均具刚毛。第2触角柄部第5节最长，具2根羽状刚毛；鞭部23节，伸至第3胸节后缘。额叶长约为宽的3.5倍。

第1~3胸肢为步行足，座节和长节背侧拉长；第5~7胸肢为游泳足，各节平扁，基节具长刚毛。第1腹肢基部宽约为长的3倍，外肢宽于内肢，两肢约等高；第3~5腹肢外肢具完全的横裂，只有第5腹肢内肢无刚毛，其余各肢边缘均具刚毛。

雄性附肢自第2腹肢内肢亚基端发出，略高于内肢。尾肢外肢略低于内肢，外侧均匀排列着8个刺和大量刚毛，内侧具3个刺及大量刚毛。

生态习性 多栖息于底质为沙质软泥的潮下带。

地理分布 我国分布于渤海、黄海和东海。标本采自舟山东极海域。舟山海域常见。

日本游泳水虱

A：整体背面观；B：整体腹面观；C：额部腹面观（示额叶）；D：尾部背面观

二十三、端足目 Amphipoda

体多侧扁，长度通常为5～40 mm。头部与第1胸节或前两胸节愈合，无头胸甲。胸部6或7节。腹部通常6节，但末端2或3节常愈合。尾节完全，常开裂。有的种类腹部退化，仅留痕迹，如麦秆虫科。复眼无柄，有的种类角膜简单为小透镜状，2对，如双眼钩虾科。第1触角单枝型或双枝型，主鞭长，副鞭短。第2触角单枝型，柄多为5节，常粗大。大颚切齿和臼齿变化较大，甚者退化。下唇瓣状突出，小额一般为两板，外板常具触须。胸肢8对，为单枝型，第1对特化为颚足。

在舟山海域采获或收集整理端足目28种，根据其形态特征可分为2个亚目，即矛钩虾亚目和棘尾亚目。

矛钩虾亚目 Amphilochidea

头部较小，与第1胸节愈合成头胸部。眼小。身体左右扁平或背腹扁平，具宽大（仅少数种类较小）的底节板。第2触角柄节具刷状刚毛（发育不良）。颚足具分节的触须，大颚触须发达。第4节步足基节比第3节小或大。第1和第2尾肢顶端不具强壮刚毛。

矛钩虾亚目是一个单系类群，尽管其鉴别特征（具刷状刚毛）并不明显。但除了豹钩虾科和辛诺钩虾科具有左右扁平躯体和相对缩短的基节外，其他矛钩虾亚目均具有左右扁平或背腹扁平的躯体，这可能是一个非同源相似性状（homoplasious character）。

在舟山海域采获或收集整理矛钩虾亚目7种，分属5科。

（六十九）双眼钩虾科 Ampeliscidae Krøyer, 1842

头部较大。腮足弱。无眼，或有1～2对单眼，周围常见色素。无副鞭。第3、4步足长节延长，掌节短于长节、长于腕节，某些步足呈圆球状。第5、6步足形态相似，基节卵圆形或菱形，后叶小。第7步足形态不同于前者，基节通常具宽阔的后腹叶。第5、6腹节愈合。第3尾肢双枝型。尾节薄片状。

本科为底栖甲壳动物端足目中种数较多的大科，广泛分布于世界各海区。它们栖息于沿岸浅水到深海，主要潜居于沙或沙泥质海底，是底栖鱼类及其他大型动物的重要饵料。

148 盲沙钩虾
Byblis typhlotes Ren, 2006

分类地位 软甲纲 Malacostraca, 端足目 Amphipoda, 矛钩虾亚目 Amphilochidea, 双眼钩虾科 Ampeliscidae

形态特征 头末端不窄, 触角粗短, 第1和第2触角近等长, 略短于体长的1/4, 第1触角鞭8节, 第2触角鞭9～10节。体躯较小, 头部略短于前三胸节的长度, 额角稍钝突, 前缘平截, 侧缘斜, 无眼。胸部节光滑, 第1～3腹节后下角圆, 第4腹节前背部稍凹, 第5和第6腹节愈合后背部略呈脊。尾节长度略小于宽度, 缺刻很浅, 每叶末端圆, 具细短毛, 每叶具1短刺。鳃呈叶状, 无副叶。第7步足较窄, 第7步足基节后腹叶的前缘直到接近于其座节相接处, 具有长刚毛。尾部短, 第3尾肢相对缘简单, 无齿或少齿。

生态习性 多栖息于浅海与河口的泥质底, 曾记录为珠江河口泥质沉积物优势种。

地理分布 我国记录于南海河口, 为珠江口优势种。标本采自舟山朱家尖岛浅海, 为舟山海域首次记录。舟山海域少见。

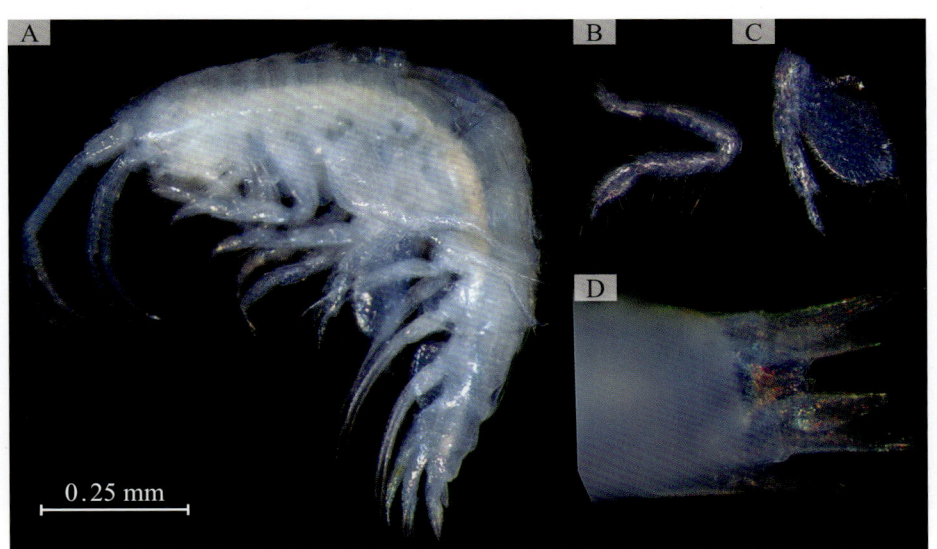

盲沙钩虾

A: 整体侧面观; B: 第1腮足; C: 第7步足; D: 尾部

149 短角双眼钩虾
Ampelisca brevicornis (A. Costa, 1853)

同物异名 *Ampelisca bellianus* (Spence Bate, 1857); *Ampelisca laevigata* Liljeborg, 1856; *Araneops brevicornis* A. Costa, 1853; *Tetromatus bellianus* Spence Bate, 1857

分类地位 软甲纲 Malacostraca，端足目 Amphipoda，矛钩虾亚目 Amphilochidea，双眼钩虾科 Ampeliscidae

形态特征 体躯较小，侧扁。触角细长，第1触角处于头部前端，明显短于第2触角。头部前缘平截或稍凹，常有背脊，腹缘和背缘几乎平行或腹缘稍凹。2对单眼，腹对处于头前下角。第2腹节后腹角圆；第3腹节后腹角弯曲，呈齿状；第4腹节具峰隆起。尾节长为宽的2倍，裂刻达叶长的4/5，每叶末端和背面具几个刺毛。

第7步足基节后叶扩展，后腹叶的前缘直到接近于其座节相接处，缺乏刚毛。第1尾肢柄长等于分肢，柄与内肢具小刺。第2尾肢稍短。第3尾肢柄部稍短，分肢较宽阔，末端较钝，边缘具羽状刚毛。

生态习性 栖息范围从潮间带到水下90 m，主要生活于沙泥底质，全年都可出现。

地理分布 我国沿海广泛分布，为中国海域的优势种之一。舟山海域常见。

短角双眼钩虾

A：整体侧面观；B：尾部侧面观；C：尾部背面观

（七十）合眼钩虾科 Oedicerotidae Lilljeborg, 1865

头大，额角有或无，常具眼，处于背部或两眼愈合。第5和第6步足很短，第7步足特别长，并且形状不同于第5与第6步足。尾节短，完全或具小凹刻。第1和第2尾肢分肢顶端光裸或具有强壮爪，第3尾肢具长柄。

150 胶州湾壳颚钩虾
Chitonomandibulum jiaozhuwanensis (Ren, 1992)

同物异名 *Caviplaxus jiaozhouwanensis* Ren, 1992

分类地位 软甲纲 Malacostraca，端足目 Amphipoda，矛钩虾亚目 Amphilochidea，合眼钩虾科 Oedicerotidae

形态特征 个体较小，体躯胸部侧扁，腹部背腹压低，乳白色，第1~3腹节后缘具褐色素。头部额角尖而短，下弯，短于触角第1柄节，侧叶尖。眼卵圆，在头背部靠近，无色素，处于额角基部。第1~3腹节后背缘突出。尾节完全。

雄体第1触角短，第1鞭节延长，无副鞭；第2触角较长，鞭约等于柄长。雌体第1触角略长于第2触角，柄短于鞭；第2触角柄较长于鞭。

第1腮足亚螯状；第2腮足细长，螯状。

第3步足底节板小，低缘凹进。尾肢两分肢几乎等长，长于柄，具侧缘刺。

生态习性 栖息于温带和热带浅海，原始报道来自胶州湾，采自水深5~32 m处，是栖居于软泥底质的典型种之一，最大密度可达15个/m^2。每年都可出现，但冬季出现的次数较多，4~5月为抱卵期。

地理分布 我国分布于渤海、黄海、东海、南海。标本采自舟山六横岛浅海。舟山海域偶见。

胶州湾壳颚钩虾

A：整体侧面观；B：第1与第2腮足；C：尾部侧面观

151 香港小钩虾未定种
Hongkongvena sp.

分类地位 软甲纲Malacostraca，端足目Amphipoda，矛钩虾亚目Amphilochidea，合眼钩虾科Oedicerotidae

形态特征 额角短，具1弱背脊。眼模糊。第1~3腹节后缘圆，第4腹节突出。尾节长大于宽，末端平截。第1和第2触角柄部短，鞭部缺失。第1和第2腮足假螯状，掌沿掌节纵轴延伸。

生态习性 不明。

地理分布 不明。标本采自舟山东极海域。舟山海域少见。

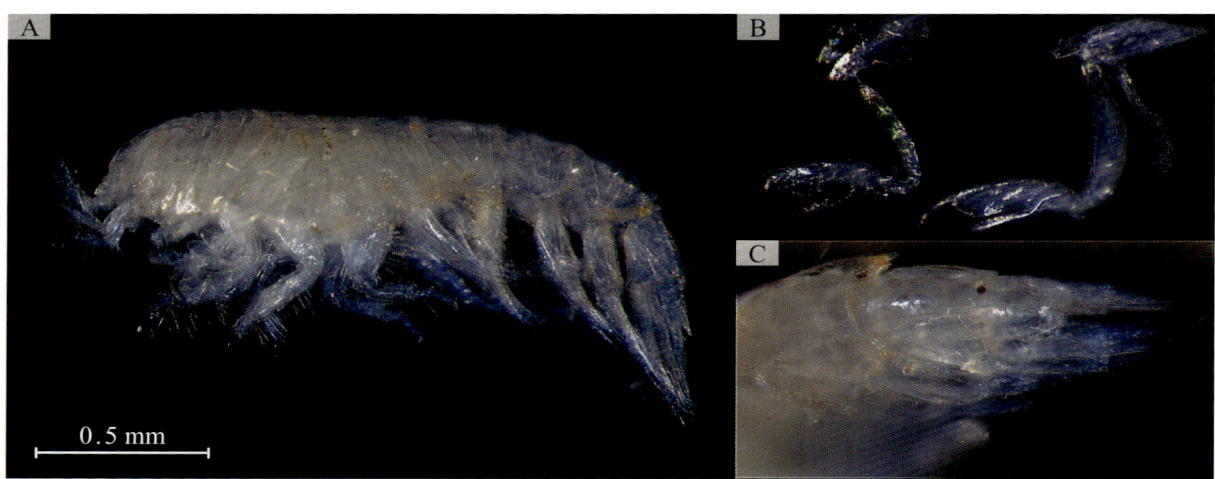

香港小钩虾未定种
A：整体侧面观；B：第1与第2腮足；C：尾部侧面观

（七十一）板钩虾科 Stenothoidae Boeck, 1871

副鞭0～2节。大颚臼齿消失，颚足外板痕迹状。第1底节板很小，部分被后面底节板覆盖；第4底节板护展，壳形，无后背凹。第5步足基节狭长。第3尾肢单枝型。尾节完全。

152 青岛板钩虾
Stenothoe haleloke J.L. Barnard, 1970

同物异名 *Stenothoe qingtaoensis* Ren, 1992

分类地位 软甲纲 Malacostraca，端足目 Amphipoda，矛钩虾亚目 Amphilochidea，板钩虾科 Stenothoidae

形态特征 体躯小而胖，白色透明，雄节具褐紫色斑。头部额角小，侧叶圆，眼小而圆，红色。第1～3腹节后下角尖而后延。尾节卵圆，末端尖，具1侧刺。

两触角较短，几乎等长。第1触角柄3节，鞭11～13节，无副鞭。第2触角柄5节，鞭12节。

第1与第2腮足很相似，亚螯状。第2腮足大于第1腮足，两腮足大部被第2腮足底节板覆盖。

第3步足底节板方圆。第4步足底节板最大，宽阔，贝壳形。第5步足基节窄长。第6和第7步足基节扩展呈叶状。第1尾肢柄较长于两分肢，具小刺，柄的下末端具1较大刺，外肢略长于内肢。第2尾肢双枝型，较短，柄几乎等于分肢的长度。第3尾肢单枝型，2节。

生态习性 多栖息于温带潮间带或浅海，生活于海藻丛中。5月抱卵，卵数通常3～5个。

地理分布 我国分布于渤海、黄海。标本采自舟山东极海域海藻丛中，为舟山海域首次记录。舟山海域偶见。

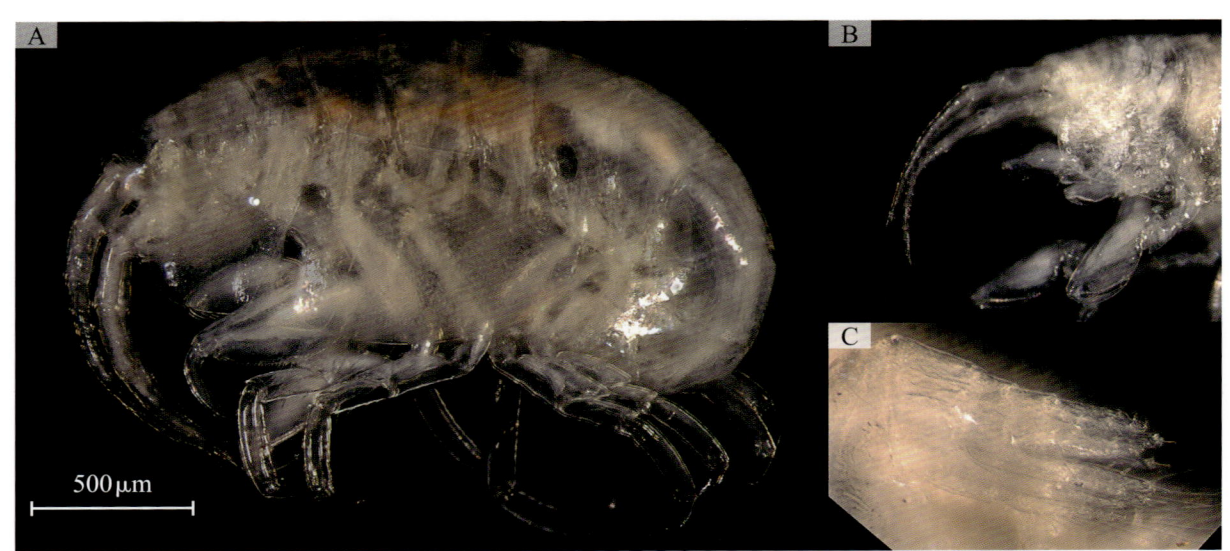

青岛板钩虾

A：整体侧面观；B：体前部侧面观；C：尾部侧面观

（七十二）尾钩虾科 Urothoidae Bousfield, 1978

额角明显，头部短，腹颊突出。第1和第2触角尾钩虾型，第1触角第1～3柄节延长，鞭短。第2触角柄节具面刺，雌体鞭短，雄体鞭很长，常具感觉体。上唇口前板不清楚。六颚切齿不发达，动颚片两侧常不一致，臼齿中等到大，触须3节，第3节末端圆。下唇具内板。小颚触须2节。颚足触须4节。底节板大小和形状可变。腮足弱，腕节延长，掌的形状可变。第3与第4步足长节宽阔，具后缘刺。第3～5步足指节发达。第5步足基节、长节与腕节扩展，长节与腕节具有面刺排。第6与第7步足通常相似，指节形状可变。第1和第2尾肢针形，具刺，或光裸或分肢缺乏，柄通常具刺。第3尾肢外肢常具2节，柄短而平，分肢具少数刚毛。尾节形状可变。

153　东方尾钩虾
Urothoe orientalis Gurjanova, 1938

分类地位　软甲纲 Malacostraca，端足目 Amphipoda，矛钩虾亚目 Amphilochidea，尾钩虾科 Urothoidae

形态特征　头部额角小，有眼或不甚清楚，侧头缘稍凹，侧颊尖。两腮足形状不同：第1腮足简单，底节板光裸、窄长；第2腮足亚螯状，掌无掌角刺，底节板略后尖。第5步足基节不对称扩展，具尖的后末角，腕节不宽于长节，指节具刚毛，但不具刺。第2腹节低缘具刚毛。第3腹节后腹角钝突。第1尾肢长度略超过第2尾肢，柄具长刺，外肢具1～2刺，内肢无刺。第2尾肢柄具大刺，外肢具1或2刺，内肢无刺。

生态习性　栖息于暖水浅海。

地理分布　我国分布于东海、南海。标本采自舟山东极海域。舟山海域偶见。

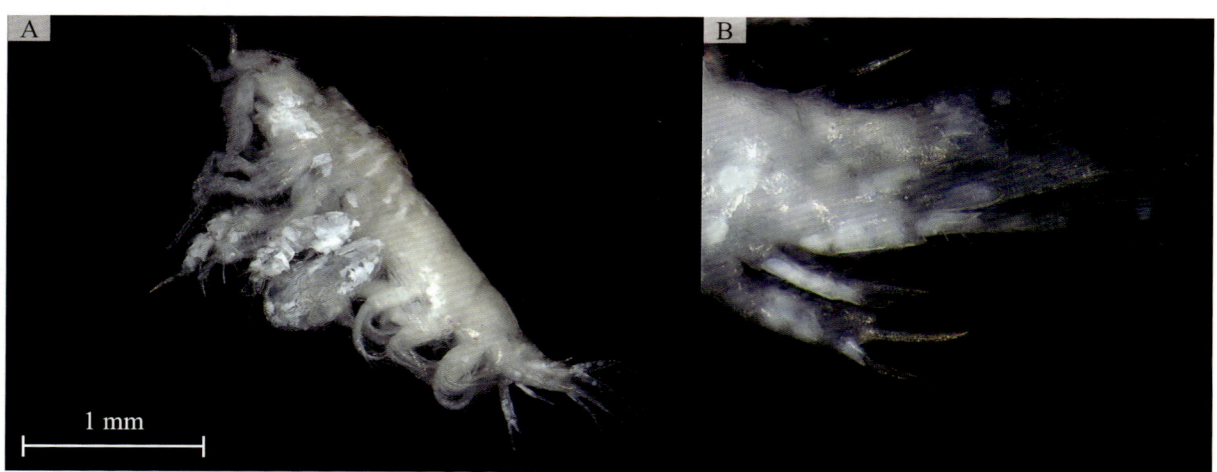

东方尾钩虾(雄)
A：整体侧面观；B：尾部背面观

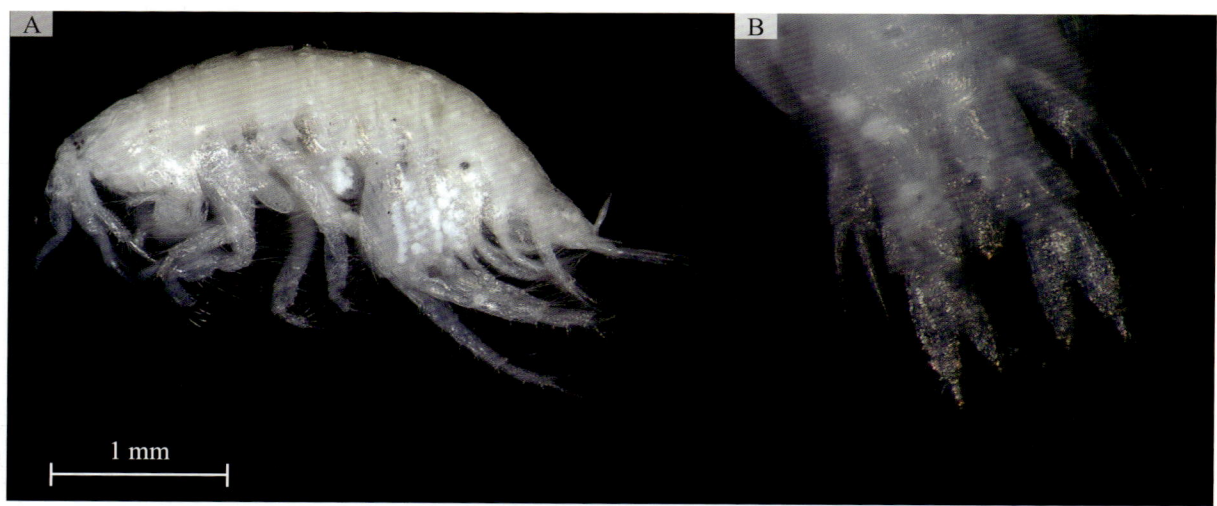

东方尾钩虾(雌)
A：整体侧面观；B：尾部背面观

（七十三）尖头钩虾科 Phoxocephalidae Sars, 1891

额角常像帽檐，不呈圆筒状，腹头颊弱或无。第1触角第3柄节短，第2触角第4柄节具面刺。无额角者，第2触角第4柄节、第5与第6步足长节和腕节偶尔具面刺。大颚切齿宽，具3齿，触须3节，臼齿研磨型或简单。小颚内板圆，具刚毛或光裸。底节板规则。第5步足长，腕节常具面刺；第7步足区别于第5与第6步足，基节宽阔而短。第1和第2尾肢分肢针形。第3尾肢双枝型。尾节深裂刻。

154 眼仿尖头钩虾
Paraphoxus oculatus (G. O. Sars, 1879)

同物异名 *Paraphoxus maculatus* (Chevreux, 1888); *Phoxus maculatus* Chevreux, 1888; *Phoxus oculatus* G. O. Sars, 1879

分类地位 软甲纲 Malacostraca，端足目 Amphipoda，矛钩虾亚目 Amphilochidea，尖头钩虾科 Phoxocephalidae

形态特征 体躯小，光滑。头前部呈瓦状三角形前延，末端稍下弯。眼大，卵圆，黑褐色。胸部节较短。第1和第2腹节后腹角略突；第3腹节后腹角圆，无长的缘刚毛；第4腹节略长。尾节较窄长，末端具小刺毛，裂刻几乎到基部。

第1触角细短，鞭7节，副鞭约为主鞭长的1/2，4节。第2触角细长，鞭细长，27节。第1和第2腮足外形相似，亚螯状。第1～3腹节腹缘常无长刚毛，第6腹节无背钩。第1尾肢的柄等于分肢之长，外肢具1刺。第2尾肢的柄具5个背刺，外肢具1侧刺。第3尾肢分肢长于柄，外肢长于内肢，2节，末端具有2刚毛；内肢两侧缘具长刚毛，末端具2刚毛。

生态习性 栖息于暖水浅海。

地理分布 我国分布于黄海、南海。标本采自舟山东极海域潮间带，雌雄个体均有采获，为舟山海域首次记录。舟山海域偶见。

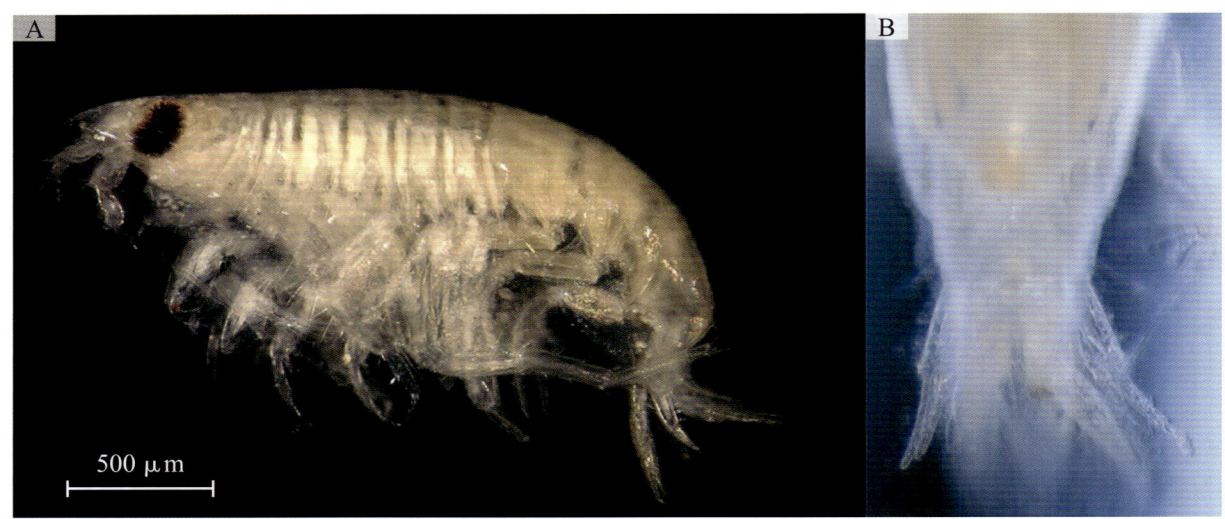

眼仿尖头钩虾（雄）

A：整体侧面观；B：尾部背面观

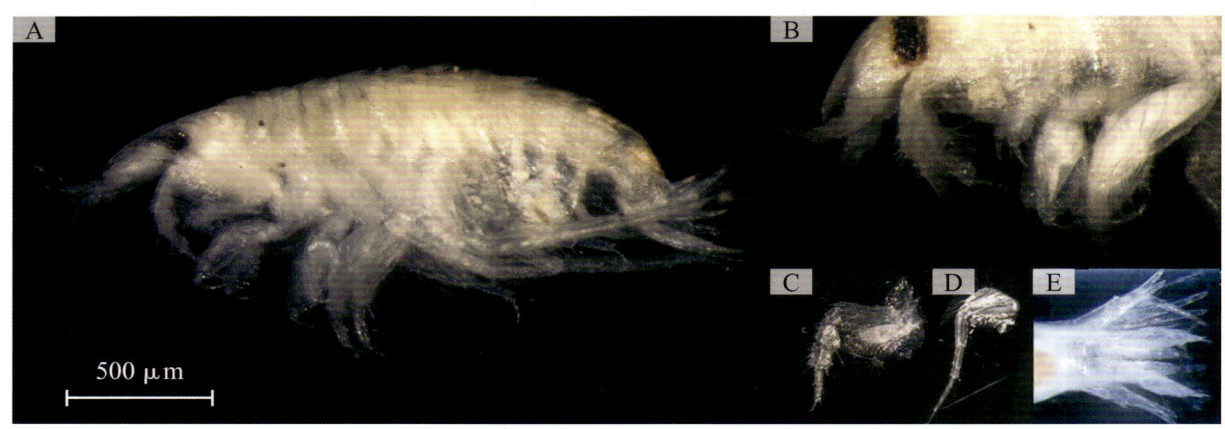

眼仿尖头钩虾（雌）

A：整体侧面观；B：头部、第1与第2腮足侧面观；C：第5步足；D：第6步足；E：尾部背面观

棘尾亚目 Senticaudata

头部较小，与第1胸节愈合成头胸部。眼小。第1触角无复杂的感受器。颚足具分节的触须。雄性第2触角无刷状或延长的刚毛。第1和第2尾肢顶端具强壮刚毛。

在舟山海域采获棘尾亚目21种，分属9科。

（七十四）多棘钩虾科 Dogielinotidae Gurjanova, 1953

体躯侧扁，额角短，第4～6腹节分离。缺乏副鞭。小颚触须痕迹状，大颚无触须。第1～4底节板大。腮足亚螯状，第5～7步足几乎相似。第3尾肢很短，具1分肢或缺乏分肢。尾节宽大于长，具缺刻或很浅。

155　潮间泵钩虾
Haustorioides littoralis (Ren, 2006)

同物异名　*Parhaustorioides littoralis* Ren, 2006

分类地位　软甲纲 Malacostraca，端足目 Amphipoda，棘尾亚目 Senticaudata，多棘钩虾科 Dogielinotidae

形态特征　体躯较小，侧扁，外表平坦较粗糙。头部额角较突出，下弯，侧角尖突，眼中等，卵圆，胸部光滑平坦，第1～3腹节后下角钝尖，第4～6腹节不明显分节，尾节完全，末端圆。

两触角几乎等长。第1触角鞭约等于柄长，6节，具长的刚毛，第2～6鞭节具感觉刚毛，无副鞭。第2触角末端两节几乎等长，鞭5节，每节具长刚毛。

第1～4底节板深，腮足亚螯状。第2腮足较第1腮足强壮。第3～5步足底节板较小，基节宽阔卵圆，前缘具小刺。第3和第4步足长节具宽阔而突出的后叶，后缘具长刚毛。第1和第2尾肢分肢几乎等于柄长，柄具侧刺；第3尾肢仅具短小柄节，末端具1刚毛。

生态习性　栖息于珊瑚礁沙滩高潮线浪尖水域中。

地理分布 我国分布于南海。标本采自舟山嵊泗海域潮间带，为舟山海域首次记录。舟山海域少见。

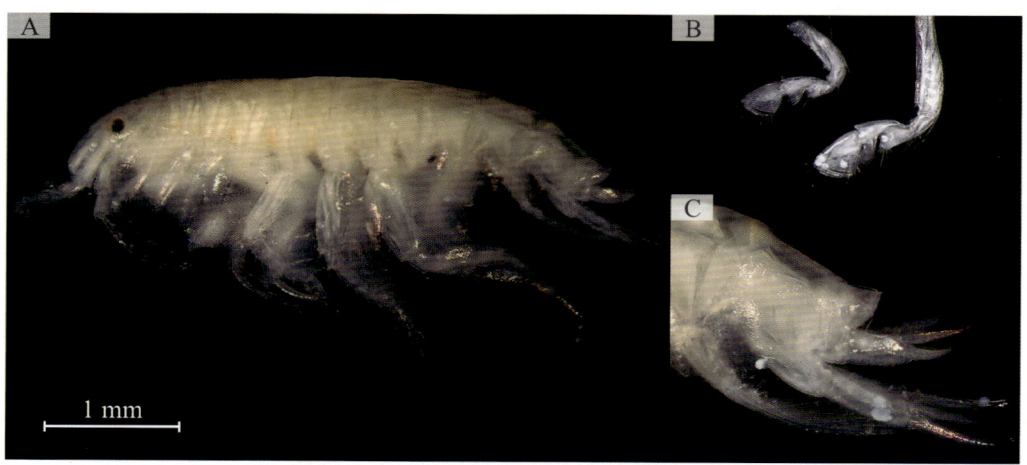

潮间泵钩虾

A：整体侧面观；B：第1（左）与第2（右）腮足；C：尾部侧面观

（七十五）玻璃钩虾科 Hyalidae Bulycheva, 1957

触角缺乏副鞭，大颚无触须，臼齿研磨型，第3尾肢基本不分枝，但罕见的鳞状内肢存在。

156 窄异跳钩虾
Allorchestes angustus Dana, 1856

同物异名 *Allorchestes oculatus* Stout, 1913

分类地位 软甲纲 Malacostraca，端足目 Amphipoda，棘尾亚目 Senticaudata，玻璃钩虾科 Hyalidae

形态特征 体躯较强壮，略侧扁。头部稍短于前两胸节长度之和，额角短而钝，侧叶突出和平截。眼卵圆形，黑色。胸部节光滑，第1～3腹节背部不隆起。第1腹节后腹角较圆，第2和第3腹节后腹角尖，第4～6腹节较短。尾节四边形或五边形，平坦或呈瓦状下弯，裂缝不达叶长之半。第1触角柄短于鞭，鞭11～13节，每节末端具细短毛。第2触角较细长，柄强壮，鞭几乎等长于柄，10～13节。

雄性第1腮足亚螯状，底节板深而宽阔，前缘直，指节粗而短，末端具2小齿；第2腮足较大于第1腮足，强壮，亚螯状，指节强壮，符合于掌。雌性两腮足较小，亚螯状，第1腮足腕节似雄性。

第1和第2尾肢分肢等于或略短于柄，柄具缘刺，两肢末端和内肢缘具刺。第3尾肢短小，单枝型，分肢等于或稍短于柄，末端具细刚毛。

生态习性 多栖息于潮间带的海藻丛中。

地理分布 我国分布于渤海、黄海。标本采自舟山东极、嵊泗海域，为舟山海域首次记录。舟山海域偶见。

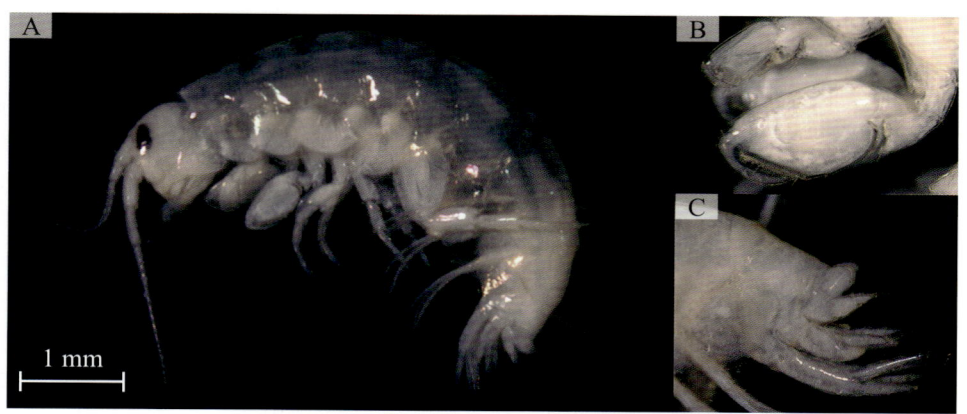

窄异跳钩虾（雄）

A：整体侧面观；B：第1（上）与第2（下）腮足；C：尾部侧面观

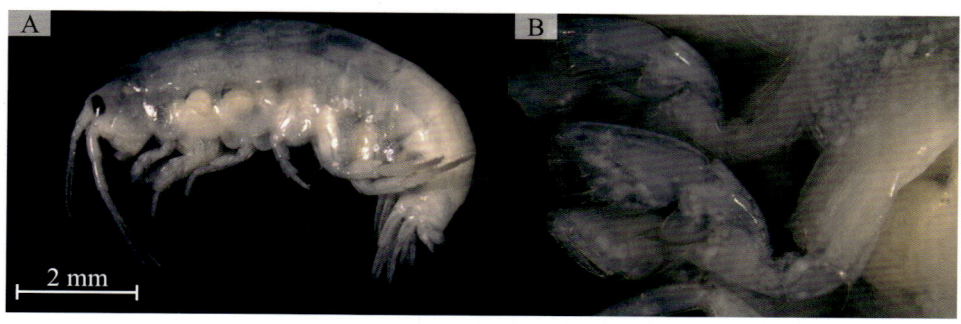

窄异跳钩虾（雌）

A：整体侧面观；B：第1（上）与第2（下）腮足

157 大角玻璃钩虾
Hyale grandicornis (Krøyer, 1854)

同物异名 *Orchestia grandicornis* Krøyer, 1845

分类地位 软甲纲 Malacostraca，端足目 Amphipoda，棘尾亚目 Senticaudata，玻璃钩虾科 Hyalidae

形态特征 躯体大而强壮，头部侧叶突出而平截，眼大，肾形，黑褐色。尾节2叶，每叶中间最宽。触角强壮而短，第2触角长于第1触角。前4底节板宽阔，第5和第6底节板浅，2叶。

第1腮足较小，腕节三角形；掌节卵圆形，掌缘斜拱，掌角有1小刺，腹缘中部稍突；指节较强壮。雄体第2腮足强壮，基节较长，前末角突出；座节短；长节较窄，后叶突出；腕节小，无后叶，处于长节与掌节之间；掌节大，卵圆形，掌缘斜截而长，有刺，掌角突出，具2刺和内面1凹穴；指节瓜状。雌体第1和第2腮足外形相似，第2腮足稍大，腕节较短。第5～7步足基节宽阔，卵圆形。第3尾肢单枝型，可看到内肢痕迹。

生态习性 主要栖息于潮间带、亚潮带的海藻丛中。

地理分布 我国分布于渤海、黄海、东海与南海。标本采自舟山朱家尖岛海域潮间带。舟山海域常见。

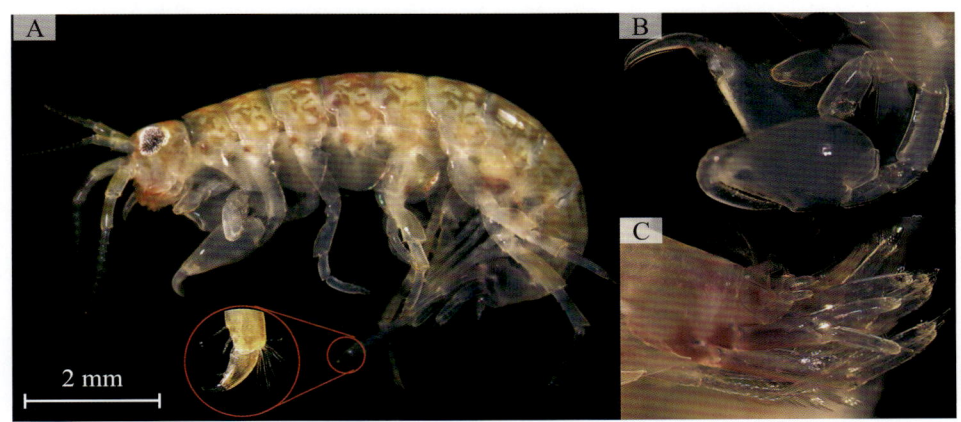

大角玻璃钩虾（雄）

A：整体侧面观；B：第1与第2腮足；C：尾部侧面观

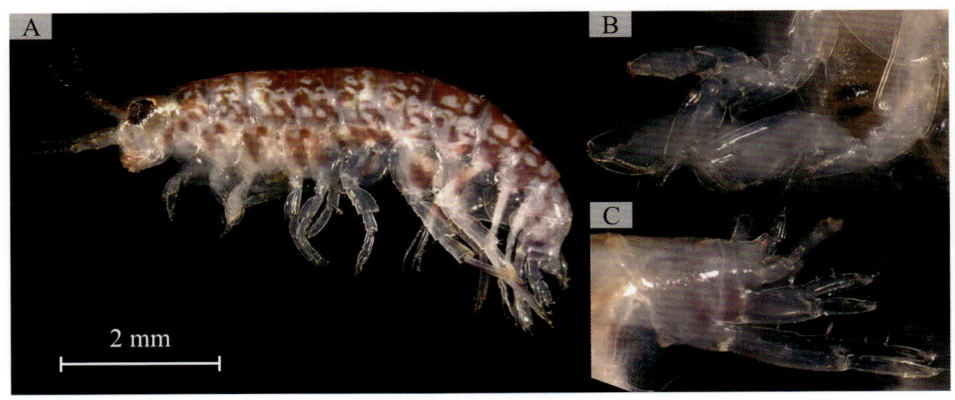

大角玻璃钩虾（雌）

A：整体侧面观；B：第1与第2腮足；C：尾部侧面观

158 施氏玻璃钩虾
Hyale schmidti (Heller, 1866)

同物异名 *Hyale microphthalmus* Spence Bate, 1862; *Nicea schmidtii* Heller, 1866

分类地位 软甲纲 Malacostraca，端足目 Amphipoda，棘尾亚目 Senticaudata，玻璃钩虾科 Hyalidae

形态特征 眼较大，触角细长，第1触角短于第2触角。小颚内板顶端2刚毛，触须1节。第1腮足掌节较窄长，第2腮足腕节不突出于长节与掌节之间，掌节后背缘具有小刺，掌缘与后缘几乎等长。第3与第4步足正常，第5~7步足基节具突出后叶，掌节与腕节无背刺，指节光滑。第1尾肢柄具长的柄侧刺，第3尾肢分肢短于柄长，无内肢，外肢顶端有1丛小刺。尾节两叶为尖三角形。

雌体两腮足彼此相似，较窄长，长为宽的2倍，掌缘斜截，有2掌角刺。

鳃之刚毛末端呈盘曲状。

生态习性 栖息于暖水潮间带的海藻丛中。

地理分布 我国分布于渤海、黄海、东海与南海。标本采自舟山五峙山岛海域。舟山海域常见。

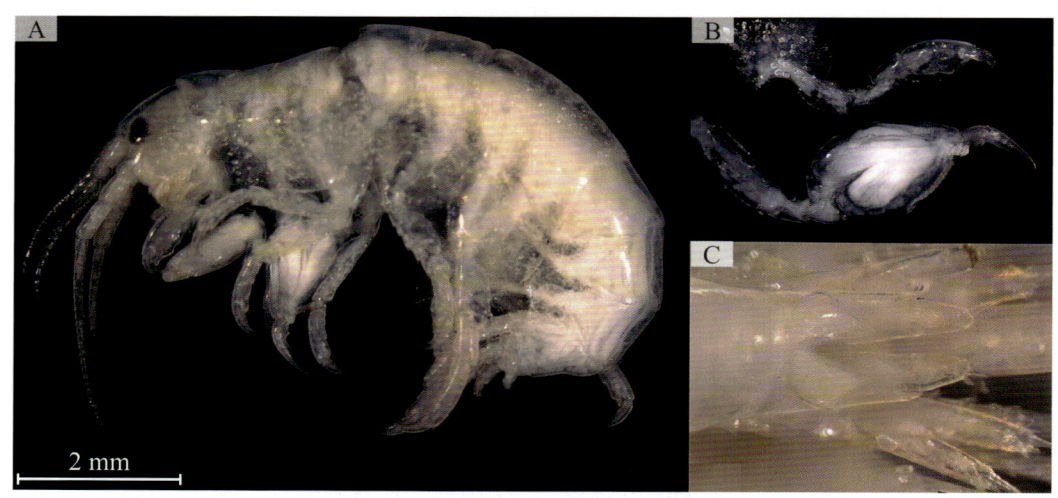

施氏玻璃钩虾

A：整体侧面观；B：第1与第2腮足；C：尾部侧面观

159 胡须明钩虾
Parhyale barbicornis (Hiwatari & Kajihara, 1981)

同物异名 *Hyale barbicornis* Hiwatari & Kajihara, 1981

分类地位 软甲纲Malacostraca, 端足目Amphipoda, 棘尾亚目Senticaudata, 玻璃钩虾科Hyalidae

形态特征 体躯强壮、光滑，头部几乎等于前两胸节长度之和，侧头叶圆，眼大，肾形，黑褐色。第2与第3腹节后腹角尖，尾节具裂刻，末端圆。第1触角约为第2触角长度的2/5，柄约为鞭长的2/3，鞭8~10节。雄体第2触角约为体躯长度的2/3，柄几乎等于鞭长的2/3，最初6鞭节具很多浓密长刚毛。

腮足亚螯状。雄体第2腮足较第1腮足强壮。雌体第1腮足与雄体相似，但掌缘略平截，第2腮足与第1腮足相似，但略大。

步足强壮，具刺。第3尾肢的外肢短于柄，末端具5或6刺，没有背侧刺。内肢很小，鳞片状，末端具1刚毛。

生态习性 栖息于暖水浅海和潮间带海藻间。

地理分布 我国分布于渤海、黄海、东海、南海。标本采自舟山东极海域。舟山海域偶见。

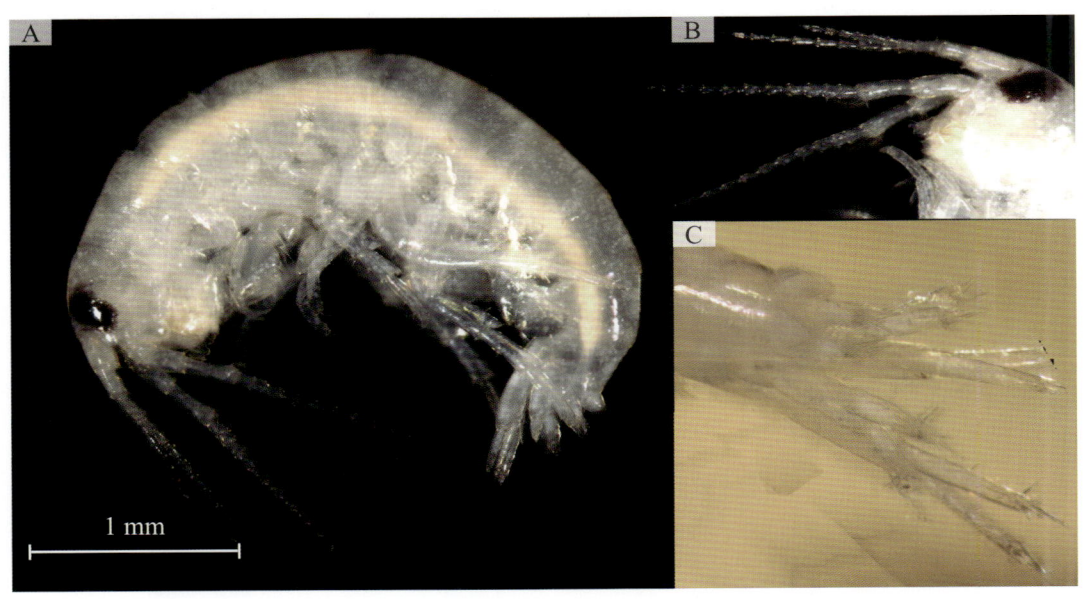

胡须明钩虾

A: 整体侧面观; B: 第1与第2腮足; C: 尾部侧面观

(七十六)跳钩虾科 Talitridae Refinesque, 1815

第1触角较第2触角柄短，无副鞭。大颚臼齿强壮、研磨型，无触须，上唇无内叶，小颚触须小或缺乏，颚足触须的指节痕迹状或缺乏。第1底节板远小于第2底节板。雌体和小个体的第2腮足掌节呈手套状，指节呈细小螯突，第3尾肢主要为单枝型。

160 中国华跳钩虾
Sinorchestia sinensis (Chilton, 1925)

同物异名 *Talorchestia sinensis* Chilton, 1925

分类地位 软甲纲 Malacostraca，端足目 Amphipoda，棘尾亚目 Senticaudata，跳钩虾科 Talitridae

形态特征 体躯强壮，眼圆或亚长方形，第1触角鞭约为柄长的1/3，5节。第2触角相当于体长之半，鞭约为体长的0.7倍，18～20节。雄体第2触角第4柄节中间不粗，第2触角腮足长节不具突出腹瘤，掌缘具半浅凹，近指节有三角形突。

第1腮足掌节末缘常具1长刺，达指节基部的末端，节的外表面具强刺。第3～7步足指节具尖刺，第4步足指节具腹内凹。第5～7步足彼此相似，各基节均具后末叶。第1尾肢具小的末侧刺。第2尾肢内肢长于外肢。第3尾肢分肢几乎等于柄，末端圆，具小刺。尾节较短于第3尾肢，具9或10缘刺和面刺。

生态习性 栖息于温带和热带海域沙岸或泥石沙质岸。

地理分布 我国分布于东海、南海。标本采自舟山本岛潮间带。舟山海域常见。

中国华跳钩虾

A：整体侧面观；B：体前部侧面观；C：尾部侧面观

（七十七）马尔他钩虾科 Melitidae Bousfield, 1973

主要营自由生活，海洋和淡水栖息，眼melitoidean型。触角强壮发育，第2柄节延长，副鞭短小，腮足具性的两态，特别在雄体强壮。口器突出；下唇内叶不同程度地发育，小颚的结构简单（第1小颚外板通常具有7～9齿刺）。腹部具有不同程度的背齿或刺，通常罕见光滑。第3尾肢强壮。尾节具叶，分叉，顶端具缺刻。

161　毛鞭马尔他钩虾
Melita setiflagella Yamato, 1988

分类地位　软甲纲Malacostraca，端足目Amphipoda，棘尾亚目Senticaudata，马尔他钩虾科Melitidae

形态特征　头部额角小，侧叶圆突，眼中等大，圆形，胸节、腹节背表面光滑无中背刺，第1～3腹节后腹角尖突。第3与第4腹节及后缘有细毛，第5腹节后背缘有2组背刺，每组2或3刺。尾节两叶，顶端尖，亚顶端两侧各有1组刺，1～3个，每叶内缘中间有1刺。

第1触角较长于第2触角，鞭27～30节，每节有刚毛环绕，副鞭3或4节。第2触角稍短，鞭15～22节，有浓密刚毛环绕。

第1～4底节板宽阔而深，第4底节板后凹，第5和第6底节板具前、后突出叶。第7底节板半圆形，不分叶。

第1腮足明显小于第2腮足。第5～7步足相似，基节卵圆形。第3尾肢外肢发达，末端具细刺组，内肢小，鳞片状，具1亚顶端刺。

生态习性　栖息于暖水浅海，常出现于咸淡水。

地理分布　我国分布于南海。标本采自舟山长峙岛潮间带。舟山海域偶见。

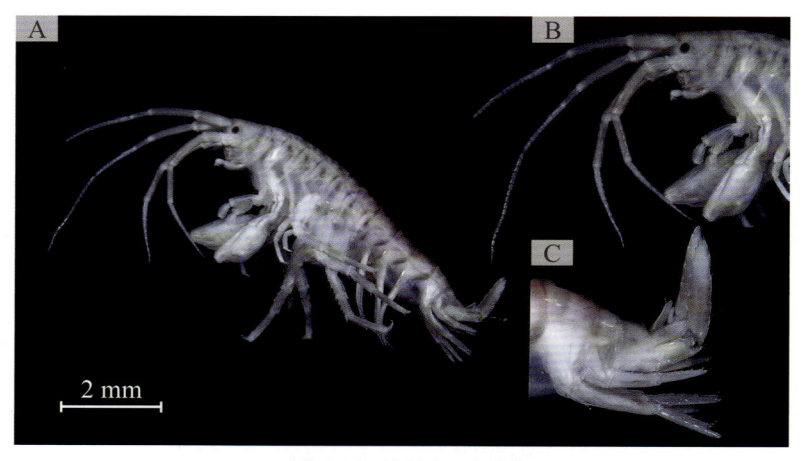

毛鞭马尔他钩虾（雄）

A：整体侧面观；B：体前部（头部、第1与第2腮足）侧面观；C：尾部侧面观

162 朝鲜马尔他钩虾
Melita koreana Stephensen, 1944

分类地位 软甲纲 Malacostraca，端足目 Amphipoda，棘尾亚目 Senticaudata，马尔他钩虾科 Melitidae

形态特征 体躯细长，侧扁，较强壮。头部额角不明显，侧叶圆突，眼圆、褐色。第1~3腹节无背齿，第3腹节后腹角钝尖，第5腹节后背缘每侧雄性者具3刺，雌性者具1刺。底节板较深，第5和第6底节板具前叶。尾节两叶，末端具3或4刺。

第1触角相当于体长的2/3，鞭略长于柄，18~25节，副鞭短，2或3节。第2触角较细短，鞭短于柄，7~12节。

腮足亚螯状，第1腮足细小，第2腮足发达。第3和第4步足细弱，第5~7步足强壮，形状相似。基节宽阔，具后叶。雌性第6步足底节板前叶呈钩状后弯。

第1尾肢长于第2尾肢。第3尾肢外肢发达，长为柄节的3倍，1节，末端具3或4小刺，内肢很短小，鳞片状。

毛鞭马尔他钩虾与朝鲜马尔他钩虾外形很相似，较为明显的区别在于：毛鞭马尔他钩虾雄体第2触角鞭有浓密的环形刚毛，第5~7步足基节后腹角更紧缩，及雌体第

6底节板外表具1排鳞状棘；朝鲜马尔他钩虾雄体第2触角具有正常刚毛，雌体第6底节板光滑，第5～7步足基节宽阔。

生态习性 栖息于暖水浅海和潮间带海藻丛中，常在石块下采得，为潮间带常见种之一，春、秋季大量繁殖，密度很高。

地理分布 我国各海区均有分布。标本采自舟山朱家尖岛潮间带。舟山海域常见。

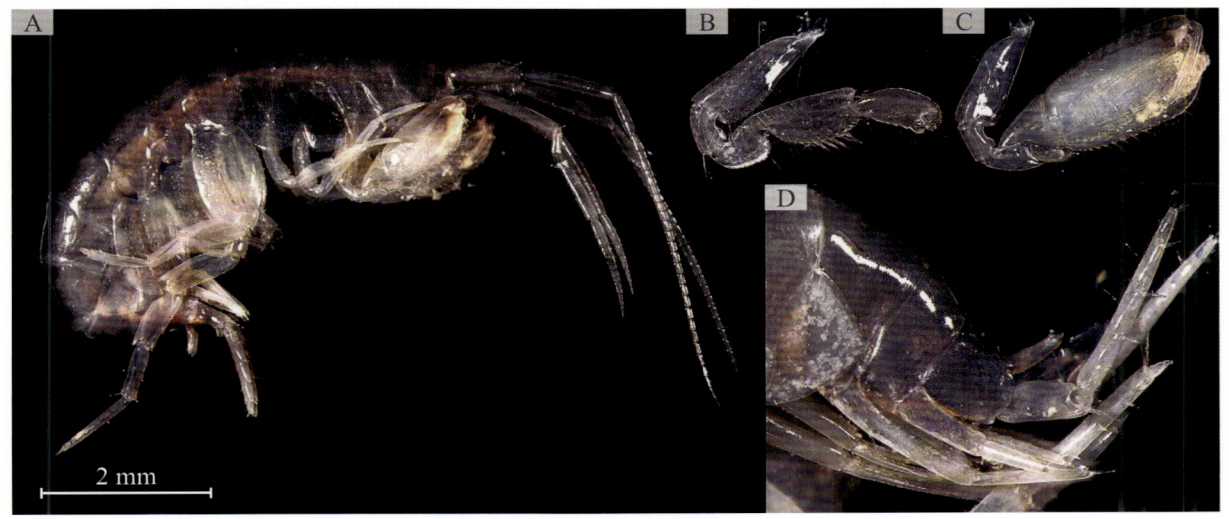

朝鲜马尔他钩虾（雄）

A：整体侧面观；B：第1腮足；C：第2腮足；D：尾部侧面观

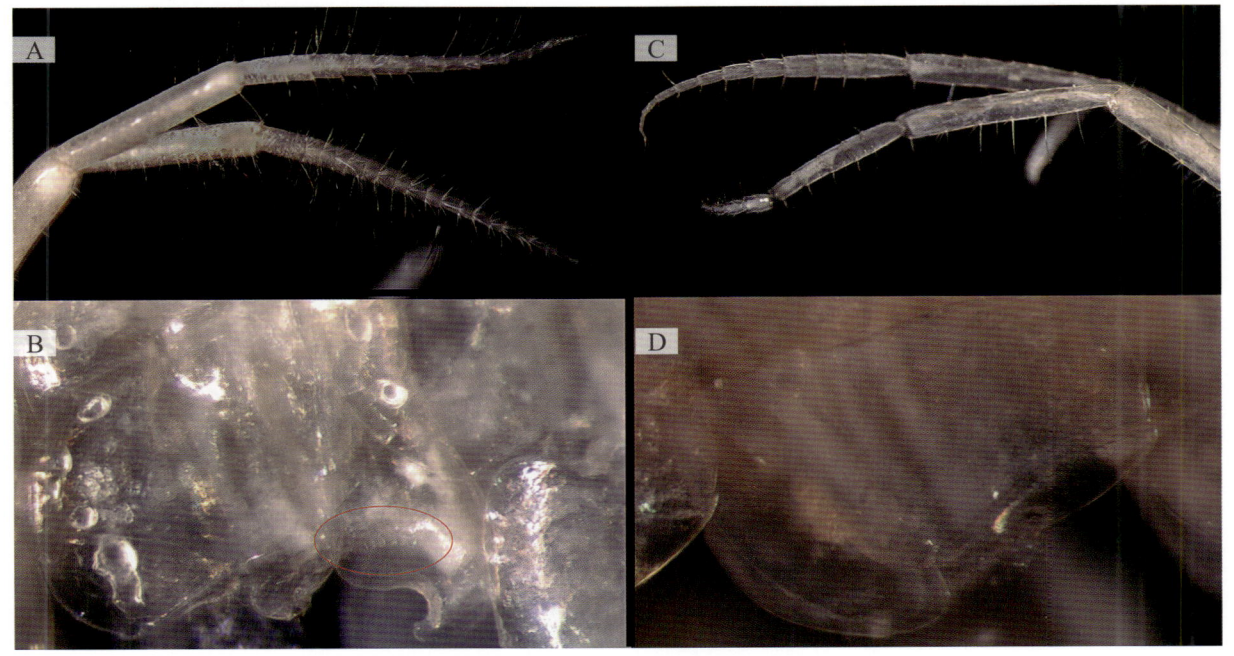

毛鞭马尔他钩虾与朝鲜马尔他钩虾对比

A：毛鞭马尔他钩虾雄体第2触角鞭；B：毛鞭马尔他钩虾雌体第6底节板；
C：朝鲜马尔他钩虾雄体第2触角鞭；D：朝鲜马尔他钩虾雌体第6底节板

（七十八）蜾蠃蜚科 Corophiidae Leach, 1814

体躯圆筒状，背腹略扁平，第4～6腹节愈合或分离。底节板小，不接触或不覆盖。额角存在或缺乏，眼小，处于突出的侧叶上。第1触角柄第3节短于第1节，鞭长于第1柄节，无副鞭。雌雄第2触角形态不同，一般雄性强壮，柄部发达，等于或较大于第1触角，鞭短于柄部末端节。大颚臼齿发达，触须小，通常2节，第1与第2小颚基本型。颚足外板大，触须延长，4节，具长羽状刚毛。腮足小，第1腮足细，亚螯状；第2腮足简单，长节与腕节延长，前后亚列。步足具长刚毛，第7步足特别长。第1和第2尾肢双枝型，分肢短；第3尾肢单枝型，平坦，分肢缘具刚毛。尾节肉质，完全。

该科物种在调查过程中多次采集到，多数栖息于潮间带和浅海，多穴居于沙或泥管中。

163 河独蜾蠃蜚
Monocorophium acherusicum (A. Costa, 1853)

同物异名 *Corophium acherusicum* A. Costa, 1853

分类地位 软甲纲 Malacostraca，端足目 Amphipoda，棘尾亚目 Senticaudata，蜾蠃蜚科 Corophiidae

形态特征 标本都很小，体躯平扁，头部宽大于长，雄体头部前缘深凹，额角小而尖，低于两侧角。侧叶圆，眼圆而小，黑褐色。1～3腹节分离，4～6腹节愈合。尾节半圆形，有2丛小脊。

雄体第1触角柄部第1节粗壮，顶面观基部无内侧刺，腹缘末端有1刺。雄体第2触角强壮，第5柄节腹缘基部有2突起，无刺，第4柄节内侧腹缘具1强齿和2小齿，无小刺，第3柄节腹末角有1小刺。雌体第1触角顶面观内侧面有4小刺，基部刺常内弯，腹缘有3大刺，第2柄节无刺。

第1腮足的掌节长卵圆形，掌缘斜拱有小齿，指节较长，腹缘具1附加小齿，有细棘刺。第2腮足指节具2个附加齿。第3和第4步足简单，指节较长，第5和第6步足同形，第6步足基节卵圆，有侧缘刚毛。

第1尾肢柄部长于分肢，柄和分肢具侧缘刺，分肢末端具刺。第2尾肢较短，柄内侧缘具1刺，两分肢具刺。第3尾肢柄短，分肢卵圆，具长刚毛。

| 生态习性 | 广泛分布于世界暖水水域，栖息于泥管中，常在底栖采泥或浮标、码头采到。
| 地理分布 | 我国各海区均有分布。标本采自舟山长峙岛海域。舟山海域常见。

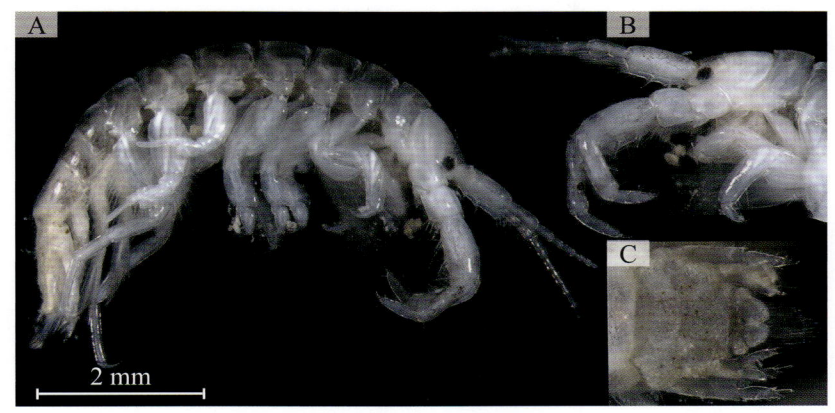

河独蜾蠃蜚（雌）

A：整体侧面观；B：体前部侧面观；C：尾部背面观

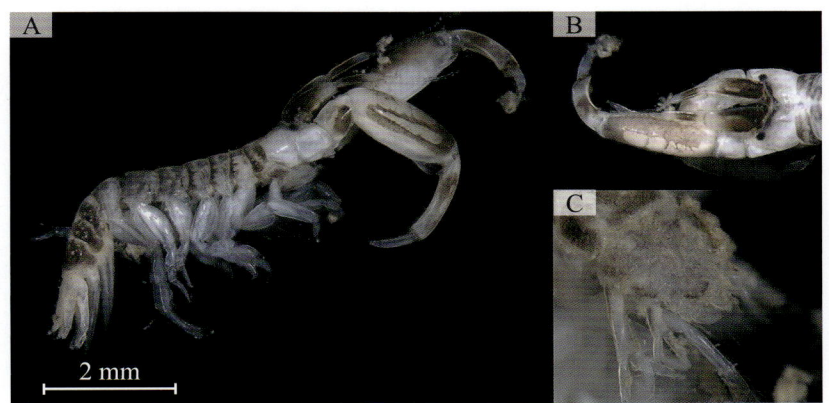

河独蜾蠃蜚（雄）

A：整体侧面观；B：头部背面观；C：尾部背面观

河独蜾蠃蜚沙质巢穴（A、B）及泥质巢穴（C）

164 三齿离蜾蠃蜚
Apocorophium tridentium (Hirayama, 1986)

同物异名 *Corophium tridentium* Hirayama, 1986; *Hirayamaia tridentia* (Hirayama, 1986); *Hirayacorophium tridentia* (Hirayama, 1986)

分类地位 软甲纲 Malacostraca，端足目 Amphipoda，棘尾亚目 Senticaudata，蜾蠃蜚科 Corophiidae

形态特征 本种与河独蜾蠃蜚很相似，如尾部愈合节侧缘平坦弯曲，第7步足腕节前中突出。但本种雌体额角宽阔突出于前，雄体额角似乳头状，大颚触须第1节末端突出，第2腮足的指节腹缘具3个相等的齿。

生态习性 栖息于温带和亚热带浅水，软泥和沙质泥底质。

地理分布 我国分布于渤海、黄海、南海。标本采自舟山六横岛海域，为舟山海域首次记录。舟山海域少见。

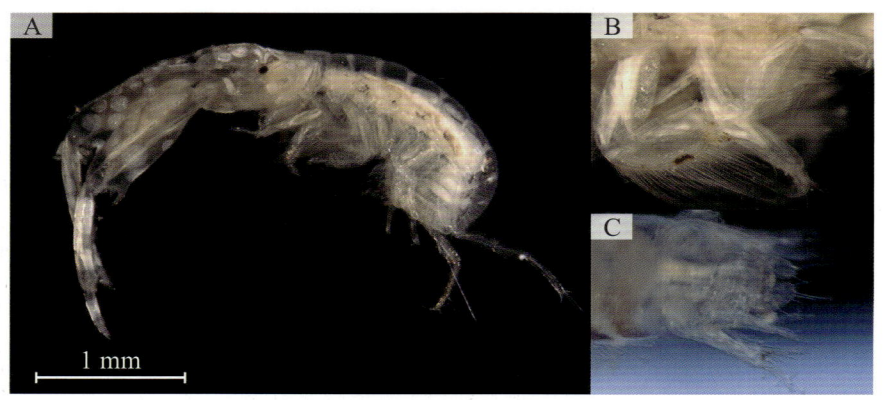

三齿离蜾蠃蜚（雄）
A：整体侧面观；B：第1与第2腮足基节；C：尾部背面观

165 中华华蜾蠃蜚
Sinocorophium sinensis (Zhang, 1974)

同物异名 *Corophium sinensis* Zhang, 1974

分类地位 软甲纲 Malacostraca，端足目 Amphipoda，棘尾亚目 Senticaudata，蜾蠃蜚科 Corophiidae

形态特征 成体雄体形态：体平扁，纤细。第4~6腹节分界清楚。额角刺状，超出头部侧叶末端，侧叶突出，顶端窄圆，无眼。尾节小，基部宽度大于末部，末缘中部稍内凹，尾节侧缘近中部处的背面各具很小的刺毛2~3根。

第1底节板向前延伸，顶端尖，具3根长羽状刚毛。第1触角细，长度大于体长的1/2，鞭与柄几乎等长，14~20节。第2触角粗大，柄基节的腹面末端具2长而强大的刺状突起，内侧者稍长，鞭2节。下唇外侧角突出。

第1腮足腕节的长度约为指、掌两节之和，指节腹缘具齿。第2腮足基节前缘近末端具1明显的齿状突出。第3和第4步足的长节正常扩展，其长度与腕节相等；腕节短于掌节，不长于指节。第5和第6步足粗壮，其长节的末端稍扩大，较腕节长。

第1和第2尾肢的基节粗壮，内肢略短于外肢。第3尾肢短小，柄相当于尾节的长度，末端扩大。

成体雌体形态：雌体不同于雄体的在于额角较短，侧叶末端较钝尖；第1触角第1柄节具2刺，1个位于下缘近末端，1个很小，在内缘近基部，触须13~14节。第2触角第4柄节具2刺。

生态习性 多栖息于软泥和粉沙底质，水深从潮间带到水下23 m。

地理分布 我国各海区均有分布。标本采自舟山六横岛海域。舟山海域偶见。

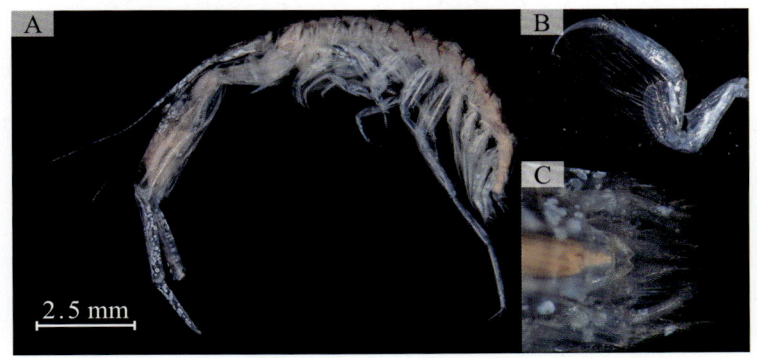

中华华蜾蠃蜚（雄）

A：整体侧面观；B：第2腮足；C：尾部背面观

中华华蜾蠃蜚（雌）

166 同角华蜾蠃蜚
Sinocorophium homoceratum (Yu, 1938)

同物异名 *Corophium homoceratum* Yu, 1938

分类地位 软甲纲 Malacostraca，端足目 Amphipoda，棘尾亚目 Senticaudata，蜾蠃蜚科 Corophiidae

形态特征 躯体细而背腹平扁，尾部节分离。头部额角尖，达侧叶末端，侧叶不很突出，角圆。第1触角较细，鞭为柄长的3/4，16～18节。第2触角很强壮，柄部长，第3柄节腹末端具1强壮钩形尖突和1小瘤，外侧面具2排小齿，鞭部细短。

第2腮足指节强壮，镰刀状。第3与第4步足第5节不短，第5与第6步足强壮，第7步足延长，基节基部扩展。第1尾肢柄节细长，末端超过尾节，外肢较长于内肢。第2尾肢柄略长于分肢，外肢略长于内肢。第3尾肢短小，分肢单枝型，卵圆形，具长刺。尾节卵圆三角形，基部宽，末端窄和内凹。

雌体第1触角第1柄节腹缘不具锯齿，鞭13节，延伸超过第2触角第4节。第2触角较雄体细而短，第2节的末腹刺小而短，第4柄节外侧面具2刺。

生态习性 栖息于底质为泥的浅水。

地理分布 我国分布于渤海。标本采自舟山六横岛海域。舟山海域偶见。

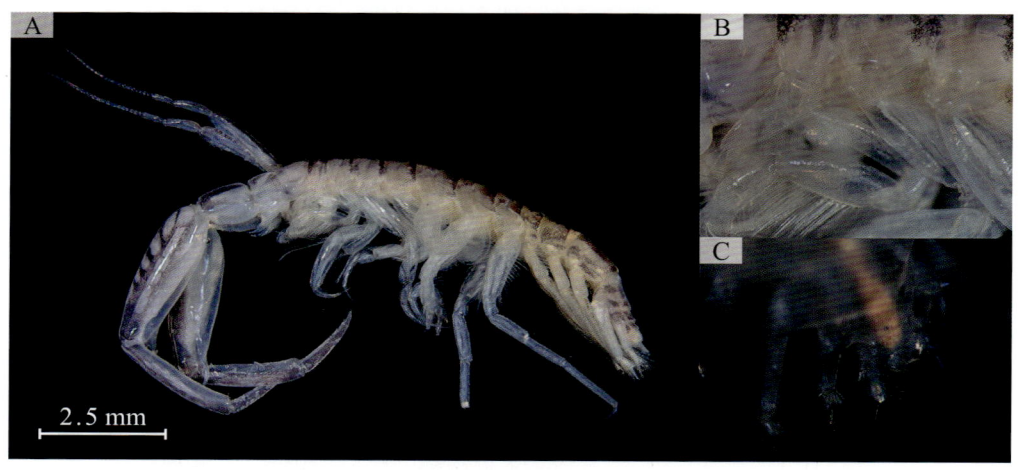

同角华蜾蠃蜚（雄）

A：整体侧面观；B：第1与第2腮足基节；C：尾部背面观

（七十九）赖钩虾科 Aoridae Stebbing, 1899

头部成角，前腹缘呈缺刻，侧头叶弱地延伸；眼若存在，处于叶的近端；前腹缘弱凹缺或中等凹。大颚触须3节或缺乏，第3节若存在则不对称。

167 日本大螯蜚
Grandidierella japonica Stephensen, 1938

分类地位 软甲纲 Malacostraca，端足目 Amphipoda，棘尾亚目 Senticaudata，赖钩虾科 Aoridae

形态特征 体躯细长，头部额角短而钝，侧叶钝圆，眼较小，卵圆。背腹略扁平，底节板较小，不联结。雄体第1胸节具中腹齿，第1～3腹节后腹角钝圆，第4～6腹节分节清楚。尾节完全，厚；末端具2乳状突，常具小刺。

第1触角长达胸部末节、柄部稍短于鞭，鞭18～23节，副鞭1节。第2触角雄性较雌性略强壮，柄部长，第4与第5柄节几乎等长，柄基部节下缘具1突出齿，鞭短于第5柄节，8～9节。

雄性第1腮足强壮，第2腮足亚螯状。雌体第1与第2腮足同雄体第2腮足相似。第3与第4步足简单，长节略长，掌节与指节略细。第5～7步足较强壮，长度依次增加。第1尾肢长度超过第2和第3尾肢，双枝型，柄部与分肢几乎等长；第2尾肢柄略短于分肢；第3尾肢单枝型，分肢长于柄，两侧具刺。

生态习性 栖息于温带和热带海域，现有标本从潮间带到水下40 m均有采获，底质多为软泥。全年都可出现，春夏季较多，4月份采得的雌体标本大部分抱卵。

地理分布 我国分布于渤海、黄海、东海。标本采自舟山长峙岛海域。舟山海域常见。

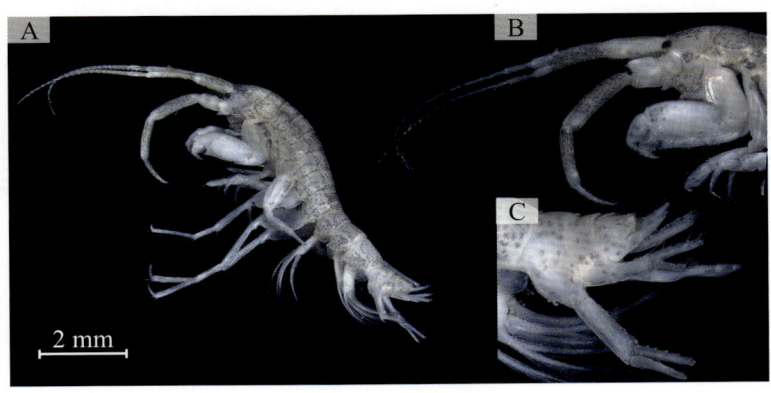

日本大螯蜚

A：整体侧面观；B：体前部侧面观；C：尾部侧面观

168 毛大螯蜚
Grandidierella gilesi Chilton, 1921

分类地位 软甲纲 Malacostraca，端足目 Amphipoda，棘尾亚目 Senticaudata，赖钩虾科 Aoridae

形态特征 体躯细长，背部圆，有褐色云斑，底节板较小。头部额角短小，眼黑褐色，处于侧叶内。第1触角细长，无副鞭，鞭20～22节。第2触角较强壮，第3柄节下末缘具1刺，第4与第5柄节几乎等长，鞭短，4～6节，下缘有4刺。

第1腮足强壮。雄体腕节宽阔，掌节窄小，指节尖突。雌体腕节前缘拱，掌节末端略宽，指节爪状，下缘具小齿。第2腮足较细，掌节窄长，长节、腕节、掌节具长刚毛，指节爪状，弯曲，下缘具小齿。第3与第4步足相似，简单。第5步足较粗短。第6与第7步足相似，较长。第1～3腹节后下角钝圆，第4～6腹节分节明显。第1和第2尾肢双枝型。第3尾肢单枝型，分肢长于柄节，末端具短小的第2节，具刚毛。尾节完全，末端两侧突出，各有一组刚毛（4根）。

生态习性 栖息于热带海域浅水，现有标本多采自江蓠养殖场和河口的咸淡水，少数采自潮间带珊瑚礁。

地理分布 我国分布于南海。标本采自舟山嵊泗养殖绳上（仅采集到雌性1只）。舟山海域偶见。

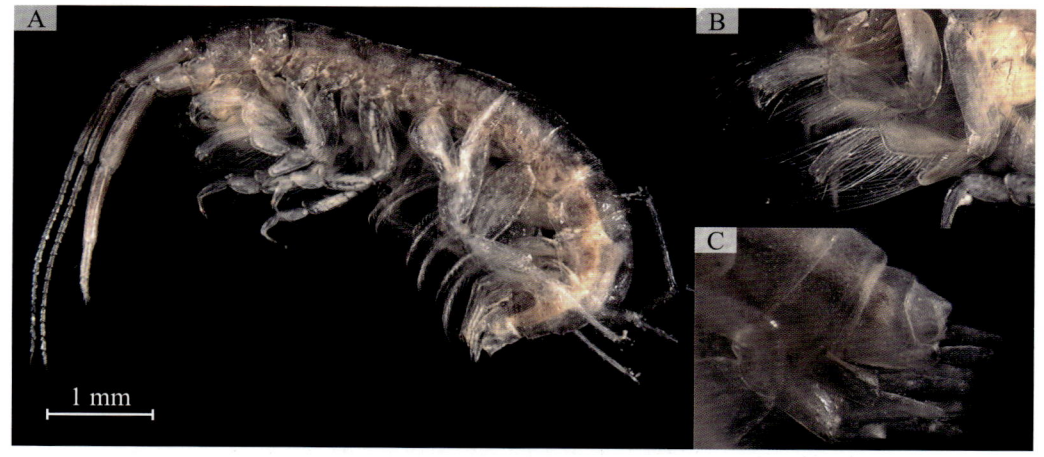

毛大螯蜚（雌）

A：整体侧面观；B：第1与第2腮足；C：尾部侧面观

(八十)藻钩虾科 Ampithoidae Boeck, 1871

体躯光滑，无额角。第1触角通常大于第2触角，副鞭存在或缺乏。口器基本型，大颚触须大多存在，下唇外叶具缺刻或凹陷。底节板中等大，方形或圆形，第4底节板不后凹。腮足通常强壮，亚螯状，第1腮足通常略小于第2腮足，偶尔略大于第2腮足。第3尾肢分肢粗短，短于柄长，外肢具1~2钩状刺。尾节短而完全，肉质。

169 强壮藻钩虾
Ampithoe valida S. I. Smith, 1873

同物异名 *Ampithoe valida valida* S.I. Smith, 1873

分类地位 软甲纲 Malacostraca，端足目 Amphipoda，棘尾亚目 Senticaudata，藻钩虾科 Ampithoidae

形态特征 个体较大，体躯光滑，略侧扁，绿色或灰绿色，常具黑色斑点。头部前缘圆拱，额角不明显，侧叶方形突出，眼卵圆。第1~4底节板较大，第5底节板前叶与第4底节板几乎同深。第2~3腹节后下角呈钝齿状。尾节圆三角形，末端两侧各具1角质齿，两侧边具几根刚毛。

第1触角相当于体长的3/5，第1柄节较粗壮，下缘具小刺；第3柄节短小；鞭细长，为柄长的2倍，46~50节，无副鞭，其位置仅为小突出，具1刚毛。第2触角稍短，雄体者较粗壮，柄部末端两节几乎等长，鞭稍短于柄，27~28节。上唇半圆形，中间具细刺毛。

腮足亚螯状，第1腮足较细，底节板前端较宽，腕节三角形，掌节几乎与腕节等长，掌缘斜，掌角具1刺，指节爪状。第2腮足大于第1腮足，雄体者特别发达，腕节三角形，具短后叶，掌节长方形，掌缘平截，中间微拱或略凹，或掌缘斜，掌角突出，指节镰刀状。雌体第2腮足掌节与第1腮足者相似，但略大。第3与第4步足彼此相似，底节板前缘略拱，后缘稍凹，基节较宽，指节小。第5步足略小于第6与第7步足，底节板具突出的前叶，基节宽阔卵圆。第6与第7步足较长，基节窄卵圆形。

尾肢双枝型，第1和第2尾肢柄部长于两分肢，柄与分肢都具有小刺。第3尾肢柄粗壮,有3刺,排成1排,节的内侧末缘具1排刺;分肢短,内肢末端具刚毛、小刺和3小侧刺;外肢末端具2钩状刺,上弯,近基部1小刺。

生态习性 栖息于温带和热带海域潮间带或潮下带海藻丛中,全年都可出现。

地理分布 我国各海区均有分布。标本采自舟山东极海域。舟山海域常见。

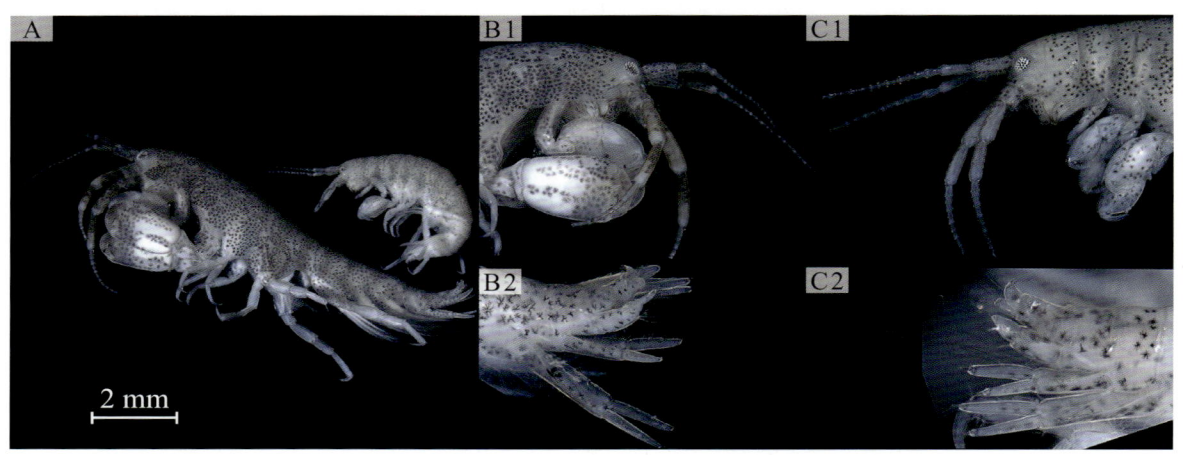

强壮藻钩虾

A:整体侧面观(左为雄体,右为雌体);B1:体前部侧面观(雄);B2:尾部侧面观(雄);
C1:体前部侧面观(雌);C2:尾部侧面观(雌)

(八十一)亮钩虾科 Photidae Boeck, 1871

头部侧叶弱或强延伸,眼存在时处于叶基部,完全或部分包围在叶中;前腹缘中等到强弯缺,或中凹。大颚触须第3节不对称,末端圆,刚毛沿后末缘,或对称带有末端刚毛。雄体第2腮足大于第1腮足,长节不扩展。第5~7步足不为亚螯状,第7步足长于第6步足。尾部节不愈合。第3尾肢柄短,边延伸或长,平行边或末端窄。尾节无钩或小刺。

170 短小拟钩虾
Gammaropsis nitida (Stimpson, 1853)

同物异名 *Gammaropsis batei* Boeck, 1871; *Gammaropsis caudadentata* Norman, 1867
Gammaropsis megacheir S.I. smith, 1874; *Podoceropsis excavata* (Spence Bate, 1862);
Naenia excavata Spence Bate, 1862; *Naenia rimapalma* Spence Bate, 1862;
Podoceropsis nitida (Stimpson, 1853); *Podocerus nitidus* Stimpson, 1853;
Gammaropsis rimapalma (Spence Bate, 1862);
Gammaropsis tuberculosa (Spence Bate, 1862)

分类地位 软甲纲 Malacostraca,端足目 Amphipoda,棘尾亚目 Senticaudata,亮钩虾科 Photidae

形态特征 体躯细,略侧扁,底节板较浅,彼此连接,第2底节板长度大于深度。

头部较长,侧叶宽而突出,末端尖,眼褐色,中等大。第1~3腹节较大,第3腹节后下角突出不明显;第4和第5腹节背后两侧各具1刚毛。尾节完全,末端钝尖,两侧各具1~2刚毛。第1触角与第2触角几乎等长,略长于体长的1/2。第1触角鞭9节,长与柄长相近,柄部与鞭部均具长刚毛,副鞭仅为小的痕迹,顶端有刚毛丛。第2触角鞭长度略短于柄,11节。

第1腮足较细小,亚螯状。第2腮足强壮,掌节发达,掌缘下部凹,凹间具2钝齿,指节强壮,内缘具小刺。第3与第4步足简单,爪状,两者几乎同形。第5步足底节板较大,前叶宽而长,基节卵圆形。第1与第2尾肢分肢稍短于柄,内肢略长于外肢,柄与分肢都具刺,柄下末端刺发达。第3尾肢柄短而粗,两分肢具小刺。

生态习性 本种为广泛分布种,在中国海域栖息水深6~46 m,底质沙泥。

地理分布 我国分布于黄海、东海、南海。标本采自舟山长峙岛海域。舟山海域偶见。

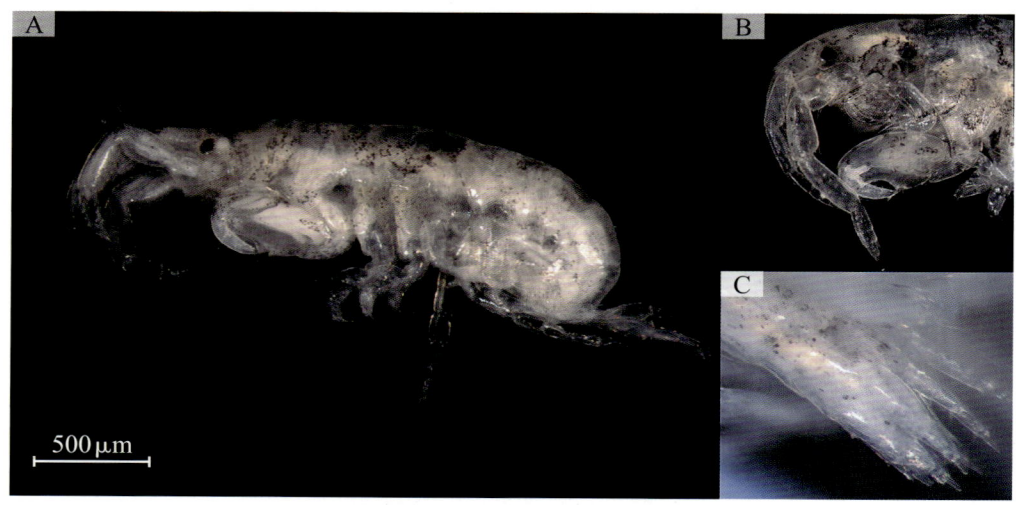

短小拟钩虾
A：整体侧面观；B：体前部侧面观；C：尾部侧面观

171 指拟钩虾
Gammaropsis digitata (Schellenberg, 1938)

同物异名 *Eurystheus digitatus* Schellenberg, 1938

分类地位 软甲纲 Malacostraca，端足目 Amphipoda，棘尾亚目 Senticaudata，亮钩虾科 Photidae

形态特征 最大体长约4.0 mm。体躯较纤细。头部相当于前两胸节长度之和，额角小，侧头叶窄而突出，第2触角凹较深，眼卵圆，红色。胸部节光滑。第1～3腹节后腹角呈小齿状，第4和第5腹节各具1对背刚毛。尾节完全，长度略大于宽度，末端稍尖，两侧角各具1刺。

第1触角鞭短于柄，5～12节，副鞭4～6节。第2触角等于或稍短于第1触角，鞭略短于第4与第5柄节长度之和（现仅有1个雌体标本具两触角）。上唇前缘稍拱，具细短毛。

雄体第1腮足亚螯状，第2腮足强壮，掌节强壮，呈长方形，掌基部具有指状齿。雌体两腮足亚螯状，第2腮足掌角稍呈齿状，具1掌角刺。

第3与第4步足简单，指节爪状。第5~7步足相似，细长，基节窄长，卵圆形，掌节腹缘具腹刺，指节爪状。

第1尾肢具柄腹末端刺，外肢略短于内肢，具缘刺和末端刺。第2尾肢略短。第3尾肢分肢几乎等于柄之长度，外肢1节。

生态习性 多栖息于热带海域浅海。

地理分布 我国分布于南海。标本采自舟山长崎岛海域，为舟山海域首次记录。舟山海域少见。

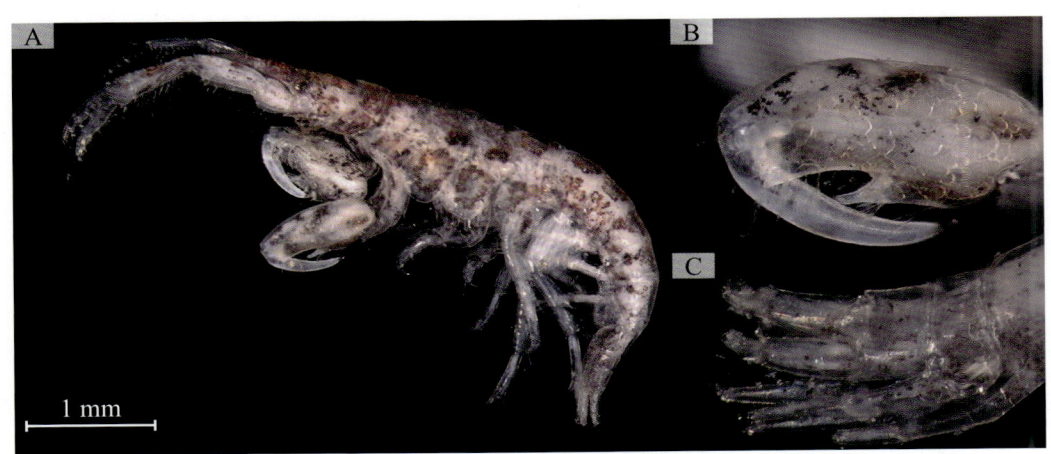

指拟钩虾

A：整体侧面观；B：第2腮足指节与掌节；C：尾部侧面观

（八十二）麦秆虫科 Caprellidae Leach, 1814

身体细长，通常呈棒状；头部常与第1和第2胸节愈合成头胸部；6胸节，腹部退化。触角无副鞭，第1触角长于第2触角。大颚有臼齿，触须退化。前两对步足完全消失或退化为1节。雌体腹肢1对或无，雄体1或2对。本书编写过程中，采获麦秆虫物种4种，均属麦秆虫属，其形态描述为第3与第4步足缺失。

172 尖额麦秆虫
Caprella penantis Leach, 1814

同物异名 *Caprella acutifrons* Latreille, 1816; *Caprella acutifrons* f. *porcellio* Mayer, 1903; *Caprella geometrica* Say, 1818

分类地位 软甲纲 Malacostraca，端足目 Amphipoda，棘尾亚目 Senticaudata，麦秆虫科 Caprellidae

形态特征 雄性体长达15 mm。躯体光滑，胸节粗短，第3胸节较长，头部具1前突的齿。第1触角短于体长之半，鞭略短于柄，14节。第2触角略长于第1触角柄，具刚毛。第2腮足附着于第2胸节稍前部，基节短，掌节略长于第2腹节，长为宽的2倍，掌角突出，掌末角为方形突出。鳃大而圆。第5~7步足节短而宽，掌节具1对抓捕刺。雌体体型小于雄体，成体体长可达10.5 mm。

生态习性 栖息于潮间带和潮下带，攀缘于水螅、海草、养殖绳等。

地理分布 我国各海区均有分布。标本采自舟山东极、嵊泗海域。舟山海域偶见。

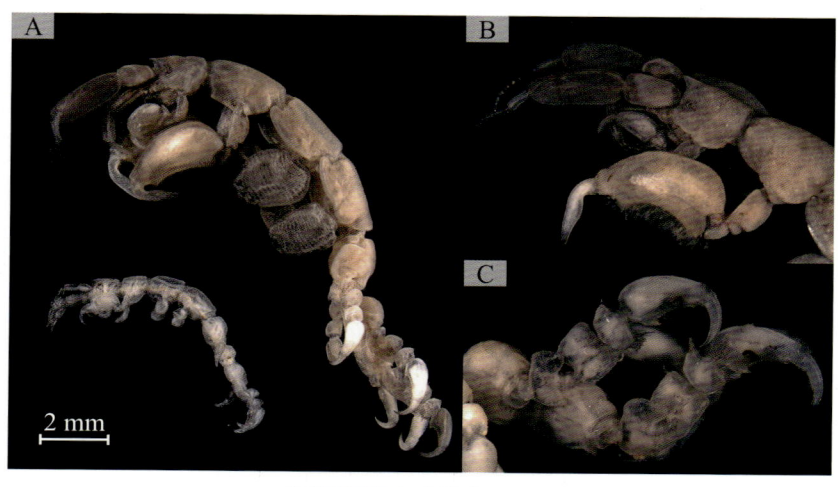

尖额麦秆虫（雄）

A：成体（大）与幼体（小）侧面观；B：体前部侧面观；C：尾部侧面观

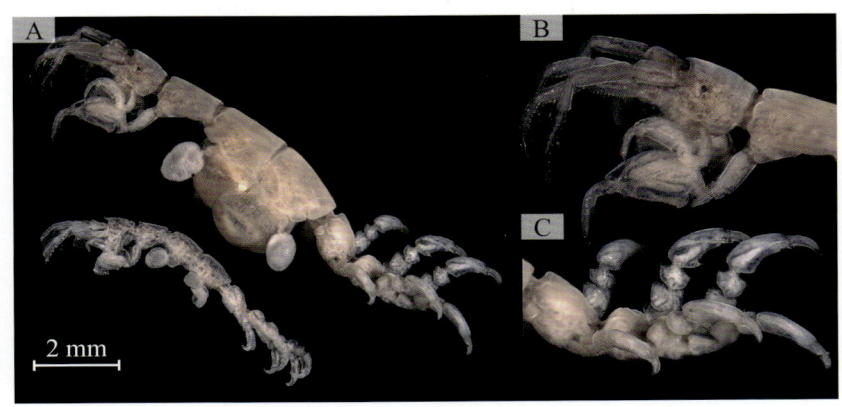

尖额麦秆虫（雌）
A：成体（大）与幼体（小）侧面观；B：体前部侧面观；C：尾部侧面观

173 *Caprella andreae* Mayer, 1890

分类地位 软甲纲 Malacostraca，端足目 Amphipoda，棘尾亚目 Senticaudata，麦秆虫科 Caprellidae

形态特征 雄性头部短圆，呈三角形，第1触须的第1和第2柄节膨大，第2触须柄节长于第1触须，触手鞭腹侧具长梳状刚毛，鳃圆形。雌性第1触须柄节正常。第1腮足细微隆起，掌节直，近端具2刺。第2腮足嵌入第2胸节中部，基部隆起，掌节末端具突出齿，其旁具1凹槽，指节宽而短，内缘具锯齿。

生态习性 栖息于潮间带、潮下带，攀缘于水螅、海藻等固着物。

地理分布 在朝鲜半岛有记录。此次为国内首次记录，标本采自舟山东极养殖绳。舟山海域少见。

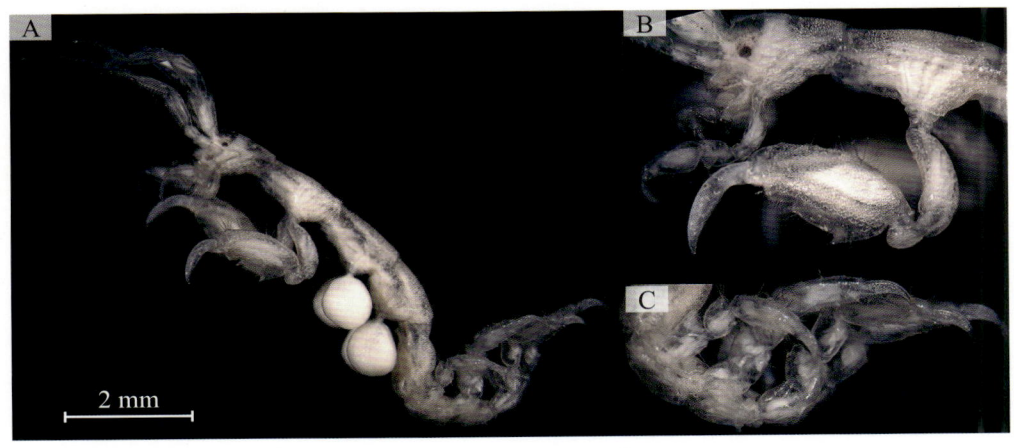

Caprella andreae（雄）
A：整体侧面观；B：体前部侧面观；C：尾部侧面观

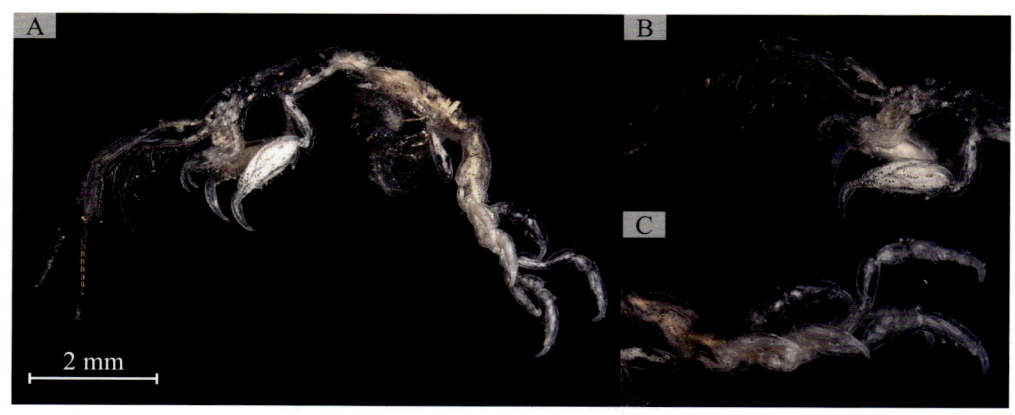

Caprella andreae（雌）
A：整体侧面观；B：体前部侧面观；C：尾部侧面观

174 加州麦秆虫
Caprella californica Stimpson, 1856

同物异名 *Caprella scaura californica* Mayer, 1890; *Caprella scaura* f. *californica* Mayer, 1890

分类地位 软甲纲Malacostraca，端足目Amphipoda，棘尾亚目Senticaudata，麦秆虫科Caprellidae

形态特征 雄体长达30 mm。头部圆而光滑，具1强背齿。第1胸节最长，第2胸节后半部粗，第2腮足间具1小腹突，第3和第4胸节各具前、后侧齿，第5胸节末部具1后背突，第5和第6胸节各具1对后背突。第1触角长于第1和第2胸节，鞭20节。第2触角长于第1触角第1柄节，鞭具刚毛。第2腮足基节略短于第2胸节，掌节长于基节，长为宽的4倍，基部窄，末部宽，具细刚毛，掌角突出，掌中部具2齿，末齿呈三角状，两齿间具窄的缺刻。鳃窄长。第5步足略短于第5胸节，掌角近掌节基部具1刺，背缘具刚毛。

雌体长达17 mm。第2腮足掌节大，长为宽的2倍。鳃卵圆，附卵板宽阔。

生态习性 栖息于潮间带到水下80 m处，攀缘于水螅、海藻等。

地理分布 我国分布于黄海及东海，在香港沿海区域也有记录。标本采自舟山东极、嵊泗养殖绳。舟山海域常见。

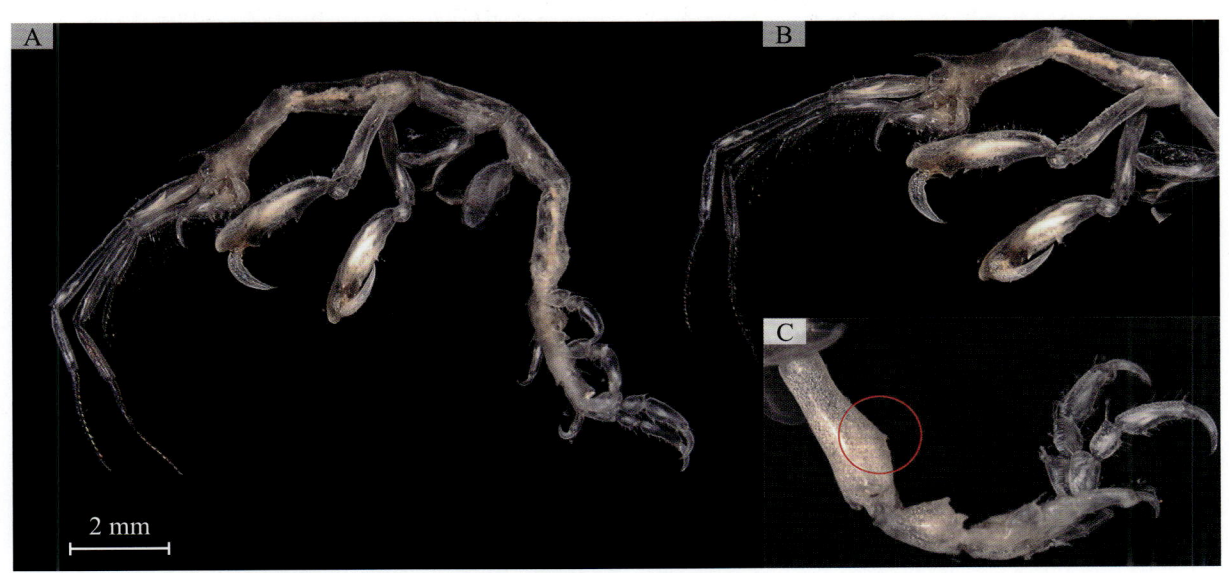

加州麦秆虫（雄）

A：整体侧面观；B：体前部侧面观；C：尾部侧面观

175　*Caprella laeviuscula* Mayer, 1903

分类地位　软甲纲Malacostraca，端足目Amphipoda，棘尾亚目Senticaudata，麦秆虫科Caprellidae

形态特征　成体头部光滑圆形，无突起，躯体光滑，仅在成体第3和第4胸节的前端具侧棘。第1体节较短，第2体节长于其他体节。第1触须短，中等大小，长约为体长的1/3；第2触须略短于第1触须柄节，腹缘具刚毛。第2颚足位于第2胸节中后部，基节略短于第2胸节，掌节腹面平整，具2突刺，指节镰刀状，长，内缘凹陷。第5～7步足相对较长，掌节中前端具抓握齿。鳃椭圆形，长近于第2颚足基节。

生态习性　栖息于潮间带、潮下带，攀缘于水螅、海藻等固着物。

地理分布　在日本有记录。本次为国内首次记录，标本采自舟山东极、嵊泗养殖绳。舟山海域偶见。

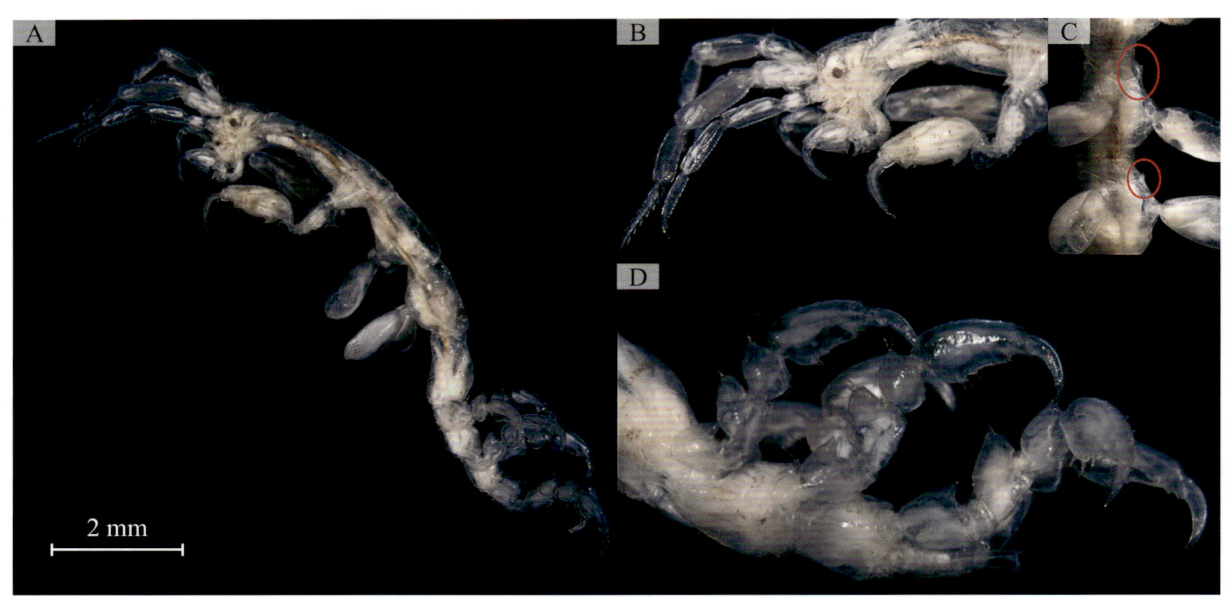

Caprella laeviuscula
A：整体侧面观；B：体前部侧面观；C：第3与第4胸节腹面观；D：尾部侧面观

二十四、涟虫目 Cumacea

涟虫目是一类营埋栖生活的小型甲壳动物，体长多为0.5~4 mm。涟虫的身体由5个头节、8个胸节、6个腹节与尾节构成。头部通常与前3~4胸节愈合成头胸部，留下4~5个活动胸节。头胸部膨大，外覆以膨大的头胸甲；头胸甲侧缘向下包围头胸部，后缘与胸节完全愈合，形成宽大且封闭的鳃室。头胸部与活动胸节共同组成宽大的前体，与细长的腹部区分明显。头胸部外的头胸甲十分发达，前端两侧部分常突出于额角之前，且左右愈合形成假额角，覆盖鳃腔的前伸部。在鳃腔中，鳃叶附于第1颚足发达的外肢上。假额角背面具1条倒"Y"形纹线，分叉线为额叶与头胸甲前缘的愈合缝。额叶前缘下方有1凹陷，称触角缺刻。触角通过触角缺刻伸向头前方。额叶顶部很短，称眼叶。涟虫通常只有1个无柄的复眼，位于眼叶上。少数种类左右假额瓣不愈合形成假额角，复眼成对，位于额叶前缘左右两侧。有些种类复眼缺。

第1触角通常单枝型，在某些类群中有退化的，或发育不全的内鞭。第2触角单枝型，性二型；在雌性中较小或退化；在雄性成体中很发达，鞭长可能超过体长。大颚无须，具动颚叶，在门、臼齿突之间具刺或刚毛列。第1小颚原肢3节，无外肢，内肢形成触须。第2小颚原肢3节，无内肢，外肢呈板状。

胸肢8对，前3对特化为颚足，后5对为步足。第2颚足无外肢，第3颚足通常具外肢。步足大多为双枝型，但有的无外肢。5对步足前2对向前，后3对向后，通常认为步足具掘土功能。第1步足通常十分发达，其节数有时退化。腹部细长，比头胸部窄得多。尾节可自由活动或与第6腹节愈合形成腹尾节；某些种类无尾节。雌性无腹肢；雄性通常具腹肢，偶有例外。不同类群腹肢的数量不同。腹肢具游泳功能；原肢2节，内肢2节，外肢1节。有些种类内、外肢均退化。雌、雄性均具尾肢。尾肢具原肢1节，呈圆柱形；内肢1~3节，外肢2节；内、外肢均长，呈圆柱形；各节均具刺或刚毛。

雌雄异体。雌性生殖孔位于第3胸肢的底节。雄性生殖孔位于末胸节的胸甲上。雌性体具由抱卵板形成的抱卵囊。

已知的涟虫目物种有800多种，隶属于11科100多属。在舟山海域采获涟虫目2种，分属2科。

（八十三）尖额涟虫科 Leuconidae G.O. Sars, 1878

无尾节。雄性2对腹肢，少数1对或无。腹肢内肢无外缘突出叶。第3颚足和前4对胸肢具外肢，少数仅第3颚足和前2对胸肢具外肢。雌性除第3颚足外，前3对胸肢具外肢，少数前2对胸肢具外肢。大颚基部扩大，臼齿突圆柱状。尾肢内肢2节，少数种1节。胸部均为5节。

176 二齿半尖额涟虫
Hemileucon bidentatus Liu & Liu, 1990

分类地位 软甲纲 Malacostraca，涟虫目 Cumacea，尖额涟虫科 Leuconidae

形态特征 成体雌性：体长约 4.5 mm。头胸甲为体长的 1/5，长稍长于高与宽。背缘近中部有 2 个小刺，第 1 个稍大。头胸甲下缘前半部分锯齿状，最前方具 2 个小齿，下缘具 8 个小齿。背部具 1 条中央脊，在头胸甲后部和胸部前部明显。假额角尖锐突出。触角缺刻及额角下角明显。胸部分 5 节，长度为头胸甲的 1.5 倍，第 2 节最宽大，长度为第 1 节的 2 倍，第 3 节稍短，第 4 和第 5 节长及宽依次减小。

第 1 触角分 3 节，等长，第 1 节最宽，几乎与长相等。主鞭第 1 节稍长于第 2 节，第 3 节很细小。副鞭微小，1 节。第 2 触角分 3 节，第 2 节长等于宽，第 3 节纤细。

第 1 胸肢细长，基节稍短于其余各节之和，座节稍长于长节的 1/2，腕节长为长节的 2 倍，指节与掌节等长，掌节长约为腕节的 2/3，具外肢。第 2 胸肢较第 1 胸肢粗短，基节为其余各节长度和的 5/4，座节很短，长节、腕节、指节 3 节基本等长，掌节长约为指节的 1/2，具外肢。第 3 胸肢基节长为其余各节的 5/3，具外肢。第 4 和第 5 胸肢为单枝型。

尾肢柄长为最末腹节的 5/4，内缘 7 根刚毛；内肢稍短于外肢，稍长于柄，分 2 节，第 1 节长为第 2 节的 2 倍；外肢为柄长的 1.4 倍。最末腹节端部具 4 根刚毛。

成体雄性：身体较雌性细长，个体较小，体长约 3.5 mm。头胸甲稍长于体长的 1/4，稍长于其宽的 1.5 倍，稍长于其高的 2 倍。头胸甲背面观前、后部等宽，不像雌性那样呈三角形，背面亦无小齿，下缘光滑无锯齿。不形成明显的假额角，触角缺刻，额角下角均不明显。胸部约与头胸甲等长。

生态习性 多栖息于水深 6~13 m 处，多为海底表面采泥获得。

地理分布 我国分布于黄海、东海。标本采自舟山定海浅海。舟山海域常见。

二齿半尖额涟虫(左为雌体,右为雄体)

（八十四）针尾涟虫科 Diastylidae Bate, 1856

尾节通常中等大或很大，具2端刺，有时无。腹肢内肢外缘无突出叶，雄性通常具2对腹肢，有个别种无。除第3颚足外，一般前4对或前2对胸肢具外肢。雌性一般第3颚足具外肢（个别属无），前2对胸肢具外肢，有时第3和第4对胸肢上也有芽状的外肢，少数种无外肢。大颚形状正常，有时基部扩大。尾肢内肢一般3节，少数2节或1节。雄性具0～3对腹肢，颚足和胸肢共具5对外肢。许多种两性异型。

177 三叶针尾涟虫
Diastylis tricincta (Zimmer, 1903)

分类地位 软甲纲 Malacostraca，涟虫目 Cumacea，针尾涟虫科 Diastylidae

形态特征 成体雌性：体长3.7～6.0 mm，变化较大。头胸甲近体长的3/10，其长稍大于宽，约为高的3/5。假额角尖锐，突出，触角缺刻不明显。头胸甲上有3个皱褶环绕，最前一个围绕着前叶，第2个皱褶与第3个的距离稍小于与第1个的距离。眼叶较发达。胸部5节，稍长于头胸甲。

第1触角纤细，柄5节；主鞭4节，前3节基本等长，末节较短；副鞭发达，3节，全长约等于柄部第1节。第2触角4节，第4节很小。

第1胸肢基节长约为其余各节之和，座节与长节等长，腕节长为座节、长节之和，掌节长约为腕节的5/4，指节稍长于掌节，具外肢。第2胸肢基节粗壮，长度约为其余各节之和的5/3，座节很短，腕节特别长，约为长节的2倍，指节长度近掌节的3倍，具外肢。第3胸肢开始为单枝型，基节稍长于其余各节之和，长节与指节等长，腕节与掌节等长。第4和第5胸肢结构与第3胸肢相似。

尾肢柄部接近第6腹节长的3倍，稍短于尾节的2倍，柄内侧有十几个小刺，柄长近外肢的3/2。尾节肛前部长约为肛后部的2倍，具2根端刺，5对侧刺。内肢3节，稍短于外肢，第1和第3节基本等长，第2节较短。

成体雄性：体长变化也较大，最长可达7 mm。第1触角较雌性粗壮，第1节长约为第2和第3节之和，第3节末端有浓密的刚毛，呈刷状。第2触角发达，触鞭伸达身体末端。前4对胸肢具外肢,第1和第2胸肢同雌性,但外肢较发达,第3和第4胸肢基节十分膨大。第5对胸肢为单枝型,纤细。腹肢2对。尾节与雌性差异较大。肛前部与肛后部界限较雌性明显,前者长度为后者的1.5倍,肛门部较雌性者细长。

生态习性 多栖息于水深6~37 m处,多为海底表面采泥获得。

地理分布 我国分布于渤海至长江口水深6~37 m的浅海。标本采自舟山定海浅海。舟山海域常见。

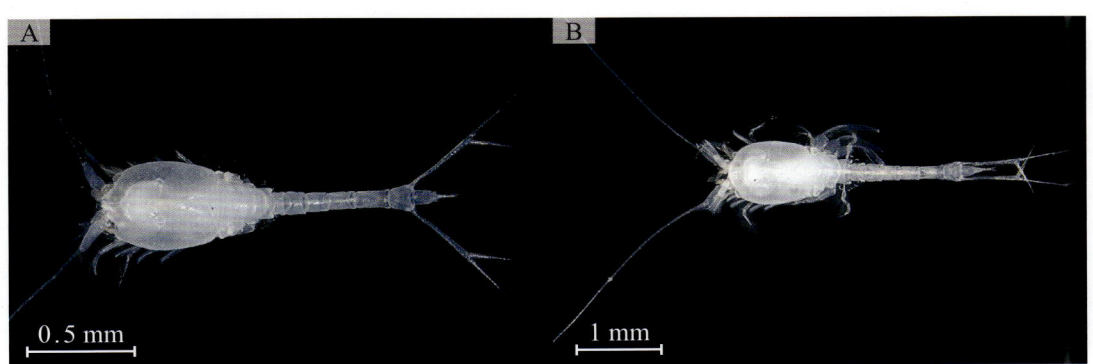

三叶针尾涟虫
A:雌体;B:雄体

腕足动物门 Brachiopoda

腕足动物为最古老的动物类群之一，化石考古发现，最早出现在5亿多年前的早寒武纪，并曾在4亿年前后的志留纪、泥盆纪达到高峰，此后开始衰落。现存的种类不多，全球记载400余种，我国已发现8种。

现生腕足动物全部海生、底栖，分布于潮间带至深海，外被双壳，酷似软体动物双壳类，故曾被称为"拟软体动物"。不同的是，腕足动物的两壳从背腹包裹，且有明显大小之分，大者称腹壳，位于下方，小者称背壳，位于上方。有些种类，两壳以铰合齿嵌合；无铰合齿的种类，则以肌肉相连。在腹壳的后端有一孔，孔内具1个喙状的肌肉质柄，动物可伸出肌肉质柄固着于海中基质上。

本门动物的分类，一直存在争议，在20世纪初，曾根据动物是否具铰合齿，分为有铰纲和无铰纲，但自20世纪后期开始，多数学者将其更新为骨骸贝纲、海豆芽纲和小吻贝纲。

海豆芽纲 Lingulata

又称舌形贝纲、无铰纲或腹茎纲。具舌形或长卵形外壳，后缘尖缩，前缘平直，两壳凸度相似，大小近等，但腹壳略长。无铰合齿和铰合槽（窝），两壳的启闭与转动，全靠复杂的肌肉操纵。壳质成分多为几丁质或几丁磷灰质，少数为钙质。壳壁脆薄，几丁质和几丁磷灰质交互成层。壳面具油脂光泽，饰以同心纹。肉茎特长，自两壳间伸出，深埋于潜穴中，并在腹壳假铰合面上留下一个三角形的凹沟，称为肉茎沟。外套膜边缘具刚毛，促使水由前方两侧进入腕腔，再由前方中央排出。

二十五、海豆芽目 Lingulida

具几丁磷灰质壳，两壳稍凸，呈舌形，柄经过两壳之间的凹陷连到腹瓣上；从两壳间伸出的肉柄（肉茎）细长，全体形似豆芽，故名海豆芽。体肌较复杂，利于两壳启闭和测向。全为海生，营穴居生活。初见于古生代的早寒武纪，奥陶纪最为繁盛，期间的海豆芽化石具发达的假间面，而后逐渐消失。现代尚有少数种类存在，形态和习性均与古生代种很接近，有活化石之称。现生种通常穴居于潮间带或潮下带。

在舟山海域采获海豆芽目1种。

（八十五）海豆芽科 Lingulidae Menke, 1828

壳为长卵圆形至近矩形，两壳大小近等，中部轻微突起，侧边一般近平行；壳腹瓣具宽的三角形槽，侧边具退化的前铰合面，背瓣后缘圆形，具1个或多或少发达的中喙；刚毛在壳体前端呈三孔状排列，两侧为进水孔，中间为出水孔。肌肉系统不对称，后闭壳肌不成对；侧脉管近平行向前延伸后汇合，无背中脉管。具长而柔韧的柄。

常见于寒武纪以来的海相地层，现生种至今仍未绝灭，分布于世界各地。生活在温带和热带海域，营滤食生活。

178 鸭嘴海豆芽
Lingula anatina Lamarck, 1801

同物异名 *Lingula exusta* Reeve; *Lingula hians* Swainson;
Lingula murphiana Reeve, 1859; *Lingula bancrofti* Johnston & Hirschfeld, 1919

分类地位 海豆芽纲 Lingulata，海豆芽目 Lingulida，海豆芽科 Lingulidae

形态特征 由背壳和腹壳包闭形成的长方形躯体部及细长的肉柄构成。表面光滑。背壳小，基部较圆，腹壳稍大，基部较尖，壳周外套膜上有细密的刚毛。壳质为几丁磷灰质，外层的角质层半透明状。肌肉层肌肉丰富，收缩能力强。柄圆筒状，外层为角质层，半透明，内层为肌肉层，富收缩力。

生态习性 常栖息于潮间带和浅海泥沙滩。

地理分布 我国分布于黄海、东海、南海。标本采自舟山东极、嵊泗海域。舟山海域少见。

鸭嘴海豆芽

棘皮动物门 Echinodermata

棘皮动物门的动物为后口动物，体形多样，有球状、星状、圆筒状等。体多为辐射对称，而且以五辐射对称为主；具石灰质的内骨骼，在不同种类，内骨骼有的形成板状（海星）、颗粒状（海参），有的愈合成壳（海胆）；有水管系统和发达的真体腔。本门动物外形差别较大，海星和蛇尾呈星形，口面向下，管足沿腕部辐射排列；海胆多呈球形，口面也向下；海参则呈筒状，口在前，肛门在后。

棘皮动物绝大部分海产，一般营固着、爬行或穴居生活，许多种类可食用，经济价值很大。现生棘皮动物根据固着柄或卷枝、腕、步带沟、消化道及骨板的有无或形状分成 5 个纲，即海星纲、海胆纲、蛇尾纲、海参纲和海百合纲。

海百合纲 Crinoidea

海百合纲动物外形极像植物，体色鲜艳，是一个很古老的类群，在古生代很繁盛，化石种类超过 6000 种。现生海百合仅 650 种，分为两类：一类终生营固着生活，为柄海百合类；另一类幼体有柄，但在成体时消失，仅留下最顶端的节（中板），成体营自由或暂时性固着生活，为海羊齿类（或称为羽星类）。柄海百合类多分布在水深 200～6000 m 的深海，而海羊齿类一般出现在较浅的海域。

海羊齿类的柄仅在幼体时期存在，成体柄消失，仅留最顶端一节，称为中背板。在中背板周围有轮状排列的附属肢，称为卷枝。卷枝分节。卷枝的数目、节数及形状是其分类的重要依据。腕原始为 5 个，常一再分枝，有第 1 次、第 2 次和第 3 次腕板之分。与分歧点相当的腕板称为分歧轴。描述海百合时，常用符号表示腕板数目和不动关节的位置。如 II Br4 (3+4) 表示第 2 次腕板共 4 块，第 3 和第 4 块板之间为不动关节；I Br1 指第 1 次腕板中的第 1 块板。腕的两侧有一系列的附属肢，称为羽枝。羽枝由羽枝节构成，其节数和形状在分类上很重要，描述时常用 P1、P2、P3 表示不分枝腕外侧的第 1、第 2、第 3 羽枝。

雌雄异体，生殖腺多位于生殖羽枝内，成熟的生殖细胞破羽枝壁放于水中或仍黏附在羽枝上。

海百合纲动物的食物主要为浮游生物，有机质碎屑也占重要部分。它们用触手捕捉食物，借步带沟内纤毛运动产生的水流，把食物送入口中。口羽枝也许能直接帮助其捕捉食物。

二十六、栉羽枝目 Comatulida

包括大部分近代的海百合属动物，柄只见于幼虫阶段，成体无柄，自由生活。以腕游泳或以卷枝行暂时附着。不同种类腕数目多变，从5至上百不等。中背板的卷枝窝中着生卷。萼（盘）的上面具口、肛门和步带沟，口多在盘的中央，紧接5条步带沟。肛门常在盘后边间幅部的一个肛门锥上，少数种类（如栉羽星科中的一些种类）肛门锥在盘中央口和步带沟反被推向盘缘，步带沟内生有触手。

多栖息在沿岸浅海岩礁底或硬底，有少数种生活在沙或沙泥底。它们能用卷枝附着于他物，或离开其附着基并摆动其腕以游泳。它们的卷枝的长短、强弱等与它们栖处的底质条件常有密切关系。栉羽星科中的某些种离开附着基后，还能用腕在地面匍匐移动。

在舟山海域采获栉羽枝目2种，分属2科。

（八十六）海羊齿科 Antedonidae Norman, 1865

具10个腕，前两枝有规律地在3+4和9+10处连接，口羽枝末端无梳状小枝，从基部至末端羽枝节逐渐变细变长。边板与盖板较小，在显微镜下可见，口通常集中在圆盘上，卷枝中等或相对较小。

179 锯羽丽海羊齿
Antedon serrata AH Clark, 1908

同物异名 *Compsometra serrata* (AH Clark, 1908)

分类地位 海百合纲 Crinoidea，栉羽枝目 Comatulida，海羊齿科 Antedonidae

形态特征 中背板为半球形，背脊很小。卷枝窝密集，呈不规则的2~3圈排列。卷枝有10~14节，起始2节短，第4节以后各节外端膨大，长大于宽。卷枝节的背面平滑，无背棘。腕10个。P1最为长大，起首2节很短，以后各节的外端膨大，向外突出，且具细刺，呈锯齿状；P2短；P3比P2略长。腕中部和远端的羽枝都很细。酒精标本为黄褐色，腕上常有深色斑纹。

生态习性 多生活在潮间带下区和潮下带的岩石底或带贝壳的石砾底。

地理分布 我国分布于北黄海，在福建和台湾沿海也有记录。标本采自舟山东极海域。舟山海域少见。

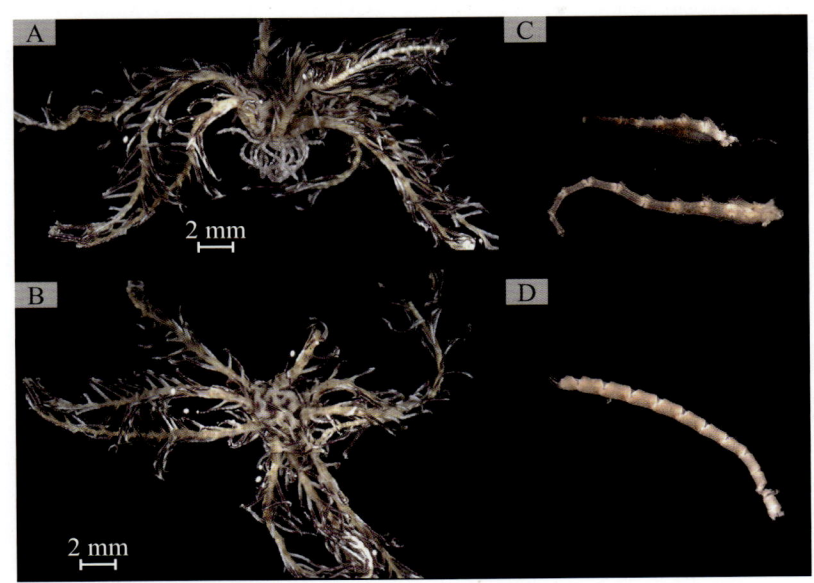

锯羽丽海羊齿

A：整体侧面观；B：整体腹面观；C：第1羽枝（P1，下）与第4羽枝（P4，上）；D：卷枝

（八十七）星羽枝科 Asterometridae Gislén, 1924

星羽枝科往往具极长的卷枝，有时甚至长于腕，围绕着1个短的、圆锥或近五边形的柱状中心背，排成1圈，相邻卷枝或多或少被发育良好的脊隔开。成体通常多于10个腕，其数量多为10～30。P1基部节不特化，P2与P1相似但短于P1，羽枝末端无梳状齿，截面为棱柱状。侧板和覆盖板放大，可在手镜中看到。口或多或少位于圆盘中央。

180 奇果星羽枝
Asterometra mirifica AH Clark, 1909

分类地位 海百合纲 Crinoidea，栉羽枝目 Comatulida，星羽枝科 Asterometridae

形态特征 成体具10个腕，前两个腕板具较高的中位侧突，在侧视图中尤为突出，俯视图上，整体呈一扇形。卷枝11个，其中10个围绕在中背板的外围，另一奇卷枝在其一上方呈一柱形。P1具9～10个粗节，其中前两节较短，其余卷枝节略长。P2为11节，远端羽状体长20节。酒精保存样品呈暗白色，标本采集过程中出现断裂，仅采集到腕基部部分。

生态习性 多栖息于潮下带，南海标本一般采自水深73～148 m处。

地理分布 我国分布于南海。标本采自舟山东极海域，为舟山海域首次记录。舟山海域少见。

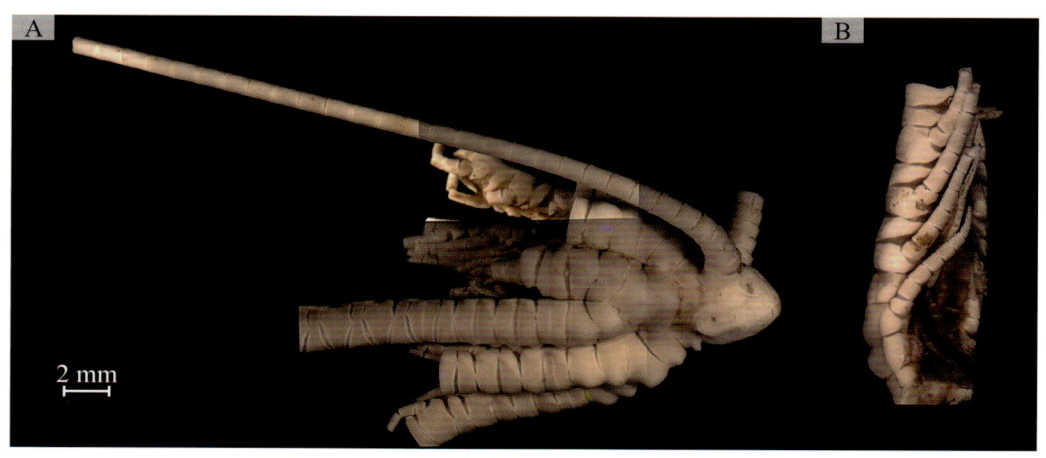

奇果星羽枝

A：背部腕基部侧面观；B：腕基部（带第1～4羽枝）侧面观

海星纲 Asteroidea

海星纲大多为五角形或星形，身体中央为体盘，从体盘向外伸出5个或5个以上的腕，体盘和腕之间没有明显的界限。一般用 R 表示体盘中心到腕末端的距离，用 r 表示体盘中心到间辐部边缘的距离。体盘中央有口的一面称为口面；相对的一面称为反口面，是肛门所在的一面。从口向每个腕伸出1条敞开的沟，称为步带沟；沟内有2列或4列管足。步带沟的两侧各有1列侧步带板。很多海星的腕和体盘的边缘有明显的上缘板和下缘板。板上所生的棘、疣、颗粒或叉棘常随种类而异，是海星分类的重要依据。

二十七、桩海星目 Paxillosida

通常具5个或更多的腕，腕与圆盘间无明显界限。该目代表性的种类中，反口面板呈乳突状并形成一种柔韧的背板，形态通常扁平。边框明显，通常由上缘板与下缘板组成（砂海星科上缘板退化成乳突状），其间通常有垂直的带状凹槽。皮鳃仅存在于反口面板中，叉棘简单，无柄，瓣状叉棘通常棘形，管足2列，至末端渐狭，末端管足无吸盘。与其掘穴习性有关，通常具内上颚板。

本书编写过程中，从浙江海洋大学海洋生物博物馆馆藏标本中整理出桩海星目3种，分属2科。

（八十八）砂海星科 Luidiidae Sladen, 1889

通常具5~11个长而渐细的腕，腕与体盘基部未融合；中央小柱体不规则排列，比侧面小柱体小，侧面小柱体规则排列；上边缘板小柱体状，与邻近的小柱体类似；下边缘板厚大，位于侧面或侧腹面，背面观不明显，有狭窄色带明显区分背腹面，下边缘板与对应侧步带板间有具小棘的腹侧板，间辐部通常1个或多个；侧步带板宽且隆起呈龙骨状，顶部有2~4大棘，最内侧棘压缩弯曲呈马刀状；叉棘发达，2~4瓣，有的种类或个体无叉棘或叉棘极少，反口面叉棘常呈胡桃钳状，有宽钝弯曲的爪，边缘以及腹面的叉棘拉长呈脊柱状。

虾夷砂海星
Luidia yesoensis Goto, 1914

分类地位 海星纲 Asteroidea，桩海星目 Paxillosida，砂海星科 Luidiidae

形态特征 个体小而坚实，外观较平滑和秀丽。腕5个，短而尖细。最大个体的 R 可达85 mm。盘中央和腕中部的小柱体小而密集，排列无规则。

腕边缘的3~4行小柱体较大，呈方形，排列成格子状；最外一行略宽大，代表上缘板。许多上缘板上，尤其在腕基部的上缘板上，各有1个小形叉棘。筛板小，略呈三角形，靠近盘的边，板上也生有小柱体。下缘板短、宽，各板外端有1或2个矛头形作上下排列的棘，再靠里有1~2行小型的鳞状棘。

腹侧板很小，排列为1纵行，与侧步带板清楚地隔开；各板上有1个叉棘和几个小棘。侧步带板与腹侧板及下缘板相应排列成横行，各板有3～4个侧步带棘，最内一棘短、尖和侧扁，并弯曲成镰刀形；第2棘较直；第3和第4棘在外侧排列成纵行。口板狭小，各板在口端有2～3个叉棘；在边缘和口面有2行平行排列的小棘。生活时背面为黑灰色。

生态习性 多栖息在水深15～30 m的沙泥底。

地理分布 我国主要分布于北方海域，为渤海、黄海的普通种。舟山海域偶见。

虾夷砂海星

A：整体反口面观；B：整体口面观；C：上缘板；D：腹侧板

(八十九)槭海星科 Astropectinidae Gray, 1840

通常具5个渐尖的腕,其弧度通常以钝角多于宽圆弧,反口面板小,乳突状,上下缘板均扩大,块状,明显,表面多少密布细刺间或颗粒或1个或多个的棘,两板间具1个发达的垂直条带。口面板纵向排列,或局限于盘,或更广泛的多排,也倾向于形成横向排,在数量上少于下边缘。侧步带板宽通常较短,但具3个或更多的沟刺,叉棘如果存在,单丛生。

182 镶边海星
Craspidaster hesperus (Muller & Troschel, 1840)

同物异名 *Archaster hesperus* Müller & Troschel, 1840; *Astropecten gracilis* Giebel, 1862; *Astropecten macer* Sluiter, 1889; *Craspidaster crassus* Döderlein, 1921; *Craspidaster hesperus* f. *crassus* Döderlein, 1921; *Nauricia pulchella* Gray, 1840; *Pseudarchaster spatuliger* Mortensen, 1934; *Stellaster sulcatus* Möbius, 1859

分类地位 海星纲 Asteroidea,桩海星目 Paxillosida,槭海星科 Astropectinidae

形态特征 体坚实,腕5个,狭长,末端渐变细,长可达50余毫米;$R:r$约为3.5。反口面满生小柱体,盘中央和边缘的小柱体小而密集。每个小柱体的顶上有半球形的颗粒1~20个,周缘有7~20个作放射状排列的小棘,棘间有膜相连。

上缘板一般为30个上下,大而厚,略呈长方形,排列得整齐而美观,像镶嵌的边一样。下缘板与上缘板上下相对,数目相等,仅间幅部者比上缘板略宽。上下缘板的表面都生有玻璃状和容易脱落的细颗粒;各板的边缘有小棘,棘间有膜相连。

侧步带板小、呈菱形,在沟缘有一行5~6个较大的棘;其他三边都生有较小的棘,内有一个较大,呈拇指状。口板小而狭长。口面间幅部各有一些大小不等和排列不太规则的腹侧板,好像镶砌的一样。筛板上也生有颗粒和小棘,与邻近小柱体上的同形。

活体缘板为紫褐色,反口面小柱体为黄褐色,口面为浅黄白色。

生态习性 多栖息在水深17~176 m的泥或沙泥底。

地理分布 我国广泛分布于浙江、福建和广东等地的沿海区域。舟山海域偶见。

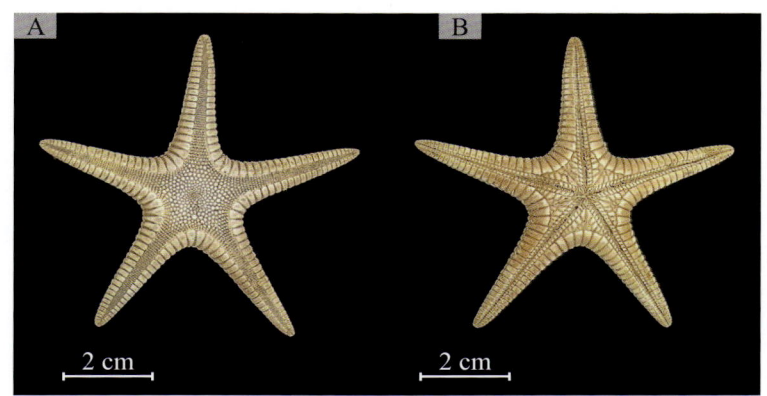

镶边海星

A：反口面观；B：口面观

183 珍贵荆棘海星
Dipsacaster pretiosus (Döderlein, 1902)

| 同物异名 | *Astrogonium pretiosus* Döderlein, 1902; *Pseudarchaster pretiosus* (Döderlein, 1902)
| 分类地位 | 海星纲 Asteroidea，桩海星目 Paxillosida，槭海星科 Astropectinidae
| 形态特征 | 筛板轮廓清晰，无小柱体；上缘板尺寸缩小，或多或少地嵌于边缘，下缘棘贴壁；侧步带板带约5个沟棘。
| 生态习性 | 多栖息于水深60～116 m的海底。
| 地理分布 | 我国分布于东海、南海。舟山海域偶见。

珍贵荆棘海星

A：整体反口面观；B：整体口面观；C：侧步带棘；D：筛板

二十八、瓣棘海星目 Valvatida

通常具5个腕，轮廓清晰，体形从星形至亚球形不等；反口面骨板紧凑，板的形式范围很广，从扁平的多边形、凸形或片状到坚固的小柱体。边框通常明显，由上缘板与下缘板组成，上、下缘板往往发达。小乳突通常只出现于部分或大部分的反口面。管足2列，多栖息于沉积物表面。

本书编写过程中，从浙江海洋大学海洋生物博物馆馆藏标本中整理出瓣棘海星目1种。

（九十）角海星科 Goniasteridae Forbes, 1841

体盘大，腕通常5个。反口面骨板通常覆盖有颗粒，甚至上面有短而强壮的棘。皮鳃局限于反口面，单个存在。上、下缘板发达，呈块状，之间没有其他骨板夹杂。叉棘通常存在，大多呈双瓣状。管足2列，末端具有吸盘。该科最重要的特征是具明显的缘板和粗钝的体形。

184 骑士章海星
Stellaster childreni Gray, 1840

同物异名 *Asterias equestris* Bruzelius, 1805; *Goniaster belcheri* Lutken, 1865; *Goniaster equestris* von Martens, 1865; *Goniaster incei* (Gray, 1847); *Goniaster muelleri* von Martens, 1865; *Goniaster tuberculosus* von Martens, 1865; *Pentagonaster belcheri* Perrier, 1878; *Pentagonaster equestris* (Bruzelius, 1805); *Pentagonaster incei* (Gray, 1847); *Stellaster bandana* Döderlein, 1935; *Stellaster belcheri* Gray, 1847; *Stellaster childreni* f. *bandanna* Doderlein, 1935; *Stellaster childreni* f. *crassa* Doderlein, 1935; *Stellaster crassa* Döderlein, 1935; *Stellaster elongata* Döderlein, 1935; *Stellaster equestris* (Bruzelius, 1805); *Stellaster gracilis* Möbius, 1859; *Stellaster incei* Gray, 1847; *Stellaster incei* f. *elongata* Döderlein, 1935; *Stellaster incei* f. *gracilis* (Möbius, 1835); *Stellaster incei* f. *indica* Döderlein, 1935; *Stellaster incei* f. *latior* Döderlein, 1935; *Stellaster incei* f. *semoni* Döderlein, 1935; *Stellaster indica* Döderlein, 1935;

Stellaster indica f. *tenuispina* Döderlein, 1935; *Stellaster latior* Döderlein, 1935; *Stellaster semoni* Döderlein, 1935; *Stellaster tenuispina* Döderlein, 1935

分类地位 海星纲 Asteroidea，瓣棘海星目 Valvatida，角海星科 Goniasteridae

形态特征 体一般呈五角星形，形态变异很大。据 Döderlein 的研究，可分 12 型，舟山采获样品也存在四角个体。盘大，腕宽但末端尖锐。R 为 60～70 mm，r 为 24～28 mm，$R:r$ 一般为 2.5。反口面很平，其多角形的背板上密生很细的颗粒，颗粒间常夹有 1～2 个瓣状叉棘。皮鳃成组地分布在反口面各幅部骨板的间隙内。

上缘板为 14～17 个，大而膨胀，表面密生细颗粒和几个瓣状叉棘，没有棘。下缘板的形状和数目与上缘板的完全相同，但各板外侧有 1 个能动和扁且钝的侧棘。

口面间幅部很宽大，具多数腹侧板，各板表面密复细颗粒，颗粒间也夹有几个瓣状叉棘。侧步带板具沟棘 5～7 个，各棘的基部有膜连结呈掌状；沟棘外侧还有 1 个短而宽扁的口面棘，它和沟棘中间、或板的内侧，有一鸭嘴状的直形叉棘。各口板具短而扁的边缘棘 7～8 个和口面棘 1～2 个，口面棘的形状与侧步带板上者相同。

生态习性 栖息于潮下带粗颗粒沙质海底表面。

地理分布 我国分布于东海和南海。舟山海域偶见。

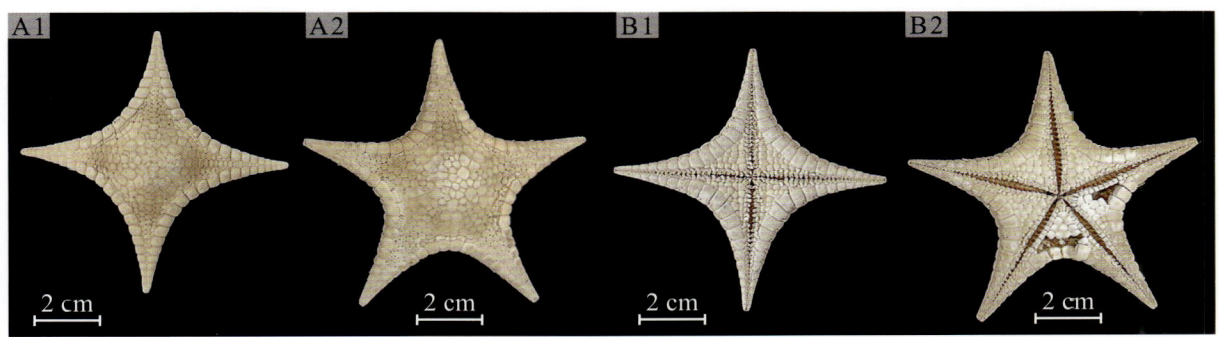

骑士章海星

A1、A2：反口面观；B1、B2：口面观

二十九、钳棘目 Forcipulatida

盘相对较小，通常很明显，腕近圆柱形，边缘不明显，下边缘在腹侧对齐。反口面骨架通常网状，但有时紧凑。步带板众多，且很短，经常交错，至少在近端，管足排成4个纵列。口板狭窄。皮鳃也出现在下侧。叉棘由基部和2个瓣部组成，或为直形叉棘或为交叉叉棘，或两者兼有。

本书编写过程中，从浙江海洋大学海洋生物博物馆馆藏标本中整理出钳棘目1种。

（九十一）海盘车科 Asteriidae Gray, 1840

通常5～6个腕（个别种类腕数可达11个），腕中等长度或者腕细长，同时与体盘分界明显。管足4列，有吸盘。腕部骨板通常排列为5列：1列龙骨板，2列上缘板和2列下缘板。背面骨板常排列形成不规则网状结构。侧步带板短而宽。具有交叉叉棘和直形叉棘，前者大多环绕在棘周围，常成簇聚集，较少散布在棘之间的骨板上。

185 粗钝海盘车
Asterias argonauta Djakonov, 1950

分类地位 海星纲 Asteroidea，钳棘目 Forcipulatida，海盘车科 Asteriidae

形态特征 体扁，背面隆起，腕较宽扁，尤其是幼小个体的腕更显粗钝；腕缘略圆，背棘上端斜切像凿状，且有1个深而显著的沟槽。最大个体的 R 可达120 mm，$R:r$ 约为4.2。背面骨板结合的网目比较密。每个结节上有1～2个或3个粗壮的背棘。

上缘板各有3～4个比较粗壮的上缘棘，各棘顶端也呈凿状，有沟槽。下缘板一般有2个下缘棘，但有的板上仅有1个或多至3个下缘棘；各棘上端也有沟槽。

侧步带板上的棘系1个和2个交互排列成2纵行，外行棘较长而粗壮，内行棘较尖细而弯曲；各棘上都有几个直形叉棘。腕基部的侧步带棘，有的为2-2排列。反口面为紫蓝或赤褐色，口面为黄褐色。

生态习性 栖息于潮间带至潮下带沙或石底。

地理分布 我国分布于渤海和黄海北部。舟山海域偶见。

粗钝海盘车

A: 活体反口面观；B: 风干个体反口面观；C: 风干个体口面观；D: 上缘棘

海胆纲 Echinoidea

海胆纲现生种有800种左右，我国记录有93种。海胆壳体主要由规则的石灰质板构成，壳型多变，呈球形、半球形、心形或盘状。壳由20列骨板构成，包括10列具有管足的步带和10列无管足的间步带。海胆有口面和反口面之分，反口面的中央称为顶系。根据肛门是否在顶系之内，可将海胆分为正形海胆和歪形海胆两大类。

正形海胆是指肛门位于顶系内的海胆，其一个重要特征是具有5列双行的管足，从围口部到顶系呈放射状排列。正形海胆的口位于口面中央，具有5个突出的齿。口周围有膜质的围口部，围口部和棘间散生着叉棘，其形状和类别是海胆分类的重要依据。正形海胆的顶系由围肛部、5个生殖板及5个眼板共同组成。

歪形海胆围肛部从反口面的中央移到壳后缘或腹面，相应的由五辐射对称变为两侧对称。心形海胆和盾形海胆是现存的两类歪形海胆。心形海胆的围口部位于前方，后缘有1个由后间步带突向口部的唇板，围肛部多数在口面。心形海胆的壳上常有弯曲和平滑的细线，称为带线，是由细小、密集的棒状棘着生所形成的痕迹。带线是心形海胆分类的主要依据。典型的盾形海胆身体很薄，体表密盖毛状短棘，围口部在口面中央，围肛部也在口面，但位置有变化。

三十、灯海胆目 Echinolampadacea

现有资料对灯海胆目的描述较少，此处不对该目的特征进行叙述，仅对其下相应的科和具体物种进行形态描述。

在舟山海域采获灯海胆目1种。

（九十二）Rotulidae Gray, 1855

外形多为圆形或椭圆形，多数种类后边缘常具凹痕，但不同种类其凹痕具较大差异，一些种类凹痕较深，常形成较深的缺口，一些个体的凹痕较浅不易观察，且同种的凹痕情况也随其年龄存在差异。

186 尖豆海胆
Fibulariella acuta (Yoshiwara, 1898)

同物异名 *Fibularia acuta* Yoshiwara, 1898; *Thagastea acuta* (Yoshiwara, 1898); *Fibularia* (*Fibulariella*) *acuta* Yoshiwara, 1898

分类地位 海胆纲 Echinoidea，灯海胆目 Echinolampadacea，Rotulidae 科

形态特征 壳为米粒形，前端稍尖，后端钝圆。壳长一般不超过 10 mm，宽约 5 mm，高约 2.6 mm。顶系偏于前方，具生殖孔4个。管足孔对排列呈不规则的瓣状，很明显。围口部在口面中央，稍向内凹陷；其前方稍稍鼓出，使壳的前端较高。围肛部为椭圆形，其大小约等于围口部的1/2，其位置恰好在围口部到壳后端的中间。

背面的大疣较多而密集，口面的大疣较少；疣轮凹陷很深。壳表面密生绒毛状短棘，大棘的表面有纵条痕，小棘的上端膨大为冠状，且带锯齿。

生活时棘为草黄色，浸在酒精内变为绿色，但几天以后，仍恢复为草黄色。光壳为灰白或白色。

生态习性 多栖息于混有碎贝壳的细沙泥底，水深通常为14～35 m。

地理分布 我国分布于渤海、黄海，以及福建沿海。标本采自舟山六横岛海域。舟山海域少见。

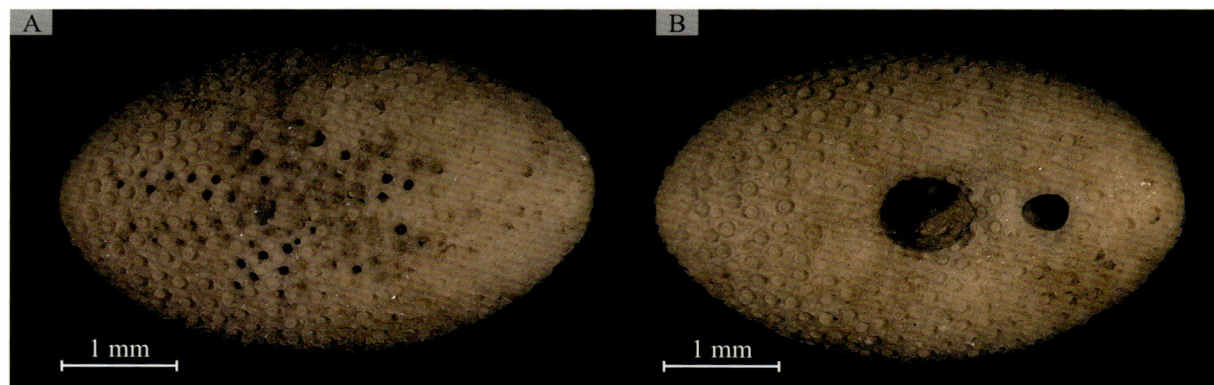

尖豆海胆

A：反口面观；B：口面观

三十一、心形海胆目 Spatangoida

壳卵圆或长卵圆形，口与肛门朝向身体的两端。与其他大多数海胆不同，心形海胆通常双侧对称，并具明显的体前部。口与肛门的存在和独特位置通常使这一群体的成员呈独特的心形，它们的名字也由此而来。心形海胆通常无"提灯"，具凹陷的瓣状区。反口面的前部步带不呈花瓣状，而其他的步带呈花瓣状。管足和棘刺呈区域性特化。心形海胆目是一个相对多样化的目，具许多不同的物种。

在舟山海域采获心形海胆目2种，分属2科。

（九十三）拉文海胆科 Loveniidae Lambert, 1905

个体中等大小或较大，通常明显呈心形，前缘或多或少具较深凹陷，后部逐渐变细。反口面成对的步带呈瓣状，极少凹陷，若有，则瓣状区域通常在近端最宽，前后瓣状区域没有明显的长度差异。前步带不呈瓣状，但或多或少凹陷，气孔形态在发育过程中较为多变，大棘增大，有时非常长。顶系较小，近中央或稍前，多数种类具4个生殖孔，少数3个。围肛部半月形，具发育良好的唇瓣，多少具明显的前部。

187 心形海胆
Echinocardium cordatum (Pennant, 1777)

同物异名 *Amphidetus cordatus* (Pennant, 1777); *Amphidetus kurtzii* Girard, 1852;
Amphidetus kürtzii Girard, 1852; *Amphidetus novae zealandiae*;
Amphidetus novæ zelandiæ Perrier, 1869; *Amphidetus novae zelandiae* Perrier, 1869;
Amphidetus zealandicus (Gray, 1851); *Amphidotus cordatus* (Pennant, 1777);
Echinocardium austral Gray, 1851; *Echinocardium caudatum*;
Echinocardium cordatus (Pennant, 1777); *Echinocardium kurtzii* (Girard, 1852);
Echinocardium sebae Gray, 1825; *Echinocardium stimpsonii* A. Agassiz, 1864;
Echinocardium zealandicum Gray, 1851; *Echinus cordatum* Pennant, 1777;
Echinus cordatus Pennant, 1777; *Spatangus arcuarius* Lamarck, 1816;

Spatangus cordatus (Pennant, 1777)

分类地位 海胆纲Echinoidea，心形海胆目Spatangoida，拉文海胆科Loveniidae

形态特征 壳为不规则的心脏形，薄而脆，后端为截断形。壳长通常为3~5 cm，前部1/3处最宽。反口面间步带都隆起，向后的间步带隆起得更显著。5个步带都呈凹槽状，向前的步带更显低下，里边的管足孔微小而密集，排列为不规则的双行。顶系略偏于前方，生殖孔4个。内带线很明显，其前部稍窄与步带凹槽会合。围肛部在壳后端上方，稍向内凹入。肛下带线，向上延伸到围肛部的两侧，向下突出呈喙状。围口部稍偏于前方，唇板比较短宽。胸板的前部窄，后部宽，载生排列比较规则的大疣。围口部前方和两侧有裸出的步带道。

反口面的棘很细，内带线范围内的大棘比较强大和弯曲，构成一特殊的棘丛。胸板上的大棘强大且弯曲，末端扁平呈匙状，便于掘泥沙。生活时棘为鲜明的浅黄色。

生态习性 栖息于潮间带到水深230 m的沙底，潜伏在深10~20 cm的沙中。有孔道通到沙面以伸出其前步带的管足。

地理分布 我国主要见于黄海。有些地方的上新世地层中发现过它的化石。标本采自舟山东极海域。舟山海域少见。

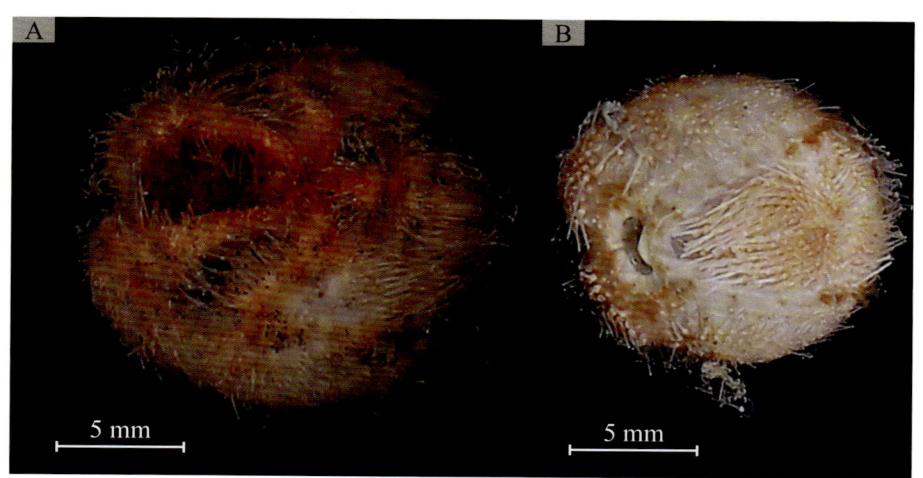

心形海胆

A：反口面观；B：口面观

（九十四）壶海胆科 Brissidae Gray, 1855

个体通常中等大小或较大，常呈卵形，或多或少较高。前缘凹陷有或无；前步带不呈瓣状，有时凹陷，管孔缩小；成对的步带呈瓣状，凹陷不深，前后瓣状区域长度明显不同。突起的结节上具增大的大棘，且有时会跟周花带线一起出现；顶系小，分筛，位于中央或稍前，多数具4个生殖孔，少数种类生殖孔数量少于4；围肛部位于截短的后部，椭圆形，通常纵向。口位于前缘，半月形，上缘发达。具周花带线与完全分开的肛下带线，后者有时在围肛部两侧各具1个向上的肛枝。

188 吕宋沐海胆
Brissopsis luzonica (Gray, 1851)

同物异名 *Brissopsis duplex* Koehler, 1914; *Brissopsis le monnieri* Koehler, 1913; *Brissopsis lemonnieri* Koehler, 1913; *Brissopsis luzonicus* (Gray, 1851); *Kleinia luzonica* Gray, 1851; *Brissopsis circosemita* A. Agassiz & H.L. Clark, 1907

分类地位 海胆纲Echinoidea，心形海胆目Spatangoida，壶海胆科Brissidae

形态特征 轮廓近椭圆形，前缘具深缺口，后端垂直截断但通常略圆。瓣状区域面积相对较小，通常仅为壳长的2/5左右。后瓣短于前瓣，并在近端处部分融合，在远端分开。顶系位于前方，具4个小的生殖孔。围肛部椭圆形，从上方可见1个或多或少明显的点。唇短，其后延不及第1个步带的末端。肛下带线每侧有3或4列细管足。

生态习性 多栖息于水深41~220 m的海底。

地理分布 我国主要发现于广东南部海域。标本采自舟山东极海域，为舟山海域首次记录。舟山海域少见。

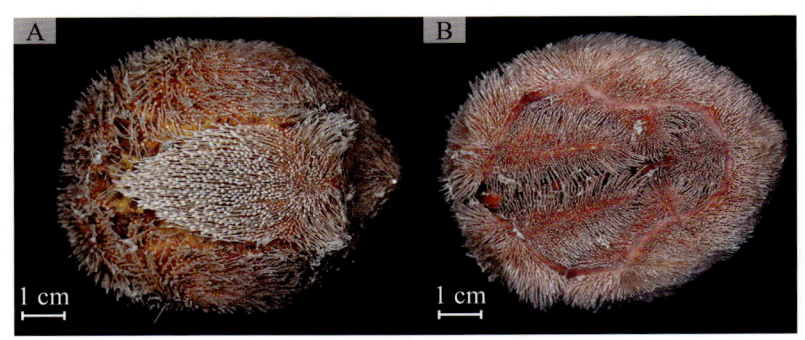

吕宋沐海胆

A：反口面观；B：口面观

三十二、口鳃海胆目 Stomopneustoida

围肛部具顶盘，步带板上的疣与间步带板上的疣大小相近，疣无孔。步带板呈冠海胆科与口鳃海胆科型。

在舟山海域采获口鳃海胆目1种。

（九十五）海刺猬科 Glyptocidaridae Jensen, 1982

外壳圆形或略呈五角星形；侧面扁平，亚锥形。瓣状区域小，呈半圆形。围肛部半轮生，闭合，步带板上的疣无孔，具明显的锯齿。提灯脊齿型，棘上覆有皮层。

189 海刺猬
Glyptocidaris crenularis A. Agassiz, 1864

同物异名 *Coptosoma crenulare* (A. Agassiz, 1864);
Phymosoma crenulare (A. Agassiz, 1864)

分类地位 海胆纲 Echinoidea，口鳃海胆目 Stomopneustoida，海刺猬科 Glyptocidaridae

形态特征 壳形略扁，稍呈五角形。步带狭窄，约为间步带的1/2。在赤道部以上，沿着各步带和间步带的中缝，各有1条裸出的间隙。每个步带板由3个初级板和2个次级板构成，排列方法是：1个初级板，1个次级板，中间1个初级板，再又是1个次级板接着1个初级板。管足孔对的排列和步带板的排列一致，即由3对管足孔形成的弧和由2对管足孔形成的弧交互排列，这是本种海胆的一个重要特征。

大疣具锯齿。顶系较大，筛板大而隆起，仅第1眼板接触围肛部。围肛部为卵圆形，肛门偏于右后方，接近第1眼板。齿具脊，齿器烧骨片在齿上方不相接。大棘粗壮，表面有光泽，长度约等于壳的半径，末端钝扁，下面呈凿刃形。中棘为刚毛状。球形叉棘很特殊，它的柄部两侧有一至数个交互排列的小刺，各小刺中间有膜相连。全体为黄绿色。反口面的大棘为灰褐色。光壳浅绿褐色，步带和间步带的裸出部分颜色略浅。

生态习性 栖息于水深10～150 m的海底。

地理分布 我国分布于黄海、东海。标本采自舟山东极海域。舟山海域偶见。

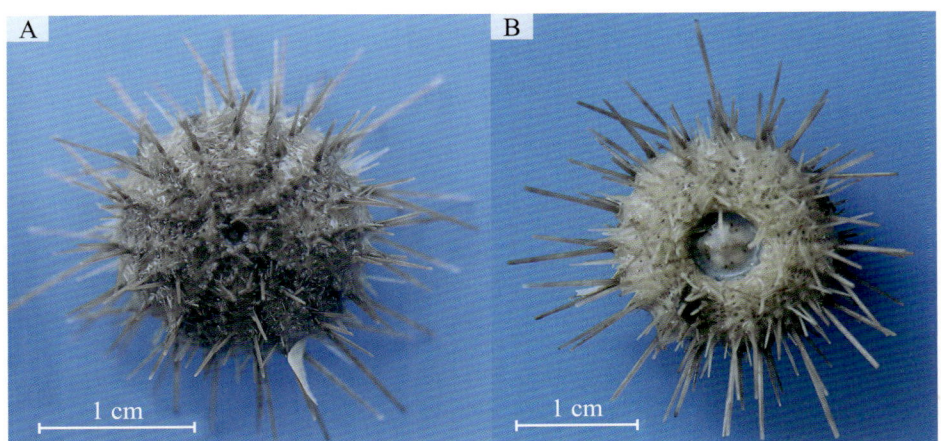

海刺猬

A：反口面观；B：口面观

三十三、拱齿目 Camarodonta

拱齿目是现存海胆中类群较多的一个目。底部增大，往往呈锥形或半球形。疣无孔，并具复合的步带板。气孔均匀，相邻两孔间间隔规则，分布于从顶端至开口或口缘的步带板上。具有独特的衍生提灯结构（拱齿型：以龙骨状的齿联合，位于椎体之上，形成强有力的支撑）。

在舟山海域采获拱齿目4种，分属3科。

（九十六）刻肋海胆科 Temnopleuridae A. Agassiz, 1872

垂直视图呈圆形或五边形，高度不同，通常明显地雕刻有凹痕，或在板内或板间有突兀的凹陷或凹槽；步带板复合，具3对孔板，次级板宽度减小，管足孔对成1竖列或呈浅弧状形成2或3竖列。间步带板大疣通常具锯齿，大棘通常相当短而光滑。顶系多变。围肛部具1放大的肛板，肛门中心偏移，通常仅具几个相对较大的三角形肛板。口缘裸露在口板外，鳃裂浅，提灯密布小孔，具球形叉棘、蛇首叉棘与三叶叉棘，通常还具三叉叉棘，球形叉棘有或无侧齿，若具侧齿，其数目可能不成对，单个或多个。

190 细雕刻肋海胆
Temnopleurus toreumaticus (Leske, 1778)

同物异名 *Cidaris toreumatica* Klein, 1734; *Echinus sculptus* Lamarck, 1816; *Echinus toreumaticus* (Leske, 1778); *Temnopleurus aerolatus* Herklots, 1854; *Temnopleurus caelatus* Herklots, 1854; *Temnopleurus mortenseni* Djakonov, 1923; *Temnopleurus perezi* Koehler, 1903; *Toreumatica granulosa* Gray, 1855; *Temnopleurus depressus* D'Archiac & Haime, 1853; *Temnopleurus reynaudi* L. Agassiz in L. Agassiz & Desor, 1846

分类地位 海胆纲 Echinoidea，拱齿目 Camarodonta，刻肋海胆科 Temnopleuridae

形态特征 壳中等大，厚且坚固，低半球形或亚锥形。壳板缝合线的凹陷在反口面大而深，并且长。大疣明显具锯齿。步带宽约为间步带的2/3。管足孔每3对排列为一弧。赤道部各步带板有1个大疣、1个中疣和多数小疣。间步带板缝合线上的凹痕更为显著。间步带在赤道部各有3~4个大疣排列成规则的横行，另外还有多数中疣和小疣。顶系稍隆起，各生殖板上有多数小疣。眼板盖有小疣，不接触围肛部。围肛板裸出，肛门靠近中央。齿具脊，齿器桡骨片在齿上方相接。反口面的大棘短小，尖锐呈针状；口面的大棘较长，略弯曲；赤道部的大棘最长，末端宽、扁，呈截断形。棘有明显的深色横斑，不具黑基底。壳为黄褐、灰绿等色，极少的个体全为白色。

| 生态习性 | 栖息于潮间带至水深82 m的沙底或沙泥底。
| 地理分布 | 我国各海区均有分布。标本采自舟山东极海域。舟山海域常见。

细雕刻肋海胆
A：反口面观；B：口面观

191 哈氏刻肋海胆
Temnopleurus hardwickii (Gray, 1855)

| 同物异名 | *Temnopleurus japonicus* von Martens, 1866; *Toreumatica hardwickii* Gray, 1855
| 分类地位 | 海胆纲 Echinoidea，拱齿目 Camarodonta，刻肋海胆科 Temnopleuridae
| 形态特征 | 壳中等大，颇坚固，半球形或亚锥形。壳板缝合线的凹陷在反口面颇为明显，但小于并浅于细雕刻肋海胆。大疣明显具锯齿。步带宽约为间步带的2/3。管足孔对排列为1条垂直的行列。各步带板水平缝合线上的凹痕比间步带的小。步带的有孔带很窄，管足孔很小，它们和大疣的中间有数个小疣分开。各间步带板水平缝合线上的凹痕大而明显，边缘倾斜，并且内端深陷呈孔状。顶系显著隆起，生殖板上有许

多小疣。围肛板裸出，肛门靠近中央。齿具脊，齿器桡骨片在齿上方相接。大棘无横斑，基部明显呈黑褐色，或全黑色，远端部分明显为浅褐色。光壳带灰的橄榄绿色，中央区呈白色，反口面显现为放射状。

生态习性 栖息于潮间带到水深82 m的沙底或沙泥底。

地理分布 我国各海区均有分布。标本采自舟山东极海域。舟山海域偶见。

哈氏刻肋海胆

A：反口面观；B：口面观

(九十七)长海胆科 Echinometridae Gray, 1825

俯视外壳呈圆形或椭圆形,无雕刻,壳体锥形或半球形,从顶端至底部逐渐增大。步带板具3对或更多孔,孔对呈斜弧。大疣表面平滑,通常每块板上具1个大疣,不同板上的疣形成1个规则列,大棘通常很长,强壮且粗壮(至少在基部),顶端系统通常具2眼板,围肛部具不规则板,无明显的肛上板,围口部具分散的次级板。鳃槽浅,提灯上具孔桥,具球形叉棘,其末端周围仅具1对不成对的侧齿,通常也具三叉叉棘、三叶叉棘与蛇首叉棘。

192 紫海胆
Heliocidaris crassispina (A. Agassiz, 1864)

同物异名 *Toxocidaris crassispina* A. Agassiz, 1864; *Toxocidaris globulosa* A. Agassiz, 1864; *Toxocidaris purpurea* von Martens, 1886; *Authoeidaris Erassispina*; *Anthocidaris crassispina* (A. Agassiz, 1864); *Anthocidaris purpurea* (von Martens, 1886); *Strongylocentrotus globulosus* (A. Agassiz, 1864); *Strongylocentrotus purpureus* (von Martens, 1886)

分类地位 海胆纲 Echinoidea,拱齿目 Camarodonta,长海胆科 Echinometridae

形态特征 壳低,为半球形,很坚固,直径为6~7 cm。步带到围口部边缘比间步带略低。步带和间步带各有大疣2纵行,大疣的两侧各有中疣1纵行,此外沿着各步带和间步带的中线还各有交错排列的中疣1纵行。大疣到口面减小。赤道部的管足孔通常是8对排列成1斜弧,口面的管足孔对数减少,有孔带展宽呈瓣状。顶系较小,第Ⅰ和第Ⅴ眼板接触围肛部。

大棘强大,末端尖锐,常发育不均衡——一侧者长,他侧者短。管足内有弓形骨片,它的两端尖细,背面常有一个发达的突起,变成三叉状。全体为黑紫色。幼小个体的棘常为灰褐、灰绿、紫或红紫色,口面的棘常带斑纹。

本种海胆和光棘球海胆外形极相似,但两者的管足孔对数和管足内的骨片形状不同,有孔部到口面展宽与否及围口部的大小等也不同。

生态习性 多栖息于沿岸岩礁间。繁殖季节在5～7月。

地理分布 我国分布于浙江、福建和广东各地沿海。标本采自舟山东极、嵊泗海域。舟山海域常见。

紫海胆

（九十八）球海胆科 Strongylocentrotidae Gregory, 1900

个体通常中等大小或较大，半球形。步带板多孔，孔区不扩张，疣无孔，无锯齿，有规律地分布于步带区与间步带区。壳表无雕刻，代表种通常刺短而简单，顶系通常具2个外露眼点，口板远端的口缘膜具不同数量的板，其中较大的板常具叉棘。鳃槽浅，球形叉棘无侧齿。

193 马粪海胆
Hemicentrotus pulcherrimus (A. Agassiz, 1864)

同物异名 *Discaster bernardi* Michelin, M.S.; *Holopneustes complanatus* Herklots, M.S.;
Psammechinus pulcherrimus A. Agassiz, 1864;
Sphærechinus pulcherrimus (A. Agassiz, 1864);
Strongylocentrotus pulcherrimus (A. Agassiz, 1864)

分类地位 海胆纲 Echinoidea，拱齿目 Camarodonta，球海胆科 Strongylocentrotidae

形态特征 壳小到中等大，低半球形，很坚固。步带和间步带几乎一样宽。赤道部各步带板上有1个大疣，其内侧有2个、外侧有3～4个中疣和它排列成不规则的横行；此外各板还散生着许多小疣。管足孔每4对排列成很斜的弧形，斜的程度几乎成了水平的位置。间步带稍隆起，各间步带板上有1个大疣和5～6个中疣；另外也散生着许多小疣。

顶系稍稍隆起，第Ⅰ和第Ⅴ眼板接触围肛部。生殖孔颇大。生殖板和眼板上都密生着小疣。肛门开口稍偏中心。围口部的口板盖有一定数目的叉棘。鳃裂短浅。齿具脊，齿器桡骨片在齿上方相接。

棘短而尖锐，密生在壳的表面。颜色变化很大，通常为暗绿色，有的带紫色、灰红、灰白、褐或赤褐色，也有白色的；还有的上端为白色或赤褐色。壳为暗绿或灰绿色，有孔带颜色较浅。球形叉棘不具侧齿。

生态习性 生活于潮间带岩石海岸，最深可达4 m，常藏于石下或在石缝内，以藻类为食，可损害海带的幼苗。繁殖季节在3～4月。生殖腺可供食用。

地理分布 我国分布于渤海、黄海、东海。标本采自舟山东极、嵊泗海域。舟山海域常见。

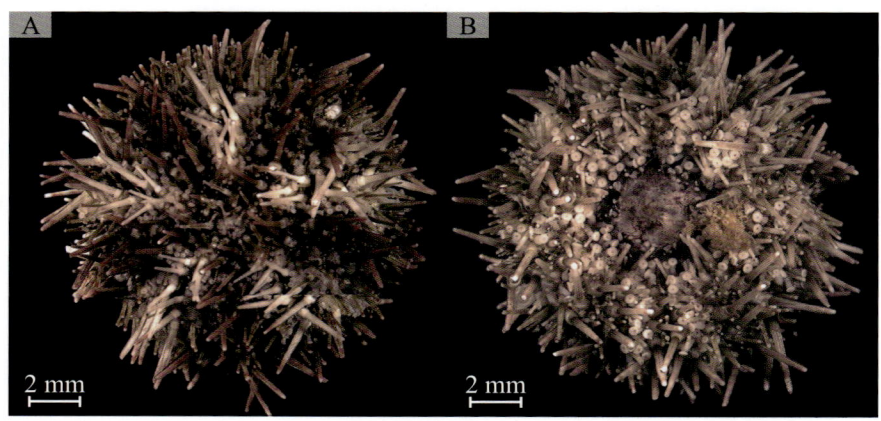

马粪海胆

A：反口面观；B：口面观

海参纲 Holothuroidea

海参纲是棘皮动物门中经济意义最大的一个纲。全世界目前记录了约1400种，主要分布在印度洋—西太平洋海域。海参体呈圆筒状。口在身体的前端，肛门在身体的后端。口周围有形状不同的触手，可分为盾状、指状、枝状和羽状。触手的形状是海参分目的重要依据。多数海参腹面平坦，生有许多管足；背面隆起，生有疣足。但无足目海参缺管足，呈螺虫状。芋参目海参也没有管足，呈桶状，后端有一明显变窄了的尾部。海参体壁厚薄相差很大。内骨骼不发达，形成微小的骨片埋于体壁内。骨片通常很小，在显微镜下才能看到，其形状、大小随种类而异且十分稳定，故在海参分类上是最重要的依据。常见的骨片有桌形体、扣状体、杆状体、穿孔板、花纹样体、C形体等。海参的咽部包围着一个环状的石灰质板，称为石灰环。它的形态和大小是枝手目海参重要的分类依据。

三十四、无足目 Apoda

身体延长，呈蠕虫状；触手羽状或指状，数目为10～25个；体壁平滑或粗糙，大型种常由于收缩，全体呈念珠状，有许多气泡状突起；呼吸树、肛门疣和触手坛囊均缺；体腔内有纤毛漏斗；骨片包括锚和锚板，轮形体，或杆状体，或有西格马体，无桌形体和磷酸盐体。

在舟山海域采获无足目3种，均属于锚参科。

（九十九）锚参科 Synaptidae Burmeister, 1837

触手为羽形或指形，少数简单，但从不为盾形的指状（即触手顶端不扩大）；体腔内常有纤毛漏斗；石灰环的间辐板数目常多于5个，辐板有1穿孔；骨片包括锚和锚板，常有不规则弯曲杆状体或微小颗粒体。

194 棘刺锚参
Protankyra bidentata (Woodward & Barrett, 1858)

同物异名 *Synapta distincta* von Marenzeller, 1882; *Synapta molesta* Semper, 1867; *Synapta bidentata* Woodward & Barrett, 1858

分类地位 海参纲 Holothuroidea，无足目 Apoda，锚参科 Synaptidae

形态特征 中等大，一般体长约150 mm，最大者可达280 mm，直径15～20 mm。

体呈蠕虫状。体壁薄，稍透明，从体外稍能透见其5条纵肌（收缩标本体壁厚而具褶皱）。常断裂。

触手12个，各具2对侧指，触手基部口面有1～2行感觉杯。口盘有12个眼点。波里氏囊3～6个，石管1个。

体壁的锚形骨片大，故触感粗涩。身体后端的锚和锚板比身体前端的大。锚臂上有2～10个锯齿。锚干的中部稍肥大，锚柄具细锯齿。锚板为卵圆形，周缘不整齐，表面有多数小棘，后端横桥梁明显，锚板穿孔很多，排列无规则，孔缘平滑或带锯齿。体后端体壁内有很多X形体，它的表面有4个或4个以上的小突起。体前端体壁内有各种不同的星状体，每个星状体有1～2个中央孔，表面有多数小瘤。步带体壁内除有X形体外，还有很多光滑的卵圆形微小颗粒体。

活体幼小个体为黄白色，成年个体为淡红色或紫红色。

生态习性 多栖息于沿岸0～45 m深浅海的泥底。

地理分布 我国从渤海到北部湾沿岸均有分布。标本采自舟山东极、嵊泗海域。舟山海域常见。

棘刺锚参

195 粘细锚参
Leptosynapta inhaerens (O. F. Müller, 1776)

同物异名 *Chiridota pinnata* Grube, 1840; *Holothuria* (*Minyas*) *flava* Rathke, 1843; *Holothuria inhaerens* O.F. Müller, 1776; *Synapta bifaria* Semper, 1867; *Synapta duvernaea* Quatrefages, 1842; *Synapta girardii* Pourtalès, 1851; *Synapta henslowana* Gray, 1848; *Synapta pellucida* Ayres, 1852

分类地位 海参纲Holothuroidea，无足目Apoda，锚参科Synaptidae

形态特征 体呈螺虫状，最大者体长85 mm，直径3～8 mm。触手12个，各具5～7对侧指，长度逐渐增加，顶端不成对的指最长。波里氏囊1个。

体壁内有锚、锚板和微小颗粒体3种骨片。锚长100～135 μm，两臂相距55～70 μm，臂长25～30 μm，每臂具齿4～6个，锚柄突出，具细齿。锚板长100～125 μm，宽50～80 μm，后端无横桥梁，主要外端部分具齿状大孔7个，中央一孔常较大，板的后端具大小不等的小穿孔数个或十几个。微小颗粒体为直形或不规则的弯曲杆状体，两端略膨大；有时为卵圆或椭圆形体，中央有孔或无孔。触手内有弯曲支持杆状体，两端略膨大，且具小形分枝，有孔或无孔。活体时为肉红色，酒精标本浅褐色或白色。

生态习性 多藏匿于低潮区砾石、沙下。

地理分布 我国分布于山东半岛沿岸。标本采自舟山东极海域。舟山海域少见。

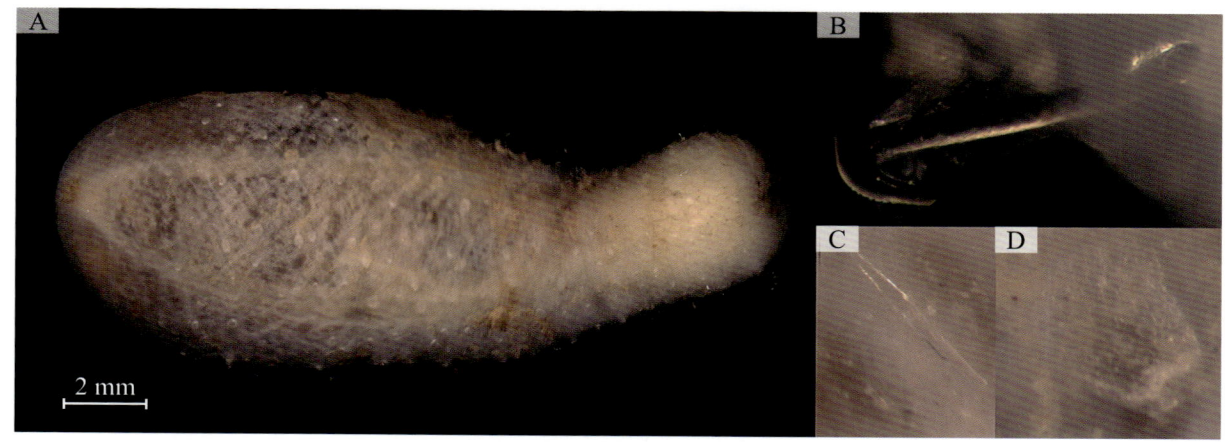

粘细锚参

A：整体侧面观；B、C、D：锚和锚板

196 细无锚参
Anapta gracilis Semper, 1867

分类地位 海参纲 Holothuroidea，无足目 Apoda，锚参科 Synaptidae

形态特征 体呈细蠕虫状，体长最大 190 mm，直径约 10 mm。

触手 12 个，各具 9~13 个小指，小指向顶端逐渐增长，顶端 1 个最长。触手内面（口面）生有 2 行感觉杯。

石灰环由 12 块板构成，各辐板有 1 穿孔。波里氏囊 7 个。石管 1 个，向前蜿蜒于背肠系膜上，末端有 1 小筛板。体腔纤毛漏斗少，散布于中背线附近。

生态习性 多栖息于潮间带低潮区的泥底。

地理分布 我国主要记录于广西北海。标本采自舟山嵊泗浅海。舟山海域少见。

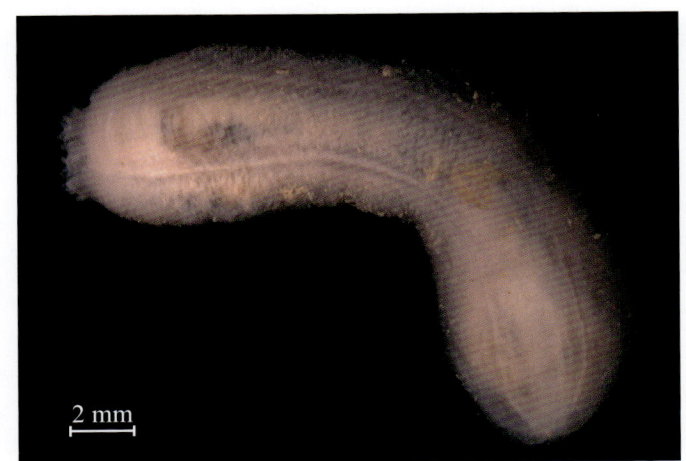

细无锚参

三十五、芋参目 Molpadida

体形钝，常有一明显的尾部；触手15个，具指状分枝；无管足或疣足，但有肛门疣、触手坛囊和呼吸树；骨片包括桌形体、皿状体、纺锤形杆状体和变化了的锚状体；常有葡萄酒色小体或磷酸盐体。

在舟山海域采获芋参目4种，分属2科。

（一〇〇）芋参科 Molpadiidae Muller, 1850

触手具1个端指和1~3对侧指；常有明显的尾部；骨片为三射桌形体或改变了的锚状体、纺锤形杆状体，或穿孔板；常有磷酸盐体。

197 张氏芋参
Molpadia changi Pawson & Liao, 1992

分类地位 海参纲 Holothuroidea，芋参目 Molpadida，芋参科 Molpadiidae

形态特征 大型种，体长80~120 mm，直径28~48 mm。体形为典型的芋参型，具细小的尾部，长约20 mm。触手15个，各有1对侧指。肛门周围有5组细疣。体壁薄，触感稍粗涩。石灰环表面有似雕刻状的凹痕，辐板有短而成对的后延部。波里氏囊和石管均为1个。

体壁骨片全部为桌形体，底盘呈圆形或三角形，周缘呈波状，有穿孔3~16个，直径100~160 μm；塔部高，平均高约160 μm，由3个立柱和5~6个横梁构成，立柱在顶端愈合为单尖，各立柱外侧有2~3个细齿。少数桌形体比较纤细，底盘平均为150 μm，有6个穿孔。磷酸盐小体散布全体。尾部桌形体较小而低，具多数穿孔，塔部顶端带几个小齿。酒精标本为浅褐色，尾部白色。

生态习性 多栖息于水深35~90 m 的泥质海底。

地理分布 我国分布于黄海、东海和南海。标本采自舟山东极、嵊泗海域。舟山海域偶见。

张氏芋参
A：整体侧面观；B：体壁骨片

198 紫纹芋参
Molpadia roretzii (Von Marenzeller, 1877)

同物异名 *Ankyroderma Roretzii* von Marenzeller, 1882; *Ankyroderma simile* Théel, 1886; *Haplodactyla roretzii* von Marenzeller, 1877; *Molpadia chinensis* Chang, 1934; *Molpadia roretzi* (von Marenzeller, 1877)

分类地位 海参纲 Holothuroidea，芋参目 Molpadida，芋参科 Molpadiidae

形态特征 中等大，一般体长约70 mm，直径约30 mm，尾部长为体长的1/5。体呈纺锤形，两端略圆，有明显的尾部。触手15个，各有2个侧指。石灰环表面有雕刻状凹痕，辐板有很短的成对的后延部，间辐板前端尖。波里氏囊和石管均为1个。肛门周围有5个小疣。

体壁光滑，稍透明，有时能透见身体内部的5条白色纵肌。体壁内的骨片有锚形体、球拍形体和桌形体。3~6个球拍形体聚合成星形，中央则有1个直立的锚形体穿出体壁之外，锚形体的锚臂有3~5个侧齿，锚干基部较粗，下边带有1个圆形的穿孔盘。由于锚形体穿出体壁之外，故其顶部常断裂。桌形体塔部由3个立柱构成，很高，底盘为圆形，边缘光滑或不很整齐。磷酸盐体很多，圆形或椭圆形，大小不等。尾部桌形体底盘为菱形，穿孔较多，塔部较低，顶端具齿数个。酒精标本全体为灰色或紫灰色，表面有很多由磷酸盐体构成的深蓝色斑点，尾部斑点较少，颜色较浅。

生态习性 栖息于水深44～200 m的泥质海底。

地理分布 我国分布于黄海、东海和南海。标本采自舟山东极、嵊泗海域。舟山海域偶见。

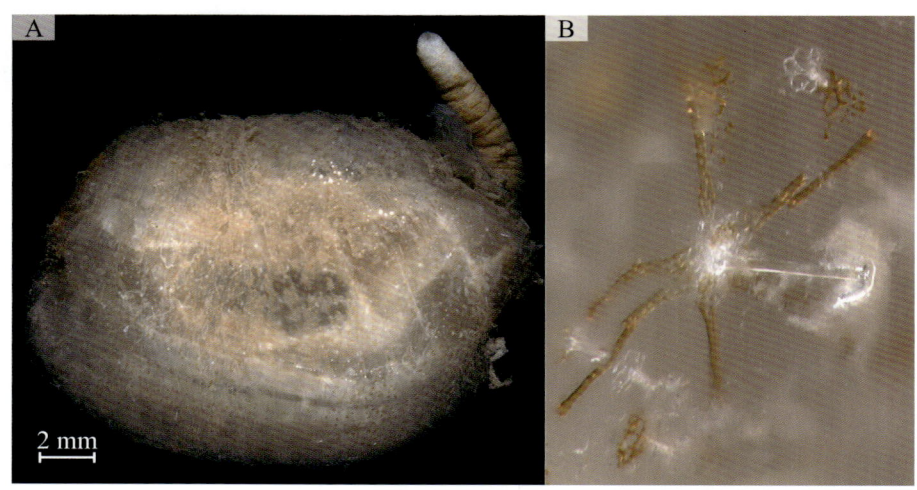

紫纹芋参

A：整体侧面观；B：球拍形体

（一〇一）尻参科 Caudinidae Heding, 1931

触手有1对或2对侧指，但无端指；骨片为桌形体，或小的皿状体，或不规则杆状体；无磷酸盐体，但某些种体壁有色斑。

199 海地瓜
Acaudina molpadioides (Semper, 1867)

同物异名 *Acaudina hualoeides* (Sluiter, 1880); *Aphelodactyla delicata* H.L. Clark, 1938; *Haplodactyla andamanensis* Bell, 1887; *Haplodactyla australis* Semper, 1868; *Haplodactyla ecalcarea* Sluiter, 1901; *Haplodactyla hualoeides* Sluiter, 1880; *Haplodactyla molpadioides* Semper, 1867; *Haplodactyla molpadioides* var. *jagorii* Semper, 1868; *Haplodactyla molpadioides* var. *sinensis* Semper, 1867

分类地位 海参纲 Holothuroidea，芋参目 Molpadida，尻参科 Caudinidae

形态特征 体略呈纺锤形，末端逐渐变细，但没有突然明显缩小的尾部。体长最大可达200 mm，一般为100 mm。触手15个，无分枝，但靠近顶端有1对小侧指。肛门周围有5组小疣，每组有4～6个疣。波里氏囊和石管均为1个。呼吸树发达。石灰环辐板各有1对短的后延部。体壁十分光滑，稍透明。幼小标本更为透明。

生态习性 穴居于潮间带到水深80 m的软泥底，少数生活在泥沙、沙泥或沙底。

地理分布 我国分布于山东到海南岛海域。标本采自舟山六横岛海域。舟山海域常见。

海地瓜

200 海棒槌
Paracaudina chilensis (J.Müller, 1850)

同物异名 *Caudina caudata* (Sluiter, 1880); *Caudina chilensis* Müller, 1850; *Caudina contractacauda* Clark, 1908; *Molpadia chilensis* J. Müller, 1850; *Caudina pigmentosa* Perrier R., 1904; *Caudina Ransonnetti* von Marenzeller, 1882; *Caudina rugosa* Perrier R., 1904; *Microdactyla caudata* Sluiter, 1880; *Caudina coriacea* var. *brevicauda* Perrier R., 1905; *Paracaudina chilensis chilensis* (Müller, 1850)

分类地位 海参纲 Holothuroidea，芋参目 Molpadida，尻参科 Caudinidae

形态特征 中等大，长约 100 mm，直径约 30 mm，生活中充分伸展时尾长约为体长的 1.5 倍。体为纺锤形，后端逐渐延长成尾状。体壁薄而光滑，略透明，常能从体外透见其纵肌和内脏。触手 15 个，各有 2 对侧指，上端 1 对侧指较大。肛门周围有 5 组小疣，每组包括小疣 3 个。波里氏囊和石管均为 1 个。呼吸树发达。石灰环各辐板有短而分叉的后延部，各间辐板的前端有 1 个尖的突出部。

体壁骨片多数为四角形的十字形皿状体，穿孔比较规则，皿状体周缘有短而钝圆的突起，凹面或开口面有规则或不规则的十字形横梁，穿孔小。生活时为肉红色或带灰紫色，酒精标本为白色。

生态习性 通常穴居在低潮区沙内，身体朝下，尾部朝向表面。繁殖季节在 5 月中旬到 6 月中旬。垂直分布范围很广，从潮间带到水深 990 m 处都有分布。

地理分布 我国分布于辽宁到广东湛江沿岸海域，尤以黄海沿岸最为普遍。标本采自舟山东极海域。舟山海域偶见。

海棒槌

三十六、枝手目 Dendrochirotida

触手枝形，数目为10～30个；有翻颈部和收缩肌；触手缺坛囊；管足常不规则遍布全体，或仅限于步带；生殖腺2束，位于肠系膜的两侧；有呼吸树，但缺居维氏器；石灰环变化很大，从简单到复杂；骨片变化也大，从简单的穿孔板到复杂的桌形体和网状球形体。

在舟山海域采获枝手目2种，均属于沙鸡子科。

（一〇二）沙鸡子科 Phyllophoridae Oestergren, 1907

触手10～30个；体多呈纺锤形；管足遍布全体，或限于步带；石灰环复杂，辐板有很发达的分叉后延部，后延部或整个辐板和间辐板由许多像马赛克的小板镶嵌而成。骨片多为桌形体，少数属为有瘤穿孔板或杆状体。

201 日本五指参
Pentadactyla japonica (von Marenzeller, 1882)

同物异名 *Thyonidium japonicum* von Marenzeller, 1882

分类地位 海参纲 Holothuroidea，枝手目 Dendrochirotida，沙鸡子科 Phyllophoridae

形态特征 中等大，体长者可达90 mm，直径约30 mm。体呈纺锤形。

触手20个，排列为2圈。管足遍布全体，排列无规则。石灰环发达，全部由马赛克小板镶嵌构成，间辐板延长，并且大部分和辐板愈合在一起，辐板有分叉后延部。波里氏囊和石管均为1个。

体壁厚而坚硬，骨片丰富，为不完全的桌形体，常改变为不规则的穿孔板，中央有或无单尖的塔部，其基部常有穿孔，表明桌形体塔部有2个立柱。触手基部桌形体较为完整，穿孔较多，塔部由2个柱组成，在顶端下部愈合，顶端有钝齿4个。

生态习性 栖息于水深60～103 m处，底质为沙。

地理分布 我国分布于东海。标本采自舟山东极、嵊泗海域。舟山海域常见。

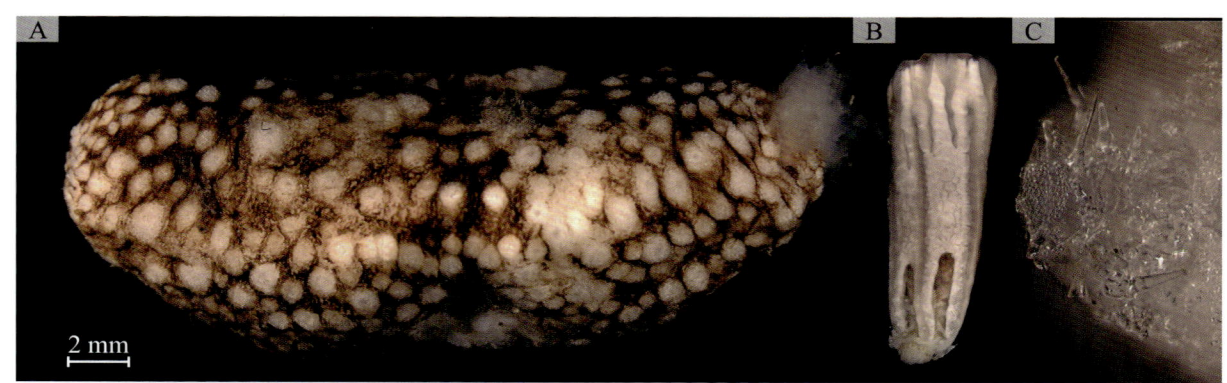

日本五指参
A：整体侧面观；B：石灰环；C：桌形体

202 宿务沙鸡子
Phyllophorus cebuensis (Semper, 1867)

同物异名 *Thyonidium cebuensis* Semper, 1867

分类地位 海参纲 Holothuroidea，枝手目 Dendrochirotida，沙鸡子科 Phyllophoridae

形态特征 体呈纺锤形，两端略细。管足遍布全体，排列无规则。触手20个，排列为2圈（15+5）。波里氏囊和石管均为1个。石灰环辐板有不太长的后延部，各后延部由4块板构成，间辐板狭，略呈星形。体壁薄，但骨片很多，全为桌形体，底盘圆形，周缘平滑，有1个中央大孔和8个周缘小孔；塔部高，有4个立柱和2～3个横梁，顶端有很多密集的小齿。管足端板周围有穿孔板，支持桌形体底盘延长而弯曲，中央有4个穿孔，两端各有2～3个小孔，塔部结构和体壁桌形体的相似。酒精标本浅褐色。

生态习性 多栖息于水深42～125 m的中沙底。

地理分布 我国主要记录于广东中部外海和海南岛东南部外海。标本采自舟山东极海域，为舟山海域首次记录。舟山海域偶见。

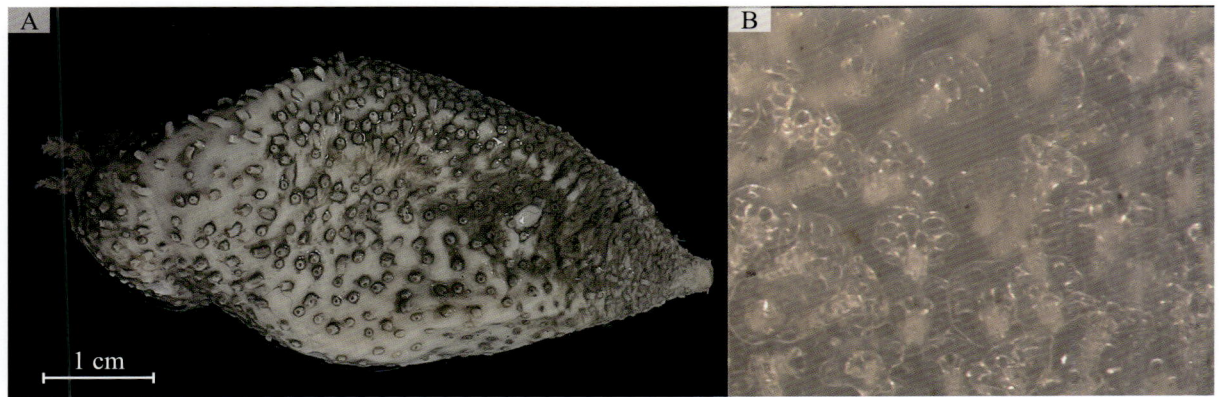

宿务沙鸡子

A：整体侧面观；B：桌形体

蛇尾纲 Ophiuroidea

蛇尾纲是棘皮动物门中种类最多的一个纲，现存约2000种。体盘呈圆形或星形，小而扁平，外形上与海星类似，但体盘和腕的分界明显，步带沟封闭。真蛇尾类的腕没有分枝，多数为5个；每一腕节多数有4块腕板，即1个背腕板、2个侧腕板和1个腹腕板。侧腕板上生有数目不等的腕棘。腹腕板和侧腕板之间有2列触手孔，各孔边缘常有1到多个触手鳞。体盘背面常盖有大小和形状不同的小板或鳞片。体盘周围近腕基部两侧，各有1对大而明显的板，称为辐盾。辐盾大小、形状，以及两辐盾分离还是相接随种类不同而异，是常用的分类依据之一。有些种在辐盾外缘有1对腕栉。体盘腹面中央有口，各间辐部有1个大的口盾。各口盾内侧有1对"八"字形排列的侧口板，再向内为左右2块小板合成的颚，其两侧常有1到数个口棘。颌顶有1列齿。有些种最下面的齿分化为簇状的小齿，称为齿棘。蛇尾纲口部的构造是其最重要的分类依据。

三十七、蔓蛇尾目 Euryalida

通常体盘较大，盘和腕表面覆盖有很厚的皮肤，其下无连续的鳞片，皮肤光滑或具嵌入的颗粒或小棘。盘上面有5对辐盾。口盾小，或无口盾仅存在筛板。腕末端逐渐变细，能向下卷曲，部分种类腕反复分枝，腕表面被厚皮肤完全覆盖，下层为次表面的板，其中未发现有完整的背板，腹板仅在基部节片上相连。腕棘短小，带棘的侧腕板与棘移向腹面，通常为鳞片状（有时被误称为触手鳞），或多或少呈贴伏状，在腕的末端常变为钩形或刺棒状。

在舟山海域采获蔓蛇尾目1种。

（一〇三）筐蛇尾科 Gorgonocephalidae Fell, 1960

盘大；腕分枝或不分枝，并能作垂直的弯曲；背侧平滑，或具低疣；颚顶具许多成簇的针状棘，但是难以区别是齿棘还是口棘，有时口裂远端边缘也具有疣或棘；椎骨有开放的纵腹沟；腕背面各节有钩刺环，钩缺薄片，没有规则排列的穿孔；远端腕节短；生殖腺仅限于盘部；通常有2个或3个腕棘，远端腕棘呈钩状。

203 小星蔓蛇尾
Astrocladus exiguus (Lamarck, 1816)

同物异名 *Astrocladus verrucosum* (Lamarck, 1816); *Astrophyton cornutum* (Koehler, 1898); *Astrophyton exiguus* (Lamarck, 1816); *Astrophyton verrucosum* (Lamarck, 1816); *Euryale exiguum* Lamarck, 1816; *Euryale exiguus* Lamarck, 1816; *Euryale verrucosum* Lamarck, 1816; *Gorgonocephalus cornutum* Koehler, 1898; *Gorgonocephalus cornutus* Koehler, 1897

分类地位 蛇尾纲 Ophiuroidea，蔓蛇尾目 Euryalida，筐蛇尾科 Gorgonocephalidae

形态特征 盘的直径约30 mm，腕分枝约20次，盘的间辐部深深地凹进，中央部低陷。皮膜上的颗粒在盘中央者小而圆，在盘边缘者为圆锥形，末端有1～2个细刺。辐盾狭长，伸及盘的中心。辐盾上有较大的密集的颗粒，外端有1个很发达的圆锥形大疣。盘中央、辐部和间辐部都散布一些不规则和大小不同的圆锥形小疣。

盘的腹面平滑，筛板虽小，但很明显。齿、齿棘和口棘同为针状，簇生于颚顶。生殖裂口小。腕背面的颗粒和盘上的形状相同，中间还散生一些圆锥形小疣；这种小疣多见于第1和第2次分枝的腕上，过了第3次分枝便很少。

腕在盘边缘附近开始分枝，到了第3次分枝上，便有主枝和侧枝之分。触手孔在盘内者不明显，很难观察到，但在其相当的位置上显有清楚的凹陷，一直保留到腕的第3次分枝附近。腕棘短小，末端有3～4个细刺；它们在腕的第1次分枝附近出现，数目一般为3或4个，2个的很少见。

生态习性 栖息于水深18～472 m的珊瑚底或粗沙贝壳底。

地理分布 我国分布于东海、南海。标本采自舟山东极海域。舟山海域少见。

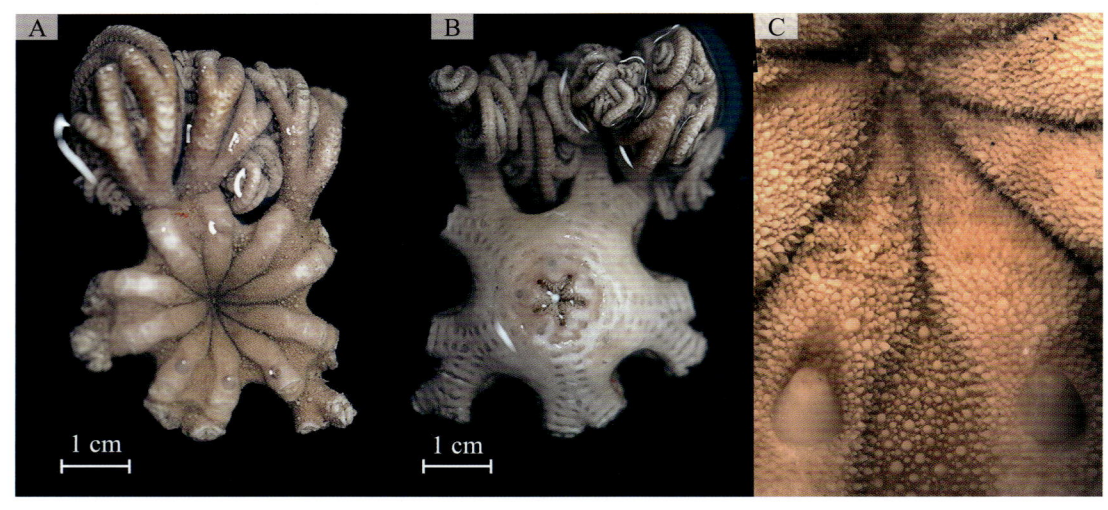

小星蔓蛇尾

A：整体背面观；B：整体腹面观；C：辐盾

三十八、倍棘蛇尾目 Amphilepidida

在此前的分类体系中，倍棘蛇尾目中的多数种类，基于形态特征被纳入真蛇尾目，2017年O'Hara等基于分子生物学新建了倍棘蛇尾目，并将原归属于真蛇尾目的倍棘蛇尾科纳入其中。

倍棘蛇尾目形态特征为腕单一，不分枝，多数5个腕，少数6个腕，多于6个腕者极少见；齿下口棘呈乳头状突起，腕脊关节背侧和腹侧叶平行。

在舟山海域采获倍棘蛇尾目8种，分属2科。

（一〇四）阳遂足科 Amphiuridae Ljungman, 1867

盘上有明显发达的鳞片；常有初级板，即有1个中背板和5个辐板；偶尔盖有厚皮，皮上生有小棘，或鳞片减少，仅包围辐盾有数行鳞片，其余的部位仅有皮膜，这样的种类辐盾为棒形，或肋骨状，而不是一般的楔形；偶尔还有盘鳞片带棘的种类。齿通常为宽的长方形，齿下有1对对称的齿下口棘；颚的两侧各有1~3个表面口棘，口深部有1~2个口触手鳞（附加口棘）。腕通常适度钝，长度变化很大，通常小于盘直径的8倍，但在鳞片少的种类，长度可达20倍；腕板多发达；腕棘不透明，多数逐渐变细，表面光滑，但有时腹面的腕棘末端呈钩状或双叉形；触手鳞1或2个，有时缺。

东方三齿蛇尾
Amphiodia (*Amphiodia*) *orientalis* Liao, 2004

同物异名 *Amphiodia orientalis* Liao, 2004

分类地位 蛇尾纲 Ophiuroidea，倍棘蛇尾目 Amphilepidida，阳遂足科 Amphiuridae

形态特征 所采标本盘直径约7 mm，腕全断裂，根据断腕判断，腕长为80~90 mm。盘呈五叶状，间辐部鼓出，但中央略凹进。盘背面盖有细小而密集的覆瓦状鳞片，无初级板可别。辐盾周围的鳞片较大，有1行7~8个较大的鳞片从辐盾外侧向间辐部边缘延伸。辐盾狭长，长为宽的5倍，彼此大部分相接，仅内端被2~3个鳞片所分隔。辐盾的长度约为盘半径的2/5。腹面间辐部盖有和背面相似的鳞片，但鳞片较小。生殖裂口宽大，从口盾伸及盘的边缘。

口盾长比宽大得多，矛形，内角尖锐，外缘有1个狭的突出叶。侧口板小，三角形，内端仅稍相接。口板短，每侧有3个口棘，齿下口棘长形，狭，稍偏于齿的侧面，中央口棘短小，远端口棘稍大，略呈三角形。无口触手鳞。

背腕板椭圆形，宽为长的2倍，彼此充分相接。第1腹腕板三角形，内宽外狭，长和宽相近。第2腹腕板为五角形，长大于宽。以后的腹腕板为四角形，宽大于长，彼此相接。

腕棘3个，长接近相等，短钝，长度相当于一个腕节。触手鳞1个，短小。酒精标本白色。

生态习性 栖息于潮间带沙底。

地理分布 我国分布于广东沿海。标本采自舟山东极海域，为舟山海域首次记录。舟山海域偶见。

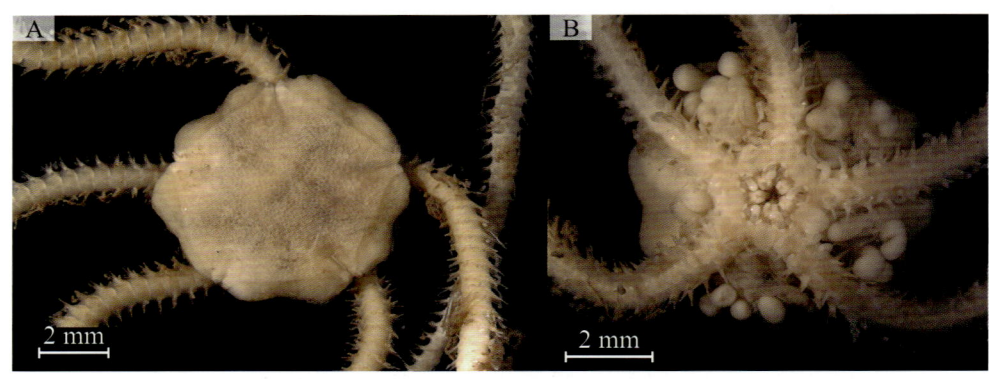

东方三齿蛇尾

A：背面观；B：腹面观

205 印痕倍棘蛇尾

Amphioplus (*Amphichilus*) *impressus* (Ljungman, 1867)

同物异名 *Amphioplus impressa* (Ljungman, 1867); *Amphioplus impressus* (Ljungman, 1867); *Amphipholis impressa* Ljungman, 1867; *Amphiura cesarea* Koehler, 1905;

Amphioplus (*Amphichilus*) *cesareus* (Koehler, 1905);

Amphioplus (*Amphioplus*) *impressa* (Ljungman, 1867);

Amphioplus (*Amphioplus*) *impressus* (Ljungman, 1867)

分类地位 蛇尾纲Ophiuroidea，倍棘蛇尾目Amphilepidida，阳遂足科Amphiuridae

形态特征 盘直径可达6～8 mm，腕长为盘直径的5～6倍。盘圆，中央稍隆起，边缘较薄，上盖多角形或圆形大板。盘中央板常较大，初级板明显，中背板和辐板常较明显。盘周围的板较小，有1行明显的边缘板。所有板的板面均有不规则的细条纹。辐盾狭长，长约为宽的3倍，彼此大部分相接，仅内端被1个三角形的小板所分隔。辐盾表面也有细条纹，而且较为明显。腹面向辐部板较小，稍呈覆瓦状排列。生殖裂口狭窄。

口盾菱形，稍长，内角尖锐，外角钝圆。侧口板为长方形，外宽内窄，彼此相接。口板为三角形，很低。口棘3个：齿下口棘为圆锥形；第2口棘为圆锥形；第3口棘最大，为长片状。第1口触手鳞为尖锥形，常插入齿下口棘和第2口棘之间，或和3个口棘排列为一行，形成4个口棘。

背腕板很大，半圆形，其外缘中央有1个不明显的突出部。第1腹腕板五角形，长宽相等；其余的腹腕板也是五角形，宽大于长。腕棘3个，短小，中央者较大而钝。触手鳞2个，形小。酒精标本灰白色。

生态习性 栖息于水深16～194 m的沙泥底质。

地理分布 我国从北部湾到台湾海峡均有分布。标本采自舟山东极海域。舟山海域偶见。

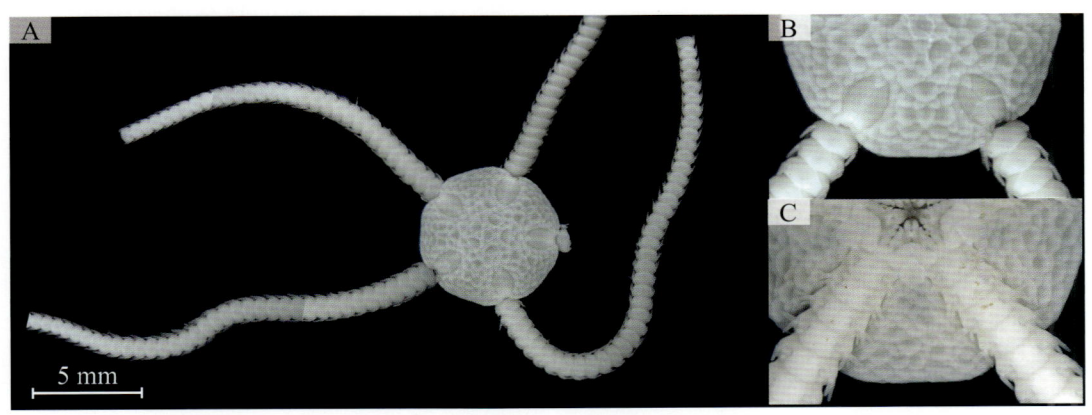

印痕倍棘蛇尾

A：整体背面观；B：背面部分观；C：腹面部分观

206 洼颚倍棘蛇尾
Amphioplus (*Lymanella*) *depressus* (Ljungman, 1867)

同物异名 *Amphioplus depressa* (Ljungman, 1867); *Amphioplus depressus* (Ljungman, 1867); *Amphioplus relictus* (Koehler, 1898); *Amphipholis depressa* Ljungman, 1867; *Amphiura depressa* (Ljungman, 1867); *Amphiura relicta* Koehler, 1898; *Ophiophragmus affinis* Duncan, 1887

分类地位 蛇尾纲 Ophiuroidea，倍棘蛇尾目 Amphilepidida，阳遂足科 Amphiuridae

形态特征 盘直径6~10 mm，腕长为盘直径的5~6倍。盘厚，辐部弯进，间辐部膨出。盘背面盖有覆瓦状的鳞片，中央的鳞片稍大，盘缘鳞片较小。腹面间辐部也盖鳞片，且较小。背腹面鳞片在边缘有明显的界限，但边缘鳞片并不十分显著。辐盾大，彼此相接，长：宽为2~3：1。

口盾变化大，小个体的口盾常很窄，呈菱形；大个体的口盾内半部加宽，呈三角形或矛头形，外半部两侧收缩，形成1个突出的辐部。侧口板为三角形，彼此相接。颚短而低，以侧口板为界，形成1个花瓣状凹陷。口棘每侧为4个：齿下口棘较大，为长方形，垂直于口的深部；其余3个口棘以中央一个较大，为三角形，外侧一个较小，为方形。

背腕板较宽，小个体为半圆形，外缘平直或稍突出；大个体的外缘稍弯曲，中央鼓出，并压在后一个背腕板上。第1腹腕板很小，呈梯形。其余的腹腕板为五角形，宽大于长，彼此稍相接。腕棘3个，圆柱形，中央一个粗壮；大个体腕基部腹面腕棘常弯曲。触手鳞2个，很大。

生态习性 栖息于水深0~160 m的沙或沙泥底。

地理分布 我国分布于东海和南海。标本采自舟山东极海域。舟山海域常见。

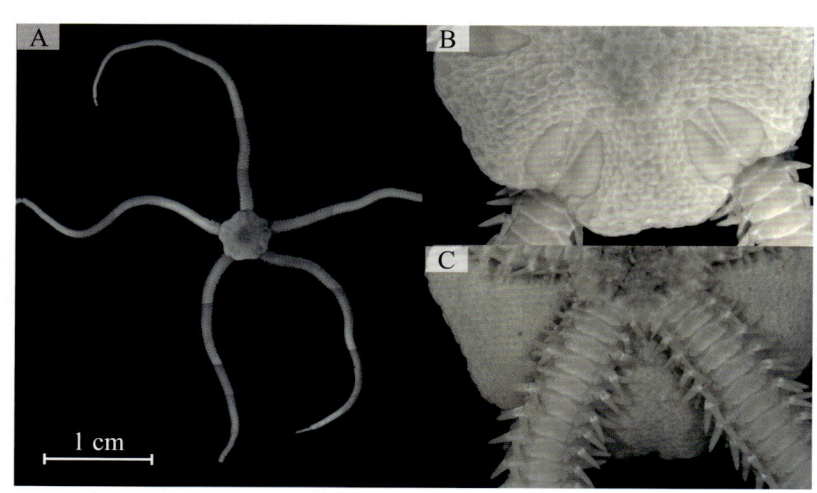

洼颚倍棘蛇尾（幼体）

A：整体背面观；B：背面部分观；C：腹面部分观

207 光滑倍棘蛇尾
Amphioplus (*Lymanella*) *laevis* (Lyman, 1874)

同物异名 *Amphioplus bocki* Koehler, 1927; *Amphioplus laevis* (Lyman, 1874);
Amphioplus megapomus H.L. Clark, 1911; *Amphioplus miyadii* Murakami, 1943;
Amphiura laevis Lyman, 1874; *Amphiura praestans* Koehler, 1905;
Amphiura (*Amphioplus*) *praestans* Koehler, 1905;
Amphioplus (*Lymanella*) *megapomus* H.L. Clark, 1911;
Ophiophragmus praestans (Koehler, 1905)

分类地位 蛇尾纲 Ophiuroidea, 倍棘蛇尾目 Amphilepidida, 阳遂足科 Amphiuridae

形态特征 盘直径约10 mm, 腕长约为盘直径的8倍。盘薄而扁平, 背面盖有细小而薄的覆瓦状鳞片, 盘中央鳞片较大, 但初级板不明显。盘边缘附近鳞片小。盘腹面间辐部鳞片较小。背面和腹面的鳞片在盘缘相交处有明显的下限或边缘鳞片。辐盾狭长, 内端很尖, 彼此有2/3相接。

口盾长, 呈矛头形, 内角尖锐, 外缘中央有1个小的突出部。侧口板小, 彼此相接。颚短小。口棘4个: 齿下口棘为长形, 垂直于口的深部, 其余3个为三角形, 末端钝, 以中央一个较大。外侧口棘和内侧2个口棘常不连续。

腕扁平, 背中央有1条透明纵线。背腕板很宽, 呈半圆形; 小个体背腕板外缘平直, 大个体背腕板外缘弯曲, 中央稍突出。第1腹腕板小, 长方形; 其余的腹腕板为5角形, 宽大于长, 外缘平直或稍凹进。腕棘3个, 大致等长, 上部渐细; 但腕基部2～3节的腕棘常扁平, 稍弯曲, 并且中央一个较粗壮。触手鳞2个, 很发达。

生态习性 栖息于水深7～180 m的泥底。

地理分布 我国分布于东海、南海。标本采自舟山东极、嵊泗海域。舟山海域偶见。

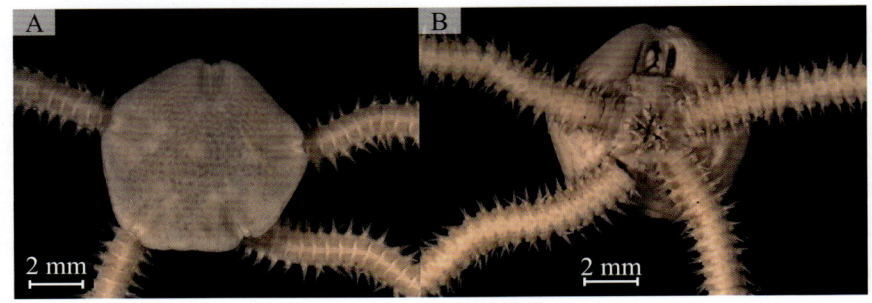

光滑倍棘蛇尾
A: 背面观; B: 腹面观

208 分歧阳遂足
Amphiura divaricata Ljungman, 1867

同物异名	*Amphiura* (*Amphiura*) *divaricata* Ljungman, 1867
分类地位	蛇尾纲 Ophiuroidea，倍棘蛇尾目 Amphilepidida，阳遂足科 Amphiuridae
形态特征	盘直径10~12 mm，腕长80~100 mm。盘辐部内凹，间辐部大为膨胀，但其中央也凹进。盘背面和腹面均充分满盖鳞片。小标本（直径5 mm）的初级板常明显，但在大标本上看不见初级板。辐盾中等大，宽短，长为宽的2.5倍。临近部大部分分离，被数行鳞片隔开，但在外端仍然相接。
	口盾形状变化很大，多为菱形，且具明显的外叶或突出，长比宽大得多。侧口板略呈长方形，外缘内凹，彼此不相接。口棘2个：齿下口棘大而厚；远端口棘形成于口板和侧口板相交处，厚而粗壮。
	背腕板小，稍呈卵形，长稍大于宽，彼此相接。腹腕板方形，角圆，长和宽接近相等，充分彼此相接。腕棘在腕基部为7~8个，以后为6或5个。所有腕棘均明显扁平，特别是在背面。背面3个棘和腹面第1棘的末端尖，中央棘有小钩，或双钩。触手鳞2个，中等大。
生态习性	栖息于7~78 m的沙泥底。
地理分布	我国分布于东海、南海。标本采自舟山东极海域。舟山海域常见。

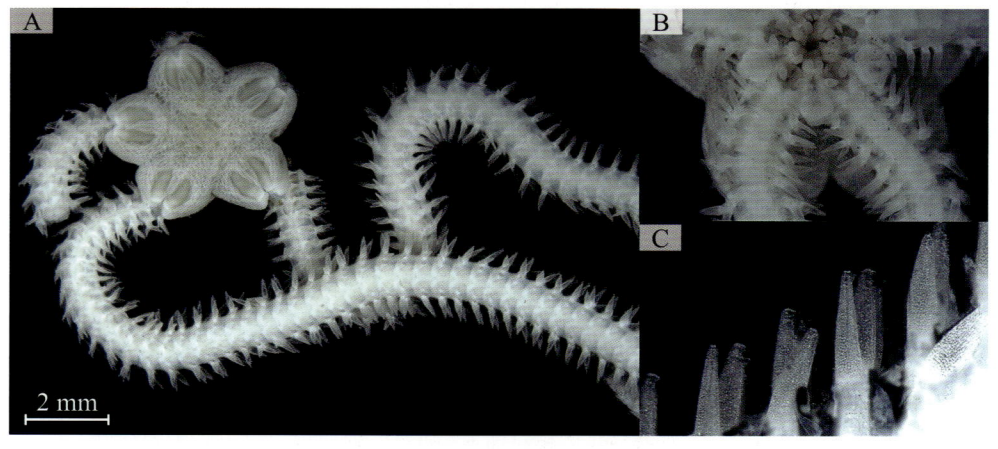

分歧阳遂足

A：整体背面观；B：背面部分观；C：腕棘

209 滩栖阳遂足
Amphiura (Fellaria) vadicola Matsumoto, 1915

同物异名 *Amphiura vadicola* Matsumoto, 1915; *Ophionephthys vadicola* (Matsumoto, 1915)

分类地位 蛇尾纲 Ophiuroidea，倍棘蛇尾目 Amphilepidida，阳遂足科 Amphiuridae

形态特征 盘直径 7~11 mm，腕长 105~180 mm 或更长。盘间辐部凹进；背面覆以裸出的皮肤，皮肤内埋有圆形穿孔板骨片；这种骨片在干标本上能够看到为白色细斑。辐盾狭长，外端相接，内端及周围有数行椭圆形鳞片。

口盾小，呈五角形，宽大于长，内半比外半宽。侧口板三角形，内缘凹进，彼此不相接。口板细长，和侧口板相交处有明显的间隙。口棘 2 个：齿下口棘细长；远端口棘位于侧口板前方，呈棘状。齿 5~6 个，略呈长方形。腹面间辐部也盖有裸出的皮肤。生殖裂口狭长，从口盾伸及盘缘。

背腕板为卵圆形，在盘下或腕基部的 2~3 个较小，或不规则，以后的宽略大于长，彼此相接。第 1 腹腕板小，长方形；第 2、3 腹腕板近乎方形；以后的腹腕板增宽，略呈五角形，宽大于长。所有腹腕板都隔有皮膜。腕棘在腕基部为 6~8 个，中部为 5~6 个，末端为 4 个，形状扁平；腕远端腹面第 2 棘末端明显粗糙，具细刺或带小钩，常具斧状。触手孔大，但缺触手鳞。

生态习性 穴居于潮间带的沙泥底，常露 2 个腕末端于表面，以司摄食。

地理分布 我国分布于辽宁、山东和浙江沿海。标本采自舟山东极海域。舟山海域常见。

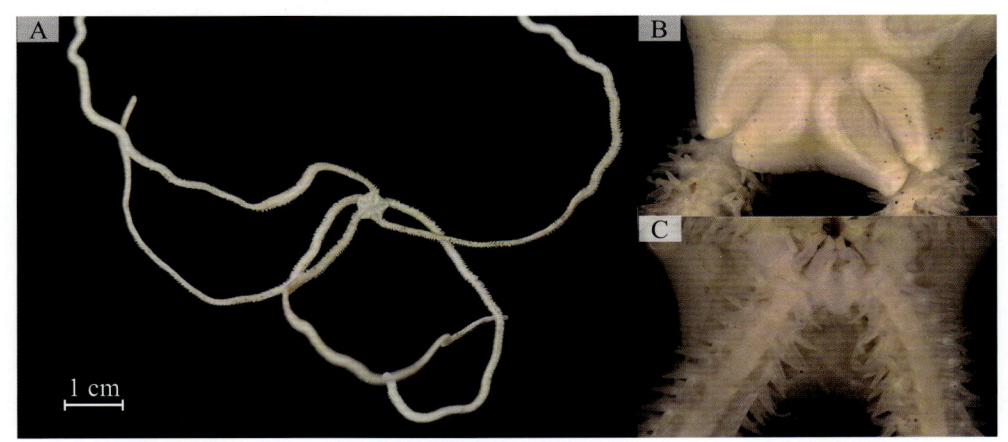

滩栖阳遂足

A：整体背面观；B：背面部分观；C：腹面部分观

210 挎雄蛇尾
Ophiodaphne formata (Koehler, 1905)

同物异名 Amphioplus formatus (Koehler, 1905); Amphiura formata Koehler, 1905; Ophiodaphne formatus (Koehler, 1905); Ophiodaphne materna Koehler, 1930; Amphiura (Amphioplus) formatus Koehler, 1905

分类地位 蛇尾纲 Ophiuroidea, 倍棘蛇尾目 Amphilepidida, 阳遂足科 Amphiuridae

形态特征 雌性个体大者可达9 mm，一般为5~6 mm，腕长约为盘直径的4倍。盘背面盖有大小不等的覆瓦状鳞片，中背板和辐板常明显；间辐部边缘有1行比较长大的鳞片。辐盾小，半圆形，彼此相接。

口盾小，为菱形。侧口板大，近乎平行四边形，彼此充分相接。中等大小的标本口棘一般为3个，外侧1个最大，长方形，内侧2个较小，界限不清楚，边缘有许多细刺。颚顶还有1个小形口棘，边缘也带细刺。

背腕板很大，三角形，宽比长大得多。腹腕板五角形，宽大于长。腕棘5~6个，圆柱状，很大，末端钝；腕末端背面的腕棘常为钩状。触手鳞1个，较长而大。

雄性个体很小，盘直径仅约1 mm。腕长为6~7 mm。盘背面鳞片大而颇少，并保留较厚原始形式，中背板和辐板很明显，间辐部只有2个板。背腕板彼此分离，无触手鳞。腕棘3~4个，腕末端者也为钩状。

生态习性 多栖息于水深10~274 m的沙泥底。

地理分布 我国主要记录于南海和北部湾。标本采自舟山东极海域，为舟山海域首次记录。舟山海域偶见。

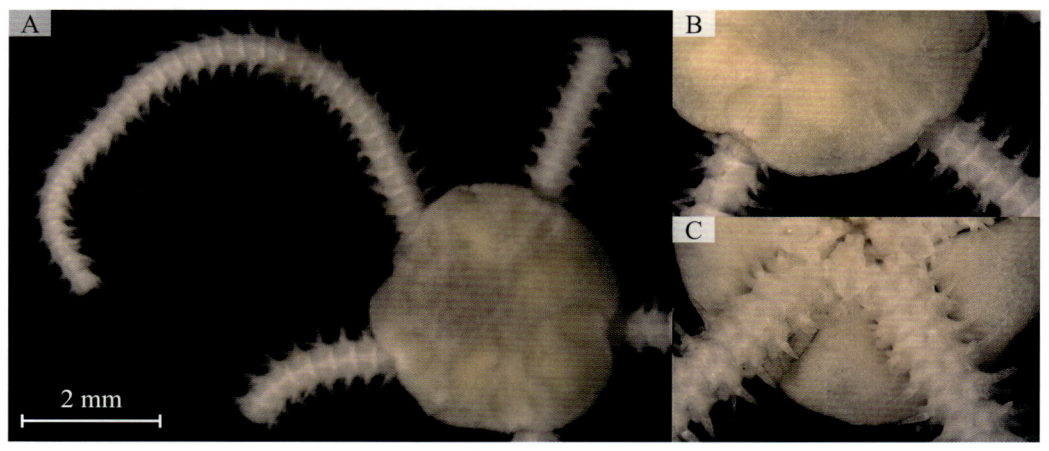

挎雄蛇尾

A：整体背面观；B：背面部分观；C：腹面部分观

（一〇五）辐蛇尾科 Ophiactidae Matsumoto, 1915

盘上鳞片发达，中央常有初级板，鳞片多带小棘，特别是盘边缘鳞片；辐盾三角形，彼此多相连或靠近，其大小变化很大，从略大于盘上鳞片到十分明显可别；颚顶饰以宽的圆形或长方形齿，有1个宽钝的齿下口棘，极少数不明显；远端口棘1或2个，少数为多个，远端口棘和齿下口棘之间有明显空隙；口触手鳞长形，常明显；腕常短钝，不特别长，一般不超过盘直径的8倍；裂体种的腕为6个；腕棘钝而不透明，表面光滑，逐渐变细，但有时末端粗糙而钝；触手鳞多为1个，大而圆。

211 大鳞辐蛇尾
Ophiactis macrolepidota Marktanner-Turneretscher, 1887

同物异名 *Ophiactis delicata* H.L. Clark, 1915; *Ophiactis parva* Mortensen, 1926; *Ophiactis acosmeta* H.L. Clark, 1938

分类地位 蛇尾纲 Ophiuroidea，倍棘蛇尾目 Amphilepidida，辐蛇尾科 Ophiactidae

形态特征 盘直径2～3 mm。腕6个，长约为盘直径的3倍。腕长12～15 mm，盘背面盖有颇大的鳞片。辐盾中等大，彼此分离，或仅外端相接。在小型标本上，辐盾仅略大于盘上鳞片。腹面间辐部也盖有大的鳞片，少数鳞片带有小棘。

口盾为圆的三角形，长和宽相当，或长稍大于宽。侧口板颇大，在间辐部中线不相接，但在辐部却和相邻的侧口板相连。远端口棘1个，例外的为2个。

背腕板宽扇形，宽比长大得多，邻近角稍呈截形，外缘稍突出，侧角圆，彼此相接，但在腕基部板间留有间隙。腹腕板略呈五角形，长大于宽，彼此相接。腕棘在腕基部少数节为4个，以后多为3个。棘短钝，中央棘最为粗钝，最下一颗最为短小，最上棘（若为4个棘，则为第2棘）较为细长，长等于1个腕节。触手鳞1个，中等大小。

生态习性 栖息于水深0～177 m的沙底，多为底表生活。

地理分布 我国分布于东海、南海。标本采自舟山东极海域。舟山海域常见。

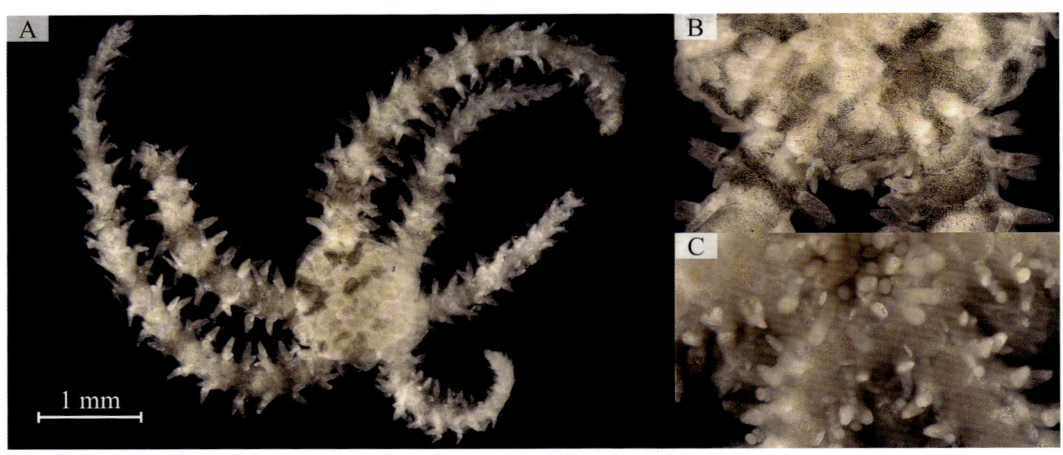

大鳞辐蛇尾

A：整体背面观；B：背面部分观；C：腹面部分观

三十九、真蛇尾目 Ophiurida

在原分类系统中，真蛇尾目包括了蛇尾纲下的大多数种类，sensu O'Hara 等又将其拆分成包括倍棘蛇尾目与真蛇尾目在内的5个目。

真蛇尾目腕不分枝，棘关节处收缩肌通常被脊、突起或是两者共同覆盖，并由垂直脊与收缩神经分开。侧腕板通常具外部纹饰（突起、条纹、刺），幼体发育过程中极易受影响。

在舟山海域采获真蛇尾目2种，分属2科。

（一〇六）真蛇尾科 Ophiuridae Matsumoto, 1917

盘包围腕的基部，盘上、下均盖有裸出的鳞片，极少具分散的棘或疣，鳞片有时被厚皮掩盖，初级板常明显，辐盾也明显，其外端常有腕栉，并和腹面生殖裂口边缘的疣连续；口盾和侧口板发达；齿狭，尖或圆，通常有单个的齿下口棘和连续成行、尖或圆的口棘；第2口触手孔开口于口裂之外，或插入口裂之内；腕通常短或适度长，基部宽，逐渐变细，横切面圆形或长方形，常略扁平，但决不呈念珠状；背、腹腕板常小，若有连续，也仅限于基部者，除基部外偶尔还会完全失去；侧腕板大，单独把腕包围，腕棘常小，紧贴腕侧，但上面者略长，甚至呈针状，且张开；触手孔在盘内者大，具多个疣状或鳞片状触手鳞，或在腕上甚至缺乏，或者全部触手鳞都小，仅有2个半圆形触手鳞。

212 司氏盖蛇尾
Stegophiura sladeni (Duncan, 1879)

同物异名 *Ophioglypha sladeni* Duncan, 1879; *Ophiura stiphra* H.L. Clark, 1911

分类地位 蛇尾纲 Ophiuroidea，真蛇尾目 Ophiurida，真蛇尾科 Ophiuridae

形态特征 盘直径10～15 mm，腕短，为盘直径的2～2.5倍。盘很厚，盖有覆瓦状排列的大鳞片，中背板常明显，呈五角形。辐盾粗壮，略长，仅中部相接，内端被一大的三角形鳞片所分隔，外端被第1背腕板所分开。口盾大，卵圆形，几乎占间辐部的大部。侧口板近似三角形。口棘3～4个，呈方形，颚顶有一对较长的齿下口棘。

腕粗短，基部特别高，向末端急剧变细。背腕板长六角形，彼此相接。腕栉和生殖疣都发达，从上面可以看见22～24个栉棘。腕基部的腹腕板中央具龙骨状脊起，脊起连续，脊旁沟深陡。齿板具有许多穿孔不完整的凹陷。侧腕板高而发达，上下却不相接。触手孔大，触手鳞很多。腕棘有2种：真腕棘3个，1个在上，2个在下，分开很远；次级棘12个，紧密地排列在下腕侧。活体时为鲜艳的橘红色。

生态习性 多栖息于水深10～100 m的沙泥底。

地理分布 我国见于黄海和东海北部。标本采自舟山普陀海域。舟山海域偶见。

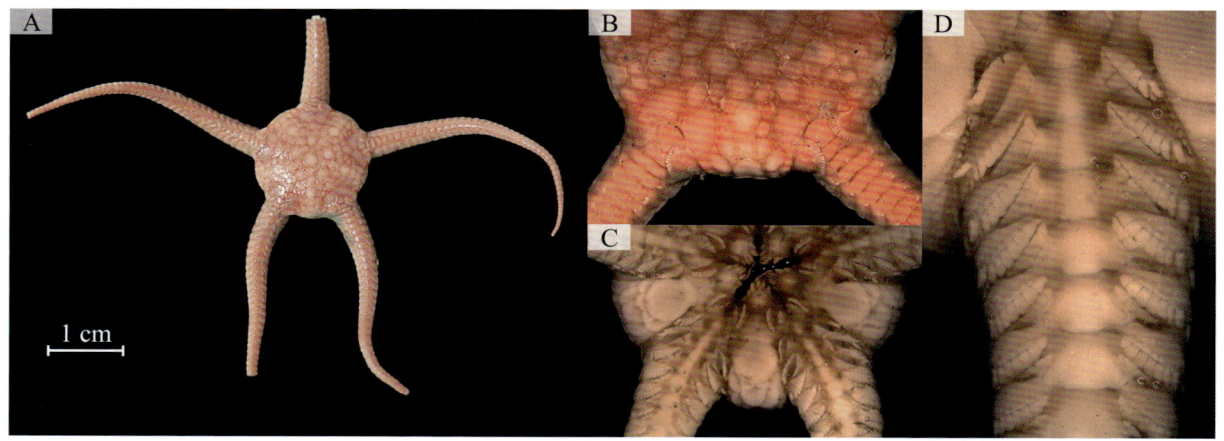

司氏盖蛇尾

A：整体背面观；B：背面部分观；C：腹面部分观；D：基部腹腕板

(一〇七)雕真蛇尾科 Ophiopyrgidae Perrier, 1893

体盘鳞片少或多,初级板明显。腕栉存在,但通常不如真蛇尾科明显。侧臂板一般具向外侧倾斜的管足缺口,在腕部的中段至末端通常具板内管足孔。远端腕棘常呈钩状。腕棘关节面呈椭圆形至狭长形,具下唇。

213 金氏雕真蛇尾
Ophiuroglypha kinbergi (Ljungman, 1866)

同物异名 *Ophioglypha ferruginea* Lyman, 1878; *Ophioglypha kinbergi* Ljungman, 1866; *Ophioglypha sinensis* Lyman, 1871; *Ophiolepis kinbergi* (Ljungman, 1866); *Ophiura* (*Dictenophiura*) *kinbergi* (Ljungman, 1866); *Ophiura* (*Ophiuroglypha*) *kinbergi* Ljungman, 1866; *Ophiura kinbergi* Ljungman, 1866

分类地位 蛇尾纲 Ophiuroidea,真蛇尾目 Ophiurida,雕真蛇尾科 Ophiopyrgidae

形态特征 盘直径可达1 cm,腕长为盘直径的3~4倍。盘面圆而平,背面覆盖有圆形薄板和鳞片,其中的基板与辐盾明显,辐盾呈泪滴状,完全分离。腕栉明显,栉棘细长,8~12个。腹面间辐部盖有许多半形小鳞片。生殖裂口明显,有一行细的生殖疣。口盾大,五角形,长大于宽,内角尖锐,侧缘凹进,外缘钝圆,略直。侧口板狭长,彼此相接。每侧具口棘3~4个,短而尖锐。

背腕板发达,外缘稍弯出,彼此相接,远端逐渐变窄;腕中部和末端者为四角形或多角形。侧腕板稍膨起,基部宽,远端逐渐变窄,侧腕板在腹面彼此相接,其间具1个椭圆形凹陷,腕棘3个,长度多与节段相近。腹腕板小,三角形,外缘弯出,前后不相接。腕基部几个腹腕板前方各有1个圆形的凹陷。触手鳞薄而圆,在第2口触手孔共有8~10个触手鳞;第3触手孔共有4~6个,第4触手孔共有2~4个,第5触手孔以后减为1个。活体背面为黄褐色,常有黑褐色斑纹,腹面白色。

生态习性 常栖息于沙质和粉质沉积物中。

地理分布 我国各海区均有分布。标本采自舟山桃花岛海域潮间带。舟山海域偶见。

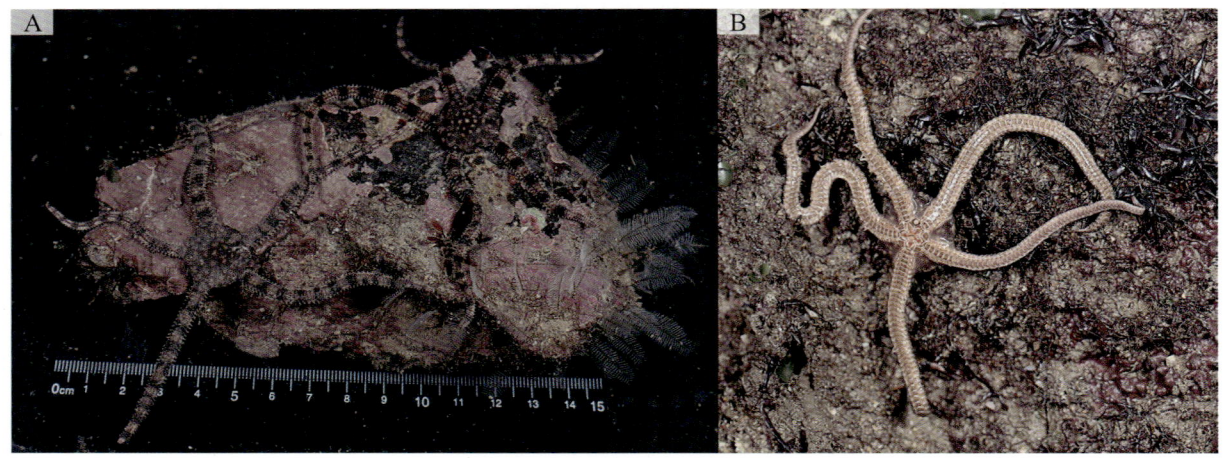

金氏雕真蛇尾生态照
A：背面观；B：腹面观

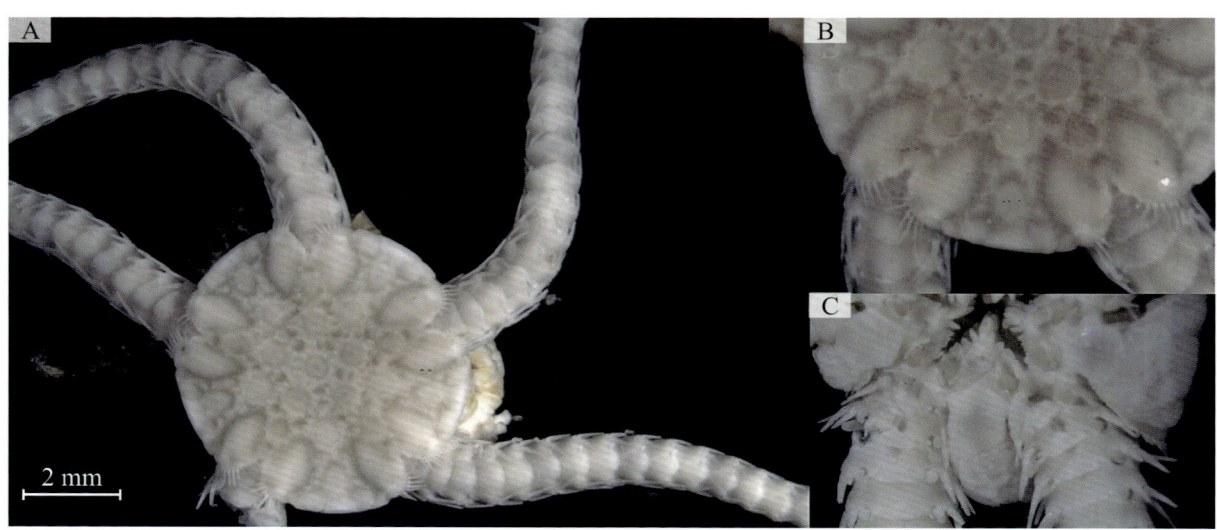

金氏雕真蛇尾
A：整体背面观；B：背面部分观；C：腹面部分观

参考文献

[1] Baker W H. Species of the Isopod family Sphaeromidae, from the eastern, southern, and western coasts of Australia[J]. Transactions of the Royal Society of South Australia, 1926, 50: 247-279.

[2] Blake J A. New species of Chaetozone and Tharyx (Polychaeta: Cirratulidae) from the Alaskan and Canadian Arctic and the Northeastern Pacific, including a description of the lectotype of Chaetozone setosa Malmgren from Spitsbergen in the Norwegian Arctic[J]. Zootaxa, 2015, 3919 (3): 501-552.

[3] Brooks R A. Discovery of Sphaeroma terebrans, a wood-boring isopod, in the red mangrove, Rhizophora mangle, habitat of northern Florida Bay[J]. Ambio, 2004, 33 (3): 171-173.

[4] Capa M, Parapar J, Hutchings P. Phylogeny of Oweniidae (Polychaeta) based on morphological data and taxonomic revision of Australian fauna[J]. Zoological Journal of the Linnean Society, 2012, 166 (2): 236-278.

[5] Chan B, Dreyer N, Gale A S, et al. The evolutionary diversity of barnacles, with an updated classification of fossil and living forms[J]. Zoological Journal of the Linnean Society, 2021, 193 (3): 789-846.

[6] Chan B, Prabowo R E, Lee K S. Crustacean Fauna of Taiwan: Barnacles, Volume I-cirripedia: Thoracica excluding the Pyrgomatidae and Acastinae[M]. Taiwan: National Taiwan Ocean University, 2009.

[7] Chappell J, Hahlbrock K. Transcription of plant defence genes in response to UV light or fungal elicitor[J]. Nature, 1984, 311 (1): 76-78.

[8] Cheang C C, Tsang L M, Chu K H, et al. Host-specific phenotypic plasticity of the turtle barnacle *Chelonibia testudinaria*: a widespread generalist rather than a specialist[J]. PLoS One, 2013, 8 (3): e57592.

[9] Astudillo J C, Wong J C Y, Dumont C P, et al. Status of six non-native marine species in the coastal environment of Hong Kong, 30 years after their first record[J]. BioInvasions Records, 2014, 3 (3): 123-137.

[10] Davidson T M, Hewitt C L, Campbell M. Distribution, density, and habitat use among native and introduced populations of the Australasian burrowing isopod *Sphaeroma quoianum*[J].

Biological Invasions, 2008, 10: 399-410.

[11] Davidson T M, de Rivera C E. Per capita effects and burrow morphology of a burrowing isopod (*Sphaeroma quoianum*) in different estuarine substrata [J]. Journal of Crustacean Biology, 2012, 32(1): 25-30.

[12] Deepa R P, Kumar A B. New records of sea cucumbers Phyllophorus (Phyllothuria) cebuensis (Semper) and Trachasina crucifera (Semper) from the south-west coast of India [J]. Indian Journal of Fisheries, 2011, 58 (4): 101-104.

[13] Gao Q F, Cheung K L, Cheung S G, et al. Effects of nutrient enrichment derived from fish farming activities on macroinvertebrate assemblages in a subtropical region of Hong Kong [J]. Marine Pollution Bulletin, 2005, 51 (8-12): 994-1002.

[14] Hadfield K A, Schizas N V, Chatterjee T, et al. Gnathia bermudensis (Crustacea, Isopoda, Gnathiidae), a new species from the mesophotic reefs of Bermuda, with a key to Gnathia from the Greater Caribbean biogeographic region [J]. ZooKeys, 2019, 891 (15): 1-16.

[15] Harrison K, Holdich D M. Hemibranchiate sphaeromatids (Crustacea: Isopoda) from Queensland, Australia, with a world-wide review of the genera discussed [J]. Zoological Journal of the Linnean Society, 2010, 81 (4): 275-387.

[16] Hartman O. Polychaetous annelids of the Indian Ocean including an account of species collected by members of the International Indian Ocean Expeditions, 1963-64 and a catalogue and bibliography of the species from India [J]. Journal of the Marine Biological Association of India, 1974, 16 (1): 191-252.

[17] Hartmann-Schröder G. Annelida, Borstenwürmer, Polychaeta [M]. Jena: Fischer, 1996.

[18] Iverson E W. Revision of the isopod Sphaeromatidae (Crustacea: Isopoda: Flabellifera) I. subfamily names with diagnoses and key [J]. Journal of Crustacean Biology, 1982, 2 (2): 248-254.

[19] Kensley B, Schotte M. New records of isopods from the Indian River Lagoon, Florida (Crustacea: Peracarida) [J]. Proceedings of the Biological Society of Washington, 1999, 112 (4): 695-713.

[20] Koçak A Ö, Kemal M. Notes on the nomenclature of some genus group names in Arthropoda [J]. Miscellaneous Papers, Centre for Entomological Studies, Ankara, 2008, 138: 2.

[21] Kussakin O G, Malyutina M V. Sphaeromatidae (Crustacea: Isopoda: Flabellifera) from the South China Sea [J]. Invertebrate Taxonomy, 1993, 7 (5): 1167-1203.

[22] Kwon D H, Kim H S. Dynoides spinipodus, a new species of sphaeromatid isopod (Crustacea) from the south coasts of Korea [J]. The Korean Journal of Systematic Zoology, 1986, 2: 43-48.

[23] Liao Y, Clark A M. The echinoderms of southern China [M]. Beijing: Science Press, 1995.

[24] Mackie A. On the identity and zoogeography of *Prionospio cirrifera* Wirén, 1883 and Prionospio multibranchiata Berkely, 1927 (Polychaeta: Spionidae) [C]//Proceedings of the 1st International Polychaete Coference. Sydney: [s. n.], 1984.

[25] Murata Y, Wada K. Population and reproductive biology of an intertidal sandstone-boring isopod, Sphaeroma wadai Nunomura, 1994 [J]. Annals & Magazine of Natural History, 2002, 36 (1): 25-35.

[26] O'Hara T D, Hugall A F, Thuy B, et al. Restructuring higher taxonomy using broad-scale phylogenomics: the living Ophiuroidea [J]. Molecular Phylogenetics and Evolution, 2017, 107: 415-430.

[27] Ota Y. Redescription of five gnathiid species from Japan (Crustacea: Isopoda) [J]. Zootaxa, 2013, 3737 (1): 33-56.

[28] Poltarukha O P. Composition, phylogeny and position in system of the subfamily Notochthamalinae (Crustacea, Chthamalidae) [J]. Zoologicheskiy Zhurnal, 1997, 76 (10): 1109-1117.

[29] Poore G C B. Families and genera of Isopoda Anthuridea [J]. Crustacean Issues, 2001, 13: 63-173.

[30] Read G B. Taxonomy and distribution of a new Cossura species (Annelida: Polychaeta: Cossuridae) from New Zealand [J]. Proceedings of the Biological Society of Washington, 2000, 113 (4): 1096-1110.

[31] Salazar-Vallejo S I. Three new polar species of *Sternaspis* Otto, 1821 (Polychaeta: Sternaspidae) [J]. Zootaxa, 2014, 3861 (4): 333-344.

[32] Sendall K, Salazar-Vallejo S I. Revision of *Sternaspis* Otto, 1821 (Polychaeta, Sternaspidae) [J]. ZooKeys, 2013 (286): 1-74.

[33] Shiraki S, Shimomura M, Kakui K. A new neotenous genus and species, Deltanthura palpus gen. et sp. nov. (Isopoda, Anthuroidea, Paranthuridae) from Japan, with a revised key to the genera in Paranthuridae [J]. Zoosystematics and Evolution, 2022, 98 (1): 109-115.

[34] Si A, Bellwood O, Alexander C G. Evidence for filter-feeding by the wood-boring isopod,

Sphaeroma terebrans（Crustacea：Peracarida）[J]. Journal of the Zoology, 2002, 256（4）: 463-471.

[35] Thiel M. Juvenile Sphaeroma quadridentatum invading female-offspring groups of Sphaeroma terebrans[J]. Journal of Natural History, 2000, 34（5）: 737-745.

[36] Wetzer R, Pérez-Losada M, BRUCE N L.Phylogenetic relationships of the family Sphaeromatidae Latreille, 1825（Crustacea：Peracarida：Isopoda）within Sphaeromatidea based on 18S-rDNA molecular data[J]. Zootaxa, 2013, 3599（2）: 161-177.

[37] Wilkinson L L. The biology of *Sphaeroma terebrans* in Lake Pontchartrain, Louisiana with emphasis on burrowing[D]. New Orleans, US: University of New Orlean, 2004.

[38] Willis M J, Heath D J. Genetic variability and environmental variability in the estuarine isopod *Sphaeroma rugicauda*[J]. Heredity, 1985, 55（3）: 413-420.

[39] Wu X, Xu K. Diversity of Sternaspidae（Annelida：Terebellida）in the South China Sea, with descriptions of four new species[J]. Zootaxa, 2017, 4244（3）: 403-415.

[40] Wu X, Salazar-Vallejo S I, Xu K. Two new species of *Sternaspis Otto*, 1821（Polychaeta：Sternaspidae）from China seas[J]. Zootaxa, 2015, 4052（3）: 373-382.

[41] Zardus J D, Lake D T, Frick M G, et al. Deconstructing an assemblage of "turtle" barnacles: species assignments and fickle fidelity in *Chelonibia*[J]. Marine Biology, 2014, 161: 45-49.

[42] 蔡如星, 陈树庆, 卢建平, 等. 舟山海域三角藤壶的分布与种群结构[J]. 东海海洋, 1993（03）: 24-35.

[43] 蔡如星, 董聿茂, 郑锋, 等. 寄生蔓足类与寄主甲壳动物的相互关系[J]. 东海海洋, 1985（03）: 42-49.

[44] 蔡如星, 黄宗国, 江锦祥. 福建沿海钻孔动物的调查研究[J]. 厦门大学学报（自然科学版）, 1962, 9（3）: 189-205.

[45] 蔡文倩. 中国海索沙蚕科分类学和动物地理学研究[D]. 青岛: 中国科学院研究生院（海洋研究所）, 2010.

[46] 陈国进, 董聿茂, 蔡如星. 舟山海区日本笠藤壶和鳞笠藤壶的生物学研究——Ⅰ. 繁殖、附着与生长[J]. 海洋学报（中文版）, 1987, 9（1）: 93-103

[47] 董聿茂, 蔡如星, 陈永寿. 中国近海潮间带蔓足类的群落及其对环境的适应性[J]. 海洋通报, 1982（01）: 63-69.

[48] 董聿茂, 蔡如星, 陈永寿. 中国近海蔓足类分布及生态的初步研究[J]. 海洋通报, 1981（04）: 64-69.

[49] 董聿茂,毛节荣.浙江舟山蔓足类的初步报告[J].浙江师范学院学报,1956,2:283-296.

[50] 范航清,刘文爱,钟才荣,等.中国红树林蛀木团水虱危害分析研究[J].广西科学,2014,21(2):140-146.

[51] 耿智,张涛,赵峰,等.长江口中华绒螯蟹感染簇生蟹奴的生态学调查研究[J].海洋渔业,2018,40(2):155-162.

[52] 黄威民,周时强,李复雪.福建红树林上钻孔动物的生态[J].台湾海峡,1996,15(3):305-309.

[53] 李秀锋.中国红树林团水虱生物学和行为学特性研究[D].广州:中山大学,2017.

[54] 廖玉麟.中国动物志:无脊椎动物第六卷,棘皮动物门,海参纲[M].北京:科学出版社,1997.

[55] 廖玉麟.中国动物志:无脊椎动物第四十卷,棘皮动物门,蛇尾纲[M].北京:科学出版社,2004.

[56] 刘瑞玉,徐凤山.黄、东海底栖动物区系的特点[J].海洋与湖沼,1963,5(4):206-321.

[57] 刘艳,吴惠仙,薛俊增.舟山海域东方小藤壶的入侵与影响分析[J].水产学报,2014,38(7):1047-1055.

[58]《普陀县志》编辑部.舟山海域海洋生物志[M].杭州:浙江人民出版社,1994.

[59] 齐钟彦.底栖无脊椎动物的分类区系研究[J].海洋科学,1979(S1):66-69.

[60] 邱勇.光背团水虱消化酶及其种群生态学研究[D].海口:海南大学,2013.

[61] 隋吉星.中国海双栉虫科和蛰龙介科分类学研究[D].青岛:中国科学院研究生院(海洋研究所),2013.

[62] 孙瑞平,杨德渐.中国动物志:无脊椎动物第五十四卷,环节动物门,多毛纲(三),缨鳃虫目[M].北京:科学出版社,2014.

[63] 孙悦.中国海多毛纲仙虫科和锥头虫科的分类学研究[D].北京:中国科学院大学,2018.

[64] 王健鑫,赵盛龙,陈健.舟山海域海洋生物野外实习指导手册[M].北京:海洋出版社,2016.

[65] 王荣丽,管伟,邱明红,等.东寨港红树林退化动态初步分析[J].中南林业科技大学学报,2017,37(2):63-68.

[66] 王莹.两种蟹奴形态学及分子标记的初步研究[D].广州:中山大学,2010.

[67] 乌沙科夫,吴宝铃.中国海多毛类动物区系研究简报[J].科学通报,1960,5(7):217-218.

[68] 吴旭文.中国海矶沙蚕科和欧努菲虫科的分类学和地理分布研究[D].青岛:中国科学院研究生院(海洋研究所),2013.

［69］徐蒂，廖宝文，朱宁华，等.海南东寨港红树林退化原因初探［J］.生态科学，2014，33（2）：294-300.

［70］杨德渐，孙瑞平.中国近海多毛环节动物［M］.北京：农业出版社，1988.

［71］杨德援.中国海多毛纲海蛹科和臭海蛹科的形态分类学研究［D］.厦门：厦门大学，2019.

［72］杨玉楠，Myat T，刘晶，等.危害我国红树林的团水虱的生物学特征［J］.应用海洋学学报，2018，37（2）：211-217.

［73］于海燕，李新正.中国海域扇肢亚目（甲壳动物：等足目）的种类及地理分布［C］// 中国甲壳动物学会.甲壳动物学论文集：第四辑.北京：科学出版社，2002.

［74］于海燕，李新正.中国近海团水虱科种类记述［J］.海洋科学集刊，2003，45（1）：239-259.

［75］于海燕.中国扇肢亚目（甲壳动物：等足目）的系统分类学研究［D］.青岛：中国科学院研究生院（海洋研究所），2002.

［76］张凤瀛.中国动物图谱：棘皮动物［M］.北京：科学出版社，1964.

［77］董聿茂.浙江动物志：甲壳类［M］.杭州：浙江科学技术出版社，1991.

［78］刘瑞玉，任先秋.中国动物志：无脊椎动物第四十二卷，甲壳动物亚门，蔓足下纲，围胸总目［M］.北京：科学出版社，2007.

［79］周红，李凤鲁，王玮.中国动物志：无脊椎动物第四十六卷，星虫动物门，螠虫动物门［M］.北京：科学出版社，2007.

［80］周进.中国海异毛虫科和海稚虫科分类学和地理分布研究［D］.青岛：中国科学院研究生院（海洋研究所），2008.

拉丁学名索引

A

Acaudina molpadioides	303
Actinia equina	27
Aglaophamus jeffreysii	90
Aglaophamus lobatus	91
Allorchestes angustus	233
Amaeana trilobata	160
Ampelisca brevicornis	222
Amphibalanus amphitrite	184
Amphibalanus reticulatus	185
Amphiodia (Amphiodia) orientalis	311
Amphioplus (Amphichilus) impressus	312
Amphioplus (Lymanella) depressus	314
Amphioplus (Lymanella) laevis	315
Amphiura (Fellaria) vadicola	317
Amphiura divaricata	316
Ampithoe valida	249
Anapta gracilis	298
Antedon serrata	268
Anthopleura inornata	26
Anthopleura nigrescens	25
Antillesoma antillarum	38
Aphrodita talpa	53
Apionsoma (Apionsoma) trichocephalus	37
Apocorophium tridentium	244
Asterias argonauta	278
Asterometra mirifica	270
Astrocladus exiguus	309
Aurelia aurita	17

B

Balanus trigonus	186
Bathynomus doederleini	217
Brissopsis luzonica	285
Byblis typhlotes	221

C

Capitulum mitella	180
Caprella californica	256
Caprella penantis	254
Caprella andreae	255
Caprella laeviuscula	257
Caulleryaspis laevis	164
Cavernularia sp.	21
Chaetozone setosa	154
Cheilonereis cyclurus	69
Chelonibia testudinaria	194
Chitonomandibulum jiaozhuwanensis	223
Chthamalus challengeri	192
Cirolana harfordi	218
Cirriformia tentaculata	153
Cladonema radiatum	14
Cleantioides planicauda	200
Conchoderma auritum	171

Conchoderma hunteri	172
Cossura dimorpha	111
Craspidaster hesperus	274
Cyathura sp.	214

D

Dentitheca hertwigi	12
Diadumene lineata	32
Diastylis tricincta	262
Dichelaspis orthogonia	176
Diopatra sugokai	108
Dipsacaster pretiosus	275
Dynamenella nipponica	206
Dynoides spinipodus	207

E

Echinocardium cordatum	283
Edwardsia sp.	30
Ehlersileanira incisa	62
Eirene lacteoides	9
Eulalia sp.	52
Eumida tubiformis	51
Euthalenessa digitata	59
Eurylana sp.	215
Excirolana chiltoni	216

F

Fibulariella acuta	281
Ficopomatus sp.	129
Fistulobalanus albicostatus	187
Fistulobalanus kondakovi	188

G

Gammaropsis digitata	252
Gammaropsis nitida	251
Glycera chirori	99
Glycera tesselata	98
Glycera tridactyla	100
Glycinde bonhourei	93
Glyptocidaris crenularis	286
Gnathia sp.	211
Gnorimosphaeroma rayi	209
Goniada japonica	94
Goniada maculata	95
Grandidierella gilesi	248
Grandidierella japonica	247

H

Halcampella maxima	31
Halosydna brevisetosa	56
Harmothoe imbricata	57
Haustorioides littoralis	231
Heliocidaris crassispina	291
Hemicentrotus pulcherrimus	293
Hemileucon bidentatus	260
Hemipodia yenourensis	97
Heteromastus filiformis	119
Hicksonella guishanensis	20
Hongkongvena sp.	224
Hyale grandicornis	234
Hyale schmidti	236
Hydroides elegans	128

I

Idotea ochotensis	201
Inermonephtys inermis	86

K

Kuwaita heteropoda	103

L

Labioleanira sp.	63
Laonice japonica	142
Laonome albicingillum	133
Leitoscoloplos sp.	115
Lepas (*Lepas*) *anatifera*	173
Lepas (*Lepas*) *anserifera*	174
Lepidonotus (*Lepidonotus*) *dentatus*	55
Leptosynapta inhaerens	297
Ligia (*Megaligia*) *exotica*	203
Lingula anatina	265
Listriolobus brevirostris	47
Luidia yesoensis	272
Lumbrineris sinensis	102
Lygdamis giardi	135

M

Magelona cincta	137
Marphysa sanguinea	105
Mediomastus chinensis	118
Megabalanus rosa	190
Megabalanus volcano	189
Melinna elisabethae	151
Melita koreana	240
Melita setiflagella	239
Microeuraphia withersi	193
Micronephthys oligobranchia	87
Microspio multidentata	141
Molpadia changi	300
Molpadia roretzii	301
Monocorophium acherusicum	242

N

Namalycastis abiuma	64
Natatolana japonensis	219
Nectoneanthes oxypoda	72
Nectoneanthes uchiwa	71
Nephtys ciliata	88
Nephtys polybranchia	89
Nereis heterocirrata	70

O

Octolasmis neptuni	176
Octolasmis warwicki	175
Onuphis fukianensis	107
Ophelina grandis	121
Ophiactis macrolepidota	319
Ophiodaphne formata	318
Ophiuroglypha kinbergi	323
Owenia fusiformis	130

P

Paracaudina chilensis	304
Paracerceis sculpta	205
Paracondylactis sinensis	28

Paracyathus sp. 1	34	*Scalibregma inflatum*	125
Paracyathus sp. 2	35	*Scoloplos armiger*	116
Paralacydonia paradoxa	101	*Sigalion asiaticus*	58
Paraleonnates uschakovi	68	*Sigambra hanaokai*	84
Paramphicteis sinensis	149	*Sinocorophium homoceratum*	246
Paranthura japonica	213	*Sinocorophium sinensis*	244
Paraphoxus oculatus	229	*Sinorchestia sinensis*	238
Paraprionospio coora	145	*Sipunculus* (*Sipunculus*) *nudus*	43
Parhyale barbicornis	237	*Sipunculus* (*Sipunculus*) *robustus*	44
Pectinaria sp.	147	*Smilium scorpio*	178
Pentadactyla japonica	305	*Spio martinensis*	140
Perinereis aibuhitensis	79	*Spirobranchus kraussii*	127
Perinereis cultrifera	76	*Stegophiura sladeni*	321
Perinereis nuntia	80	*Stellaster childreni*	276
Perinereis vancaurica	78	*Stenothoe haleloke*	225
Phascolosoma (*Phascolosoma*) *arcuatum*	40	*Sternaspis liui*	163
Phyllophorus cebuensis	306	*Sternaspis spinosa*	162
Pista cristata	158	*Sthenelais fusca*	60
Platynereis bicanaliculata	74	*Sthenolepis japonica*	61
Platynereis pulchella	75	*Striatobalanus amaryllis*	182
Poecilochaetus serpens	139	*Striatobalanus tenuis*	183
Praxillella affinis	113		
Prionospio japonica	144	**T**	
Prionospio multibranchiata	143	*Tachypleus tridentatus*	167
Protankyra bidentata	296	*Tambalagamia fauveli*	65
Pseudopolydora kempi	146	*Temnopleurus hardwickii*	289
Pteroeides sp. 1	22	*Temnopleurus toreumaticus*	288
Pteroeides sp. 2	23	*Terebella plagiostoma*	159
		Terebellides stroemii	156
S		*Tetraclita japonica*	197
Sabella sp.	132	*Tetraclita squamosa*	196

Travisia japonica	123
Tylorrhynchus heterochetus	67
Typosyllis sp.	82

U

Urothoe orientalis	227

Z

Zygophylax sp.	11

中文名索引

A

埃刺梳鳞虫	62
爱氏海葵未定种	30
安岛反体星虫	38
凹腹盖鳃水虱	201

B

白带石缨虫	133
白脊管藤壶	187
白条小地藤壶	193
杯状水虱未定种	214
背褶沙蚕	65
笔帽虫未定种	147
扁齿围沙蚕	78
薄壳条藤壶	183

C

侧口蛰龙介	159
长突半足沙蚕	97
长吻沙蚕	99
朝鲜马尔他钩虾	240
潮间泵钩虾	231
唇刺梳鳞虫未定种	63
刺不倒翁虫	162
刺巨藤壶	189
刺肢海底水虱	207
粗钝海盘车	278

D

大角玻璃钩虾	234
大鳞辐蛇尾	319
大型蠕形海葵	31
道氏深水虱	217
等指海葵	27
雕刻拟尖水虱	205
东方三齿蛇尾	311
东方尾钩虾	227
东方小藤壶	192
独齿围沙蚕	76
短角双眼钩虾	222
短毛海鳞虫	56
短吻铲荚螠	47
短小拟钩虾	251
多齿微稚虫	141
多齿围沙蚕	80
多鳃齿吻沙蚕	89
多鳃稚齿虫	143

E

鹅茗荷	174
耳条茗荷	171
二齿半尖额涟虫	260

F

方格吻沙蚕	98

分歧阳遂足	316
枫香树奇异稚齿虫	145
福建欧努菲虫	107
辐状枝手水母	14
斧板茗荷	175
副杯珊瑚未定种1	34
副杯珊瑚未定种2	35
覆瓦哈鳞虫	57

G

刚鳃虫	154
高峰条藤壶	182
根管虫未定种	129
弓形革囊星虫	40
寡节甘吻沙蚕	93
寡鳃微齿吻沙蚕	87
管围巧言虫	51
光滑倍棘蛇尾	315
龟藤壶	194
龟足	180
桂山希氏柳珊瑚	20

H

哈氏刻肋海胆	289
哈氏浪飘水虱	218
海棒槌	304
海刺猬	286
海地瓜	303
海鼠鳞沙蚕	53
海月水母	17
海蟑螂	203

合螅未定种	11
河独螺蠃蜚	242
褐色镰毛鳞虫	60
赫氏齿羽螅	12
黑侧花海葵	25
红巨藤壶	190
胡须明钩虾	237
花冈钩毛虫	84
华丽角海蛹	121
华美盘管虫	128
环唇沙蚕	69

J

棘刺锚参	296
棘刀茗荷	178
加州麦秆虫	256
尖豆海胆	281
尖额麦秆虫	254
尖叶长手沙蚕	137
尖锥虫	116
简锥虫未定种	115
胶州湾壳颚钩虾	223
杰氏内卷齿蚕	90
金氏雕真蛇尾	323
巨颚水虱未定种	211
锯羽丽海羊齿	268

K

克氏旋鳃虫	127
挎雄蛇尾	318

L

雷伊著名团水虱	209
鳞笠藤壶	196
刘氏不倒翁虫	163
吕宋沐海胆	285
裸体方格星虫	43

M

马丁海稚虫	140
马粪海胆	293
盲沙钩虾	221
毛鞭马尔他钩虾	239
毛齿吻沙蚕	88
毛大螯蜚	248
毛头梨体星虫	37
美丽阔沙蚕	75
茗荷	173
模裂虫未定种	82
膜质伪才女虫	146

N

泥管藤壶	188
泥米列虫	151
拟柄突和平水母	9
拟特须虫	101
拟突齿沙蚕	68

O

欧文虫	130

P

平尾拟棒鞭水虱	200
朴素侧花海葵	26

Q

奇果星羽枝	270
骑士章海星	276
企氏外浪飘水虱	216
强壮方格星虫	44
强壮藻钩虾	249
巧言虫未定种	52
青岛板钩虾	225
全刺沙蚕	72
绻旋吻沙蚕	100

R

日本凹尾水虱	206
日本巢沙蚕	108
日本臭海蛹	123
日本大螯蜚	247
日本后指虫	142
日本角吻沙蚕	94
日本笠藤壶	197
日本拟背尾水虱	213
日本强鳞虫	61
日本五指参	305
日本游泳水虱	219
日本稚齿虫	144

S

三齿离蛲蠃蜚	244

三角藤壶	186	细无锚参	298
三叶针尾涟虫	262	虾夷砂海星	272
色斑角吻沙蚕	95	仙人掌海鳃未定种	21
蛇杂毛虫	139	相拟节虫	113
施氏玻璃钩虾	236	香港小钩虾未定种	224
梳鳃虫	156	镶边海星	274
树蛰虫	158	小星蔓蛇尾	309
双齿围沙蚕	79	蟹板茗荷	176
双管阔沙蚕	74	心形海胆	283
双形单指虫	111	须鳃虫	153
丝异蚓虫	119		
司氏盖蛇尾	321	**Y**	
似蛰虫	160	鸭嘴海豆芽	265
宿务沙鸡子	306	亚洲锡鳞虫	58
		岩虫	105
T		眼仿尖头钩虾	229
滩栖阳遂足	317	叶须内卷齿蚕	91
梯额虫	125	异须沙蚕	70
同角华蜾蠃蜚	246	异足科索沙蚕	103
团扇全刺沙蚕	71	翼海鳃未定种1	22
		翼海鳃未定种2	23
W		印痕倍棘蛇尾	312
洼颚倍棘蛇尾	314	缨鳃虫未定种	132
网纹纹藤壶	185	疣吻沙蚕	67
纹藤壶	184	有齿背鳞虫	55
无疣齿吻沙蚕	86		
		Z	
X		窄异跳钩虾	233
溪沙蚕	64	粘细锚参	297
细板条茗荷	172	张氏芋参	300
细雕刻肋海胆	288	珍贵荆棘海星	275

真三指鳞虫	59
直板茗荷	176
指拟钩虾	252
中国副栉虫	149
中国鲎	167
中国华跳钩虾	238
中国索沙蚕	102
中国中蚓虫	118
中华华螺蠃蜚	244
中华近瘤海葵	28
锥毛似帚毛虫	135
紫海胆	291
紫纹芋参	301
纵条全丛海葵	32